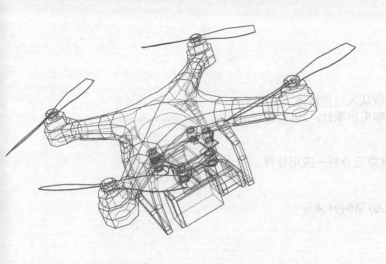

ABAQUS 有限元分析从入门到精通（第2版）

刘展 ◎ 主编　钱英莉 ◎ 副主编

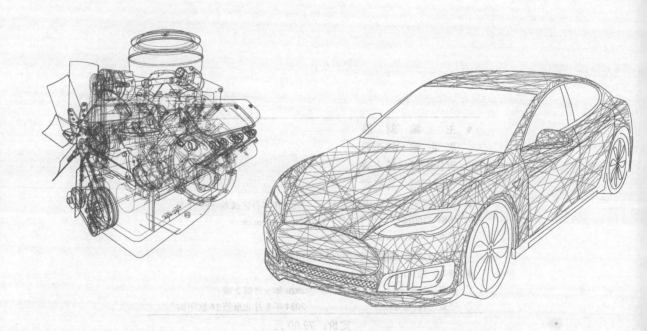

人民邮电出版社
北京

图书在版编目（CIP）数据

CAE分析大系：ABAQUS有限元分析从入门到精通 / 刘展主编. -- 2版. -- 北京：人民邮电出版社，2020.9
ISBN 978-7-115-53700-3

Ⅰ. ①C… Ⅱ. ①刘… Ⅲ. ①有限元分析－应用软件 Ⅳ. ①O241.82-39

中国版本图书馆CIP数据核字(2020)第049456号

内容提要

本书分为模块介绍和应用实例两篇，将相关理论、工程分析经验与案例相结合，向读者诠释了ABAQUS的基本功能、应用领域及具体操作方法。

书中详细介绍了ABAQUS的几何建模，网格划分，分析步、相互作用、载荷与边界条件，分析与后处理及优化等模块的常用功能和使用技巧。在此基础上，较为全面地讲解了ABAQUS工程实例，包括接触分析、材料力学特性分析、动力学分析、材料破坏分析、耦合分析及ABAQUS与其他应用软件的联合使用。本书将基本操作、INP文件的解读与相关理论知识相结合，使读者能较全面地了解并掌握ABAQUS，不仅知其然，还能知其所以然。

本书深入浅出，既适用于初学者，也适用于具有一定ABAQUS使用经验的读者。随书提供所有案例的数据库文件、INP文件，并配有教学视频，可作为理工科院校相关专业的本科生、研究生及教师学习ABAQUS软件的培训教材，也可作为各相关领域的工程分析师使用ABAQUS进行工程分析工作的参考书。

◆ 主　　编　刘　展
　　副 主 编　钱英莉
　　责任编辑　杨　璐
　　责任印制　马振武

◆ 人民邮电出版社出版发行　北京市丰台区成寿寺路11号
　　邮编　100164　电子邮件　315@ptpress.com.cn
　　网址　https://www.ptpress.com.cn
　　北京七彩京通数码快印有限公司印刷

◆ 开本：787×1092　1/16
　　印张：20.5
　　字数：711千字
　　彩插：6
　　2020年9月第2版
　　2024年8月北京第16次印刷

定价：79.00元

读者服务热线：(010)81055410　印装质量热线：(010)81055316
反盗版热线：(010)81055315
广告经营许可证：京东市监广登字 20170147 号

关于作者

主　编

刘　展，博士，教授，四川大学健康工程团队带头人，宜宾四川大学产业技术研究院健康工程工作站主任，哈佛医学院/麻省总医院骨科部顾问和研究员，四川省海外高层次留学人才，创业领军人才。使用ABAQUS进行了10余年的科研和研发工作，主持包括国际自然科学基金在内的纵向/横向项目20余项，发表相关科研论文100余篇，担任国内外多个学术组织（副主任）委员、国内外多本杂志的（常务）编委和审稿专家；主编和参与编写著作9本，包括主编《ABAQUS 6.6基础教程与实例详解》《ABAQUS有限元分析从入门到精通》。

副主编

钱英莉，博士，成都飞机设计研究所高级工程师。从事生物力学研究和固体力学方面的有限元分析工作，发表相关科研论文30余篇，参与编写著作3本，具有扎实的理论基础和解决复杂工程问题的丰富实践经验。

编　委

舒敬恒，四川大学研究生，从事健康工程和生物材料方面的有限元研究，发表相关科研论文10余篇。

王全义，四川大学研究生，从事工程力学方面的实验和有限元研究。

马赫迪，四川大学研究生，从事口腔健康工程方面的有限元研究，发表多篇相关科研论文，申请多项发明专利。

邓绪钊，2014年考入四川大学工程力学专业，在校期间参与口腔健康工程方面的有限元研究，2018年前往日本东北大学攻读研究生。

邵冰莓，四川大学建筑与环境学院力学系基础力学实验室副主任，使用ABAQUS进行了多年的科研工作，发表相关论文数篇，申请多项发明专利。

Preface 1
序一

有限元方法是解决现代科学技术发展与其安全性之间的平衡问题的重要技术手段，能用有限数量的未知数去逼近求解接近无限未知量的真实问题。它涉及结构、传热、流体和电磁等连续介质中的力学分析，并已在各个领域（包含但不限于机械、材料、航空、军工和能源等领域）中广泛应用与发展，通过有限元的技术手段，使设计与制造发生了质的飞跃。

有限元作为一种高效的分析方法，在现在的科研工作中被广泛运用，其中 ABAQUS 是较为通用的有限元分析软件。本书分为"ABAQUS 模块介绍"和"ABAQUS 应用实例"两篇，对 ABAQUS 的基本功能和实例分析进行了深入浅出的讲述，基本涵盖了 ABAQUS 常用功能的操作和常见案例的分析。在应用实例篇中，针对性地选取经典案例，分为接触分析、材料力学特性分析、动力学分析、材料破坏分析和耦合分析等 5 章，并结合相关的理论知识进行了系统的介绍。本书还介绍了 ABAQUS 与其他常用软件 ANSYS、MATLAB、MIMICS 和 Hypermesh 等的联合使用的方法。

刘展教授在科研工作中有多年有限元分析经验，发表相关科研论文近百篇，主要科研方向是运用 ABAQUS 等数值分析软件进行关节的动力学分析，其研究内容具有相当重要的应用前景。

中国工程院院士，法国国家医学科学院外籍通信院士
上海交通大学医学院附属第九人民医院终身教授
2019 年 12 月于上海

Preface 2 序二

20世纪力学学科对科学技术最大的贡献之一便是有限元技术。有限元技术已成为工程科学技术各领域重要的数值试验手段之一，替代了大量传统实验，并成为传统试验难以企及的极端环境下工程问题研究的主要技术。作为一种著名的有限元技术商业软件，ABAQUS应用广泛、通用性强，拥有大量的用户群，其分析结果具有较高的准确性和可信度，并能够胜任从相对简单的线性分析到诸多复杂的非线性问题。

本书在第1版的基础上新增了 ABAQUS 2018 的常用功能讲解，并更全面地介绍了 ABAQUS 的核心功能和较高阶应用，有针对性地结合实例介绍了几何建模、网格划分、分析步、相互作用、载荷与边界条件、分析与后处理及优化等。书中详细讲解了6个方面的案例，与上一版有所增加和调整，涉及接触分析、材料力学特性分析、动力学分析、材料破坏分析、耦合分析，以及 ABAQUS 与其他应用软件的联合使用。

刘展博士是我的博/硕士研究生，他多年开展生物力学建模与仿真研究，具有十多年的有限元分析经验，使用 ABAQUS 进行了大量的科研工作，目前承担国家自然科学基金项目，发表了较多相关科研论文。本书其余编者中也有我的博/硕士生以及刘展博士的博/硕士生，他们均有较深厚的有限元技术基础和丰富的分析经验。本书无论是对于初学者，还是具有一定 ABAQUS 使用经验的读者，都有很高的参考价值。

长江学者特聘教授，国家杰出青年基金获得者
国家康复辅具研究中心主任
北京航空航天大学医工交叉创新研究院院长
2019年11月于北京

Preface 3
序三

有限元是一种高效、常用的分析方法。ABAQUS 是目前应用比较广泛的通用有限元分析软件，具有广泛的知名度和用户群，其分析结果具有较高的准确性和可信度，能够胜任从简单的线性分析到诸多复杂的非线性问题的分析工作。

本书首先介绍了 ABAQUS 2018 的新增功能，然后从模块介绍入手，选用具有针对性的实例介绍了几何建模、网格划分、分析步、相互作用、载荷与边界条件、分析与后处理及优化等内容。然后结合相关理论和工程实际详细讲解了 6 个方面的案例，涉及包含过盈装配、齿轮啮合等的接触分析，包含超弹性材料、复合材料在内的材料力学特性方面的分析，包含板材冲压成型、跌落等的动力学分析，包含裂纹扩展、切削等的材料破坏分析，以及包含热电耦合、热固耦合在内的耦合分析。另外，本书还介绍了 ABAQUS 与 MIMICS、ANSYS、MATLAB 等其他应用软件的结合使用。

刘展博士具有十多年的有限元分析经验，使用 ABAQUS 进行了大量的科研工作，已发表相关科研论文百余篇。曾在哈佛医学院/麻省总医院生物工程实验室做访问学者。他主要的科研方向是运用 ABAQUS 等数值分析软件进行人体口腔/骨关节动力学分析，考虑到结构的非均匀性，材料的非线性和大变形等特性，其研究具有相当的挑战性。

本书的几位编者均来自国内外知名高校和研究所，充分发挥了各自的专业特长，将丰富的科研和实践经验融入各方面的案例中，使读者既能掌握软件操作和输入文件（INP 文件）的含义，又能了解相关的理论基础。无论是初学者，还是具有一定 ABAQUS 使用经验的读者，都能够从本书中获得知识和帮助。

博士、教授
哈佛医学院和牛顿－韦尔斯利医院
骨科生物力学研究与创新中心主任
2019 年 11 月于美国哈佛大学

Preface 4 序四

非常高兴看到这本书的修订版出版,这说明了其广泛的使用需求。这本书通过具体的流程描述告诉读者如何应用 ABAQUS 软件解决形形色色的工程实际问题,不仅让你知其然,还让你知其所以然,同时,还会让你在阅读中体会 CAE 在产品新研发中所能发挥的独特价值。

ABAQUS 作为 CAE 仿真工具,在航空航天领域得到了广泛应用。其强大的非线性仿真、多场耦合以及与众多其他 CAE 工具软件的协同工作能力为解决复杂工程实际问题提供了强有力的工具和方法。不少中国企业在从制造型向自主创新型企业转变的过程中,为了提高生产研发质量,缩短研发周期,节约研发成本,CAE 技术在企业的研发体系建设中正扮演着越来越重要的角色。ABAQUS 作为 CAE 家族成员的佼佼者,不少企业在推进 ABAQUS 的应用中受益匪浅,从基于零部件级的仿真向子系统级、系统级以及强化设计/预测/协同的过程迈进。

钱英莉博士是成都飞机设计研究所的高级工程师,具有深厚的理论背景,对 ABAQUS 的研究很深入也很投入,更重要的是她具有使用 ABAQUS 解决复杂工程问题的实战经验。另外,本书几位编者均来自国内外知名高校和研究所,他们在各自领域的实践经验的分享使得本书具有更高的视野和广阔性。作为一个在飞行器研发领域从事计算机辅助工程(CAE)工作 20 多年的"老兵",我因为他们对这本书投入的热情以及智慧的分享而深受鼓舞。希望本书能得到从事产品研发的 CAE 工程师的认可,也希望它能成为即将开启 ABAQUS 之旅的工程师或正在学习使用 ABAQUS 的学生们的指南。

许泽

成都飞机设计研究所副所长、研究员

2019 年秋于成都

Foreword 前言

本书主要由刘展教授的科研团队及钱英莉高级工程师编写,刘展教授为主编,钱英莉高级工程师为副主编。书中将相关理论、工程分析经验与多方面的实例相结合,能满足相关专业读者的需求。本书编者充分发挥各自的专业特长,将丰富的科研和实践经验融入各方面的案例中,使读者既能掌握软件操作,又能了解相关的理论基础知识。

❖ 本书特色

本书分为模块介绍和应用实例两篇,将相关理论、工程分析经验与实例相结合,向读者诠释了 ABAQUS 的基本功能、应用领域及具体操作方法。

- 本书由国内知名高校的科研人员和研究所的工程师编写,基础知识与工程实例并重,适合初学者入门,也适合有一定经验的读者深入学习。
- 将相关理论和工程分析经验融入各方面的实例中,使读者不仅知其然,也知其所以然。
- 基础部分将各功能模块进行整合,分别以一个实例为主线进行各组功能模块的讲解,使读者能在完成实例的过程中逐步熟悉各功能模块。
- 工程实例比较全面,除了材料力学特性、接触、动力学等常规分析类型外,还包括材料破坏分析和耦合分析。另外,本书还涉及 ABAQUS 与建模软件(CATIA、MIMICS)、网格划分软件(Hypermesh)、其他有限元软件(ANSYS)及 MATLAB 等的配合使用。
- 每个实例都配有 INP 文件的解读,帮助读者能读、会读、读懂 INP 文件。
- 提供所有 ABAQUS 数据库文件,模块介绍和工程实例均配备有声视频讲解,可帮助读者更好地进行学习。

❖ 读者对象

本书既适用于初学者,也适用于具有一定 ABAQUS 使用经验的读者,可作为力学、机械、土木工程等相关专业的高年级本科生和研究生的 ABAQUS 入门教材、教师教学培训参考书,也可作为工程师或科研人员提高 ABAQUS 使用技能的工具书。

❖ 主要内容

本书主要分为两篇:第 1 篇为 ABAQUS 模块介绍,由第 1~6 章组成;第 2 篇为 ABAQUS 应用实例,由第 7~12 章组成,每章均包括 ABAQUS 操作详解、技巧和问题阐述、INP 文件解读和相关的基础理论,并且在随书附赠资源中提供配套的讲解视频。

第 1 章 ABAQUS 软件介绍。简要介绍了 ABAQUS 的功能、主要模块、文件系统和基本操作。

第 2 章 几何建模。以铰链支座为例,详细讲解了如何使用 Part 模块和 Sketch 模块进行建模,如何使用 Assembly 模块进行部件的装配,以及如何使用 Property 模块进行材料属性和截面特性的赋予。

第 3 章 网格划分。以含孔的槽为例,详细介绍了单元类型和种子的设置,采用自由、扫掠和结构化网格划分技术进行网格划分的方法,以及检查网格质量和网格优化的方法;带孔方板为例讲解了自适应网格划分的步骤。

第 4 章 分析步、相互作用、载荷与边界条件。分别以混凝土板的配筋、炮弹穿甲、铰链类型的连接器为例介绍了多种分析步、相互作用和载荷的施加方式。

第 5 章 分析与后处理。介绍了常规分析作业、网格自适应过程、耦合分析作业、优化作业的创建和管理;结合实例介绍了 Visualization 模块中各种图形的显示、曲线图和表格的输出及基于 python 语言的后处理的二次开发。

第 6 章 优化。以类扳手金属零件为例,详细讲解了 Optimization 模块的操作及优化作业的创建和分析。

第 7 章　接触分析。介绍了典型的接触分析实例——螺栓过盈装配；结合 CATIA 和 HyperMesh，介绍了加速齿轮组和减速齿轮组的建模、网格划分和分析；结合 MIMICS 的自动赋材质功能，介绍了髋关节的接触分析实例。

第 8 章　材料力学特性分析。结合实例详细讲解了弹塑性分析、超弹性材料的大变形分析、复合材料平板稳定性分析，并初步介绍了 UMAT 的使用。

第 9 章　动力学分析。首先介绍了结构动力学的相关理论，以石拱桥的模态分析及动力响应为例介绍了线性动力学分析方法，以此为基础，对非线性动力学实例进行了讲解，如板材冲压成型和手机跌落。

第 10 章　材料破坏分析。破坏方面的实例一直是有限元分析的难点，本章详细讲解了板的裂纹扩展、切削分析和复合材料黏合剂的破坏，使读者了解破坏分析的操作和技巧。

第 11 章　耦合分析。介绍了热电耦合分析及飞机机翼结构的热固耦合分析。

第 12 章　ABAQUS 与 ANSYS、MATLAB 的联合使用。介绍了 ANSYS 数据库文件如何导入 ABAQUS 进行分析，以及使用 MATLAB 进行 INP 文件的编辑。

章节分工

全书内容框架确定和实例选择由刘展完成。本书第 1 章由刘展、马赫迪编写，第 2 章由马赫迪、刘展编写，第 3 章由马赫迪、刘展编写，第 4 章由舒敬恒、刘展编写，第 5 章由舒敬恒、刘展编写，第 6 章由舒敬恒、钱英莉、刘展编写，第 7 章由邓绪钊、马赫迪、钱英莉、刘展编写，第 8 章由王全义、钱英莉、刘展编写，第 9 章由舒敬恒、刘展编写，第 10 章由王全义、钱英莉、刘展编写，第 11 章由王全义、钱英莉、刘展编写，第 12 章由王全义、刘展、钱英莉编写。全书由刘展、钱英莉统稿。

技术支持与资源获取方式

若读者在学习过程中遇到困难，可以通过我们的立体化服务平台（微信公众服务号：iCAX）与我们联系，我们会尽量帮助读者解答问题。本书提供相关分析素材和教学视频，扫描封底二维码即可获得文件下载方式，如果读者在下载过程中遇到问题，请发邮件至 szys@ptpress.com.cn，我们会尽力解答。

致谢

衷心感谢樊瑜波教授、Guoan Li 教授、许泽研究员等的悉心指导和成都道然科技有限责任公司姚新军的写作邀请。特别感谢作者家人一直以来的支持，并谨以此书献给所有关心、关怀、关爱我们的人！

Contents 目录

第1篇 ABAQUS模块介绍

第1章 ABAQUS 软件介绍 ………………… 2
- 1.1 ABAQUS 简介 ………………………… 2
- 1.2 ABAQUS 的主要模块及功能 ………… 2
- 1.3 ABAQUS 2018 的新功能 ……………… 4
  - 1.3.1 材料属性和单元类型的增强功能 … 4
  - 1.3.2 接触的增强功能 ………………… 4
  - 1.3.3 线性动态的增强功能 …………… 5
  - 1.3.4 建模和可视化的增强功能 ……… 5
  - 1.3.5 其他增强功能 …………………… 5
- 1.4 ABAQUS 的文件系统 ………………… 5
- 1.5 ABAQUS 的基本操作 ………………… 6
  - 1.5.1 ABAQUS/CAE 的启动 …………… 7
  - 1.5.2 ABAQUS/CAE 的用户界面 ……… 7
  - 1.5.3 ABAQUS 中鼠标的使用 ………… 9
  - 1.5.4 ABAQUS 的坐标系 ……………… 9
  - 1.5.5 ABAQUS 对自由度的约定 ……… 9

第2章 几何建模 ………………………… 10
- 2.1 部件模块（Part）和草图模块（Sketch） ………………………… 10
  - 2.1.1 创建右支座部件 ………………… 10
  - 2.1.2 创建铰链部件 …………………… 13
  - 2.1.3 部件的导入与修复 ……………… 14
- 2.2 装配模块（Assembly） ……………… 14
  - 2.2.1 复制部件实体 …………………… 15
  - 2.2.2 创建装配件 ……………………… 16
  - 2.2.3 装配件内各部件实体的定位 …… 17
  - 2.2.4 合并 / 剪切部件实体 …………… 19
- 2.3 特性模块（Property） ……………… 21
  - 2.3.1 定义材料属性 …………………… 21
  - 2.3.2 创建并赋予截面特性 …………… 24
  - 2.3.3 Special 菜单 …………………… 24

第3章 网格划分 ………………………… 27
- 3.1 网格划分技术 ………………………… 27
  - 3.1.1 自由划分网格划分技术 ………… 27
  - 3.1.2 扫掠网格划分技术 ……………… 28
  - 3.1.3 结构化网格划分技术 …………… 30
  - 3.1.4 网格划分技术小结 ……………… 31
- 3.2 单元类型 ……………………………… 32
  - 3.2.1 单元库 …………………………… 32
  - 3.2.2 几何阶次 ………………………… 32
  - 3.2.3 单元族 …………………………… 33
  - 3.2.4 单元控制 ………………………… 33
- 3.3 布置种子 ……………………………… 34
  - 3.3.1 布置全局种子 …………………… 34
  - 3.3.2 布置局部种子 …………………… 35
- 3.4 划分网格 ……………………………… 36
  - 3.4.1 采用自由划分网格划分技术划分四面体网格 ………………………… 36
  - 3.4.2 采用扫掠网格划分技术划分六面体网格 ………………………… 36
  - 3.4.3 采用结构化网格划分技术划分六面体网格 ………………………… 37
  - 3.4.4 划分区域网格 …………………… 37
- 3.5 检查网格质量 ………………………… 37
- 3.6 网格优化 ……………………………… 38
  - 3.6.1 选择合适的网格划分参数 ……… 38
  - 3.6.2 编辑几何模型 …………………… 39
  - 3.6.3 编辑网格模型 …………………… 39
- 3.7 自适应网格划分 ……………………… 40
  - 3.7.1 问题描述 ………………………… 41
  - 3.7.2 模型的建立与分析 ……………… 41
  - 3.7.3 自适应计算过程的 INP 文件说明 ……………………………… 45

第4章 分析步、相互作用、载荷与边界条件 … 47
4.1 概述 … 47
4.1.1 分析步模块（Step） … 47
4.1.2 相互作用模块（Interaction） … 49
4.1.3 载荷模块（Load） … 50
4.2 混凝土板的配筋 … 51
4.2.1 创建分析步 … 51
4.2.2 设置约束条件 … 52
4.2.3 设置载荷和边界条件 … 52
4.3 炮弹穿甲 … 53
4.3.1 创建分析步并定义输出 … 54
4.3.2 创建接触和刚体约束 … 55
4.3.3 创建边界条件和速度场 … 56
4.4 连接器 … 57
4.4.1 创建分析步 … 57
4.4.2 创建连接器和约束 … 59
4.4.3 创建边界条件 … 60

第5章 分析与后处理 … 62
5.1 分析作业模块（Job） … 62
5.1.1 创建与管理分析作业 … 62
5.1.2 网格自适应过程 … 64
5.1.3 耦合分析作业 … 65
5.1.4 优化作业 … 65
5.2 可视化模块（Visualization） … 66
5.2.1 无变形图与变形图的显示 … 66
5.2.2 云图显示 … 67
5.2.3 矢量/张量符号图显示 … 69
5.2.4 材料方向图显示 … 69
5.2.5 数据图表的显示及输出 … 69
5.2.6 ABAQUS后处理的二次开发 … 73

第6章 优化 … 76
6.1 问题描述 … 76
6.2 创建几何部件 … 77
6.3 网格划分和生成有限元部件模型 … 79
6.4 定义材料属性 … 80
6.5 装配部件 … 81
6.6 创建分析步 … 81
6.7 创建参考点及连接关系 … 82
6.8 创建载荷和边界条件 … 83
6.9 优化设置 … 84
6.10 提交分析作业及后处理 … 88

第2篇 ABAQUS应用实例

第7章 接触分析 … 92
7.1 螺栓过盈装配 … 92
7.1.1 问题描述 … 92
7.1.2 创建几何部件 … 92
7.1.3 定义材料属性 … 94
7.1.4 装配部件 … 95
7.1.5 网格划分 … 95
7.1.6 创建分析步 … 97
7.1.7 定义相互作用 … 97
7.1.8 创建载荷和边界条件 … 99
7.1.9 提交分析作业 … 100
7.1.10 结果后处理 … 101
7.1.11 INP文件解读 … 102
7.2 多齿轮的啮合 … 104
7.2.1 问题描述 … 104
7.2.2 CATIA创建齿轮模型 … 104
7.2.3 HyperMesh划分网格 … 104
7.2.4 在ABAQUS中导入模型 … 108
7.2.5 设置材料属性 … 108
7.2.6 创建分析步 … 109
7.2.7 定义相互作用 … 109
7.2.8 创建载荷和边界条件 … 110
7.2.9 提交分析作业 … 111
7.2.10 模型的INP文件 … 111
7.2.11 设置加速齿轮 … 113
7.2.12 结果后处理 … 113
7.3 髋关节的接触分析 … 115
7.3.1 案例背景 … 115
7.3.2 问题描述 … 116
7.3.3 ABAQUS中生成体网格 … 116
7.3.4 MIMICS中赋予单元的材料参数 … 116
7.3.5 模型的整合 … 117
7.3.6 定义接触 … 118
7.3.7 设置分析步 … 120
7.3.8 定义载荷和边界条件 … 121
7.3.9 提交分析作业 … 122
7.3.10 结果后处理 … 123

7.3.11 INP 文件说明 ·············· 125

第 8 章 材料力学特性分析 ·············· 132
8.1 弹塑性分析 ·············· 132
8.1.1 问题描述 ·············· 132
8.1.2 创建部件 ·············· 132
8.1.3 创建材料属性 ·············· 133
8.1.4 装配部件 ·············· 133
8.1.5 设置分析步 ·············· 134
8.1.6 定义接触 ·············· 134
8.1.7 定义荷载和边界条件 ·············· 136
8.1.8 网格划分 ·············· 136
8.1.9 分析及后处理 ·············· 137
8.1.10 弹塑性比较 ·············· 140
8.1.11 INP 文件及说明 ·············· 140
8.2 超弹性材料 ·············· 144
8.2.1 问题描述 ·············· 144
8.2.2 创建部件 ·············· 145
8.2.3 设置材料属性 ·············· 146
8.2.4 定义装配件 ·············· 147
8.2.5 创建分析步 ·············· 147
8.2.6 定义相互作用 ·············· 148
8.2.7 定义载荷和边界条件 ·············· 149
8.2.8 网格划分 ·············· 150
8.2.9 提交作业 ·············· 151
8.2.10 后处理 ·············· 151
8.2.11 模型的 INP 文件 ·············· 153
8.2.12 Uhyper 子程序 ·············· 155
8.3 复合材料平板稳定性计算 ·············· 156
8.3.1 问题描述 ·············· 157
8.3.2 创建几何部件 ·············· 157
8.3.3 网格划分和生成有限元部件模型 ·············· 158
8.3.4 定义复合材料属性和铺层查询 ·············· 159
8.3.5 装配部件 ·············· 161
8.3.6 创建分析步 ·············· 161
8.3.7 创建载荷和边界条件 ·············· 162
8.3.8 提交分析作业 ·············· 163
8.3.9 结果后处理 ·············· 163
8.3.10 屈曲载荷计算 ·············· 165
8.3.11 INP 文件说明 ·············· 167
8.4 用户材料子程序 UMAT ·············· 168
8.4.1 用户材料子程序（UMAT） ·············· 169

8.4.2 在 ABAQUS 中使用子程序 ·············· 170

第 9 章 动力学分析 ·············· 174
9.1 结构动力学简介 ·············· 174
9.2 石拱桥的模态分析及动力响应 ·············· 176
9.2.1 拱桥结构的模态分析 ·············· 176
9.2.2 石拱桥的动力响应分析 ·············· 181
9.2.3 INP 文件解读 ·············· 188
9.3 板材冲压成型分析 ·············· 189
9.3.1 问题描述 ·············· 190
9.3.2 创建模型部件 ·············· 190
9.3.3 定义材料属性 ·············· 191
9.3.4 装配部件 ·············· 194
9.3.5 定义分析步 ·············· 194
9.3.6 定义相互作用 ·············· 194
9.3.7 定义边界条件和载荷 ·············· 195
9.3.8 划分网格 ·············· 195
9.3.9 分析及后处理 ·············· 196
9.3.10 INP 文件解读 ·············· 198
9.4 手机跌落分析 ·············· 201
9.4.1 问题描述 ·············· 202
9.4.2 创建部件 ·············· 202
9.4.3 定义材料属性 ·············· 204
9.4.4 装配部件 ·············· 206
9.4.5 创建分析步并设置结果输出 ·············· 207
9.4.6 定义相互作用关系 ·············· 208
9.4.7 创建载荷和边界条件 ·············· 210
9.4.8 网格划分 ·············· 210
9.4.9 提交分析作业及后处理 ·············· 212
9.4.10 INP 文件解读 ·············· 215

第 10 章 材料破坏分析 ·············· 217
10.1 板的裂纹扩展 ·············· 217
10.1.1 问题描述 ·············· 217
10.1.2 创建部件 ·············· 217
10.1.3 定义材料属性 ·············· 218
10.1.4 装配部件 ·············· 221
10.1.5 创建分析步并设置结果输出 ·············· 222
10.1.6 定义相互作用关系 ·············· 223
10.1.7 创建荷载和边界条件 ·············· 224
10.1.8 网格划分 ·············· 226
10.1.9 提交分析作业 ·············· 226
10.1.10 结果后处理 ·············· 227

10.1.11 带孔钢板对裂纹扩展的影响 …… 228
10.1.12 INP 文件解读 …………… 230
10.2 切削分析 ……………………… 232
　10.2.1 问题描述 …………………… 232
　10.2.2 创建部件 …………………… 232
　10.2.3 定义材料属性 ……………… 233
　10.2.4 装配部件 …………………… 237
　10.2.5 创建分析步并设置结果输出 … 237
　10.2.6 定义相互作用关系 ………… 239
　10.2.7 创建载荷和边界条件 ……… 240
　10.2.8 网格划分 …………………… 241
　10.2.9 提交分析作业 ……………… 242
　10.2.10 结果后处理 ……………… 242
　10.2.11 INP 文件解读 …………… 244
10.3 复合材料槽型元件粘接剂破坏
　　 仿真 ………………………………… 246
　10.3.1 前言 ………………………… 246
　10.3.2 问题描述 …………………… 247
　10.3.3 创建几何部件 ……………… 248
　10.3.4 网格划分和生成有限元部件模型 … 251
　10.3.5 定义复合材料属性和铺层查询 … 254
　10.3.6 装配部件 …………………… 257
　10.3.7 创建分析步 ………………… 257
　10.3.8 创建载荷和边界条件 ……… 258
　10.3.9 提交分析作业 ……………… 258
　10.3.10 结果后处理 ……………… 259
　10.3.11 INP 文件说明 …………… 261

第 11 章 耦合分析 ……………………… 264
11.1 热电耦合分析 ………………… 264
　11.1.1 问题描述 …………………… 264
　11.1.2 创建部件 …………………… 264
　11.1.3 网格划分 …………………… 265

11.1.4 定义材料属性 ……………… 267
11.1.5 装配部件 …………………… 268
11.1.6 创建分析步并设置结果输出 … 268
11.1.7 定义相互作用关系 ………… 269
11.1.8 创建载荷和边界条件 ……… 270
11.1.9 提交分析作业 ……………… 272
11.1.10 结果后处理 ……………… 272
11.1.11 INP 文件解读 …………… 273
11.2 热固耦合分析 ………………… 275
　11.2.1 问题描述 …………………… 275
　11.2.2 创建部件 …………………… 276
　11.2.3 定义材料属性 ……………… 277
　11.2.4 装配部件 …………………… 280
　11.2.5 创建分析步并设置结果输出 … 280
　11.2.6 创建荷载、边界条件及预定义场 … 281
　11.2.7 网格划分 …………………… 284
　11.2.8 提交分析作业 ……………… 286
　11.2.9 结果后处理 ………………… 286
　11.2.10 INP 文件解读 …………… 287

第 12 章 ABAQUS 与 ANSYS、MATLAB 的
　　　　 联合使用 ……………………… 290
12.1 ABAQUS 与 ANSYS 的联合使用 … 290
　12.1.1 导入模型 …………………… 290
　12.1.2 查看模型 …………………… 293
　12.1.3 提交作业 …………………… 295
　12.1.4 后处理 ……………………… 295
　12.1.5 INP 文件说明 ……………… 296
12.2 ABAQUS 和 MATLAB 的联合
　　 使用 ………………………………… 297
　12.2.1 网格节点的自动映射 ……… 297
　12.2.2 分析步和载荷工况的自动分割 …… 306

参考文献 ……………………………………… 314

第1篇

ABAQUS模块介绍

- ❏ 第1章　ABAQUS 软件介绍
- ❏ 第2章　几何建模
- ❏ 第3章　网格划分
- ❏ 第4章　分析步、相互作用、载荷与边界条件
- ❏ 第5章　分析与后处理
- ❏ 第6章　优化

第1章 ABAQUS软件介绍

1.1 ABAQUS简介

ABAQUS软件是世界上知名的有限元分析软件,成立于1978年的美国罗德岛州博塔市的HKS公司(现为ABAQUS公司)是该软件的缔造者,2005年被达索公司(又被称为达索SIMULIA)收购。ABAQUS软件的主要任务是进行非线性有限元模型的分析计算。近年来,我国的ABAQUS用户也在逐年增加,大大推动了ABAQUS软件的发展。

伴随着基础理论与计算机技术的不断进步,ABAQUS公司逐步解决软件中的各种技术难题,不断改进软件,如今已趋于完善。作为工程软件之一,ABAQUS软件以其强大的有限元分析功能和CAE功能,被广泛运用于机械制造、土木工程、隧道桥梁、水利水电、汽车制造、船舶工业、航空航天、核工业、石油化工、生物医学、军用和民用等领域。在这些领域中,ABAQUS除了可有效地进行相应的静态和准静态分析,模态分析,瞬态分析,接触分析,弹塑性分析,几何非线性分析,碰撞和冲击分析,爆炸分析,屈曲分析,断裂分析,疲劳和耐久性分析等结构分析和热分析外,还能进行热固耦合分析,声场和声固耦合分析,压电和热电耦合分析,流固耦合分析,以及质量扩散分析等。

ABAQUS能有效地求解各种复杂的模型并能解决实际工程问题,同时在分析能力和可靠性方面也比其他同类软件更胜一筹。

除此之外,ABAQUS拥有众多的分析模块,可以解决从简单的线性分析到复杂的非线性分析问题,并且其单元库、材料库较为丰富,可以模拟典型工程材料的性能,如金属、橡胶、高分子材料、复合材料、钢筋混凝土、可压缩超弹性泡沫材料,以及土壤和岩石等地质材料。

ABAQUS以其强大的功能和友好的人机交互界面,赢得了普遍赞誉。

1.2 ABAQUS的主要模块及功能

ABAQUS含有3个主求解器模块,即ABAQUS/Standard、ABAQUS/Explicit和ABAQUS/CFD,以及一个人机交互的前后处理模块ABAQUS/CAE。ABAQUS还提供了解决某些特殊问题的专用模块,包括ABAQUS/Design、ABAQUS/Aqua、ABAQUS/AMS、ABAQUS/Foundation、MOLDFLOW接口、MSC.ADAMS接口,以及ABAQUS/ATOM和Fe-safe。另外,还有ABAQUS for CATIA V5等产品。

1. ABAQUS/Standard

ABAQUS/Standard为隐式分析求解器,是进行各种工程模拟的有效工具,能精确可靠地求解简单的线弹性静力学分析问题乃至复杂的多步骤非线性动力学分析问题。ABAQUS/Standard拥有丰富的单元类型和材料模型,能非常方便地配合使用。ABAQUS/Standard提供了动态载荷平衡的并行稀疏矩阵求解器、基于域分解的并行迭代求解器、并行的Lanczos特征值求解器,能进行一般过程分析和线性摄动过程分析。并行计算能大大减少分析时间,ABAQUS能够实现多个处理器的并行运算,且拥有良好的可扩展性,可以通过用户子程序来加强处理问题的能力。本书将结合实例详细介绍ABAQUS/Standard的使用。

2. ABAQUS/Explicit

ABAQUS/Explicit 为显式分析求解器，是进行瞬态动力学分析的有效工具，尤其适于求解冲击和其他高度不连续问题；其处理接触问题的能力也很显著，能够自动找出模型中各部件之间的接触对，高效地模拟它们之间复杂的接触，并能求解可磨损体之间的接触问题。

ABAQUS/Explicit 也拥有广泛的单元类型和材料模型，但其单元库是 ABAQUS/Standard 的单元库的子集。ABAQUS/Explicit 提供基于域分解的并行计算，仅能进行一般过程分析。本书将结合实例详细介绍 ABAQUS/Explicit 的使用。

ABAQUS/Explicit 和 ABAQUS/Standard 有各自的特点和适用范围，它们可相互配合，这使 ABAQUS 的分析功能更加强大和灵活。一些工程问题需要两个求解器的配合使用，ABAQUS 能够以一种求解器开始分析，结束后的分析结果作为初始条件以另一种求解器继续进行分析。

3. ABAQUS/CFD

ABAQUS 6.10 版本中加入了 CFD 模块，成为 ABAQUS 的第 3 个求解器，从而使 ABAQUS 软件的求解功能大大增强，可以计算流体力学模型，如模拟层流、湍流等流体问题，以及热传导、自然对流问题等流体的传热问题。同时，与 ABAQUS/Standard 和 ABAQUS/Explicit 的联合使用，使 ABAQUS 软件在求解流固耦合问题等方面变得尤为强大。但 ABAQUS 2017 取消了 CFD 模块，如图 1-1 所示，将其融入 3D Experience 平台中，故 ABAQUS 2018 也不再有 CFD 模块。

图 1-1　ABAQUS 2017 版取消了 CFD 模块

4. ABAQUS/CAE

ABAQUS/CAE 是一个进行前后处理和任务管理的人机交互环境，对 ABAQUS 求解器提供了全面的支持。ABAQUS/CAE 将各种功能集成在各功能模块中，能够通过操作简便的界面进行建模、分析、任务管理和结果评价。ABAQUS/CAE 是唯一采用基于特征的、参数化建模方法的有限元前处理程序，并能够导入和编辑在各种 CAD 软件中建立的几何体，拥有强大的建模功能，能够有效地创建用户所需的模型。在 ABAQUS/CAE 中，用户能够方便地根据分析目的设置与 ABAQUS/Standard 或 ABAQUS/Explicit 对应的单元类型和材料模型，并进行网格划分。部件之间的接触、耦合和绑定等相互作用也能很方便地被定义。待有限元模型建立、载荷和边界条件施加后，ABAQUS/CAE 能够快速有效地创建、提交和监控分析作业。ABAQUS/Viewer 是 ABAQUS/CAE 的可视化模块，模型的结果后处理都在该模块中进行。本书将结合模块介绍和实例详细展示 ABAQUS/CAE 的使用。

5. ABAQUS/Design

ABAQUS/Design 是 ABAQUS/Standard 的附加模块，用于设计灵敏度分析（DSA）。设计灵敏度用于预测设计变化对结构响应的影响，可以用来进行优化设计。本书不介绍 ABAQUS/Design 的使用。

6. ABAQUS/Aqua

ABAQUS/Aqua 是 ABAQUS/Standard 的附加模块，适用于海洋工程，包括海洋平台导管架和立管的分析、J 管道受力的模拟、基座弯曲的计算和漂浮结构的研究。ABAQUS/Aqua 能够通过稳态水流和波浪效果的模拟对结构施加拉力、浮力和流体惯性力，对自由水面以上的部分还可以施加风载。本书不介绍 ABAQUS/Aqua 的使用。

7. ABAQUS/AMS

ABAQUS/AMS 是 ABAQUS/Standard 的新附加模块，伴随 ABAQUS 6.6 问世。ABAQUS/AMS 采用一个高效的自动多层次子结构特征值求解器，能快速有效地进行大型结构的线性动力学分析。本书不介绍 ABAQUS/AMS 的使用。

8. ABAQUS/Foundation

ABAQUS/Foundation 是 ABAQUS/Standard 的一部分，提供 ABAQUS/Standard 中高效的线性静态分析和动态分

析的功能。本书不介绍 ABAQUS/Foundation 的使用。

9. MOLDFLOW 接口

ABAQUS 的 MOLDFLOW 接口是 ABAQUS/Standard 和 ABAQUS/Explicit 的交互产品，使用户能够将 ABAQUS 同注塑成型模拟分析软件 MOLDFLOW 一起配合使用，将 MOLDFLOW 中的有限元模型信息转换为 ABAQUS 输入文件的一部分。本书不介绍 MOLDFLOW 接口的使用。

10. MSC.ADAMS 接口

ABAQUS 的 MSC.ADAMS 接口是 ABAQUS/Standard 的交互产品，使用户能够将 ABAQUS 同机械系统动力学仿真软件 MSC.ADAMS 一起配合使用，将 ABAQUS 中的有限元模型作为柔性部件输入到 MSC.ADAMS 中。本书不介绍 MSC.ADAMS 接口的使用。

11. ABAQUS/ATOM

ABAQUS Topology Optimization Module（ATOM，ABAQUS 拓扑优化功能）是在 ABAQUS 6.11 版本中被引入的，它采用了专业拓扑优化软件 TOSCA 的核心技术，通过调用 ODB 文件进行拓扑优化，与 ABAQUS 强大的非线性分析功能结合起来，将会取得很好的进展。

12. Fe-safe

Fe-safe 模块的一系列功能可以附加在 ABAQUS/Standard 和 ABAQUS/Explicit 上应用。该模块可以通过疲劳分析预测部件和系统寿命。

1.3 ABAQUS 2018 的新功能

ABAQUS 2018 在材料属性和单元类型、接触、线性动态、建模和可视化等方面都有所增强。

1.3.1 材料属性和单元类型的增强功能

（1）多尺度材料建模功能经过增强，提高了准确性和性能，包括：
- 热传递、耦合温度-位移和线性扰动过程；
- 微级别结果的历史输出；
- 纤维取向现在已经过大，角度旋转更新。

（2）ABAQUS/Explicit 中为热材料和内部热发生建模推出了新的用户子例程。

（3）ABAQUS/Explicit 中提供了线性角锥形单元 C3D5 和线性混合四面体单元 C3D4H。

（4）ABAQUS/Standard 中的三维垫片单元现在包含温度自由度。

1.3.2 接触的增强功能

（1）ABAQUS/Explicit 中的常规接触现在支持 2D 和轴对称分析。

（2）ABAQUS/Standard 中的常规接触现在支持分析刚性曲面。

(3) ABAQUS/Standard 中的初始接触应力可根据接触曲面基础元素中的用户指定应力来进行计算。

(4) 新的接触输出变量包含曲面上方的接触压力标量集成。

(5) ABAQUS/Explicit 常规接触中的特征边线可根据当前配置进行更新,以推动高效、准确的仿真。

(6) 现在可以根据基础曲面属性和组合规则来指定摩擦系数。

1.3.3 线性动态的增强功能

(1) 现在支持将能量输出用于结构、声学和耦合结构-声学本征值规程。

(2) 可以在 ABAQUS/Standard 中指定温度依赖性黏性和结构阻尼。

(3) 复杂特征值解法和制动器噪音工作流程已得到明显改进。

(4) 稳态动态规程的混合 CPU-GPU 实施大大提高了性能。

(5) 现在可以计算耦合结构-声学稳态动态的结构化能量流、功率流和声幅射能量及功率。

1.3.4 建模和可视化的增强功能

(1) ABAQUS/CAE 中的螺栓载荷功能可用性已得到明显改进。

(2) 现在可以在 ABAQUS/CAE 中定义预定义的场变量。

(3) 在 ABAQUS/CAE 中定义的线性约束等式现在包含多个节点。

(4) 可在环境文件中指定用于网格创建的默认元素类型。

(5) 自由体图解现在支持复合固体元素。

(6) 离散元素法(DEM)的渲染性能已得到明显改进。

(7) 路径图工具现在支持通过预定义的未排序节点集来创建路径。

1.3.5 其他增强功能

(1) 现在可以从以前的多项仿真中导入结果。

(2) 可在仿真期间指定激活部分元素。

(3) ABAQUS Scripting Interface 支持多尺度材料建模命令。

(4) 现在支持不对称矩阵输入。

(5) 可以在 SPH 仿真中指定欧拉类型的入口和出口条件。

1.4 ABAQUS的文件系统

ABAQUS 除了数据库文件外,还包括输入、输出的文本文件,日志文件,信息文件,状态文件,以及用于重启和结果转换的文件等;有些文件是在运行时产生的,运行后可自动删除。各类文件的具体介绍如下(其中 model_database_name 表示模型数据库名,job_name 表示建立的工作名)。

(1) CAE 文件(model_database_name.cae):模型数据库文件,在 ABAQUS/CAE 中直接打开,包含模型的几何、网格、载荷等各种信息及分析任务等。

(2) ODB 文件(job_name.odb):输出数据库文件,即结果文件,可以在 ABAQUS/CAE 中直接打开,也可以输入到 CAE 文件中作为 Part（部件）或 Model（模型），包含在 Step 功能模块中定义的场变量和历史变量输出结果，由 Visualization 功能模块打开。

（3）INP 文件（job_name.inp）：输入文件，属于文本文件。INP 文件可以在 Job 功能模块中提交任务时或单击【Job Manager】对话框中的【Write Input】在工作目录中生成，也可以通过其他有限元前处理软件生成，通过编辑 INP 文件可以实现一些 ABAQUS/CAE 所不支持的功能。INP 文件可以输入到 ABAQUS/CAE 中作为 Model（模型），也可以由 ABAQUS Command 直接运行。INP 文件中只包含模型的节点、单元、集合、截面和材料属性、载荷和边界条件、分析步及输出设置等信息，没有模型的几何信息，故输入的模型也是有限元模型而无实体模型。本书第二部分会对每个实例的 INP 文件进行详细的说明。

（4）PES 文件（job_name.pes）：参数更改后重写的 INP 文件。

（5）PAR 文件（job_name.par）：参数更改后重写的以参数形式表示的 INP 文件。

（6）LOG 文件（job_name.log）：日志文件，属于文本文件，包含运行 ABAQUS 的起止时间等信息。

（7）DAT 文件（job_name.dat）：数据文件，属于文本文件，记录数据和参数检查，单元质量检查、内存和磁盘估计，以及分析时间等信息，预处理 INP 文件时产生的错误和警告信息也会写入 DAT 文件。另外，DAT 文件中输出用户定义的 ABAQUS/Standard 的结果数据，ABAQUS/Explicit 的结果数据不会写入该文件。

（8）MSG 文件（job_name.msg）：信息文件，属于文本文件，详细记录计算过程中的平衡迭代次数、参数设置、计算时间，以及错误和警告信息等。

（9）IPM 文件（job_name.ipm）：内部过程信息文件，启动 ABAQUS/CAE 分析时开始写入，记录了从 ABAQUS/Standard 或 ABAQUS/Explicit 到 ABAQUS/CAE 的过程日志。

（10）JNL 文件（model_database_name.jnl）：文本文件，包含用于复制已存储的模型数据库的 ABAQUS/CAE 命令。

（11）STA 文件（job_name.sta）：状态文件，属于文本文件，包含分析过程信息。

（12）RPY 文件（ABAQUS.rpy）：记录运行一次 ABAQUS/CAE 所运用的所有命令。

（13）REC 文件（model_database_name.rec）：包含用于恢复内存中模型数据库的 ABAQUS/CAE 命令。

（14）PSR 文件（job_name.psr）：文本文件，参数化分析要求的输出结果。

（15）FIL 文件（job_name.fil）：结果文件，可被其他软件读入的结果数据格式。记录 ABAQUS/Standard 的分析结果，ABAQUS/Explicit 的分析结果要写入 FIL 文件中则需要转换。

（16）RES 文件（job_name.res）：重启动文件，用 Step 功能模块进行定义。

（17）MDL 文件（job_name.mdl）：模型文件，在 ABAQUS/Standard 和 ABAQUS/Explicit 中运行数据检查后产生的文件，重启动分析时需要该文件。

（18）PRT 文件（job_name.prt）：部件信息文件，包含模型的部件与装配信息，重启动分析时需要该文件。

（19）STT 文件（job_name.stt）：状态外文件，运行数据检查时产生的文件，重启动分析时需要该文件。

（20）ABQ 文件（job_name.abq）：状态文件，仅用于 ABAQUS/Explicit，记录分析、继续和恢复命令，重启动分析时需要该文件。

（21）SEL 文件（job_name.sel）：结果选择文件，仅用于 ABAQUS/Explicit，重启动分析时需要该文件。

（22）PAC 文件（job_name.pac）：打包文件，包含模型信息，仅用于 ABAQUS/Explicit，重启动分析时需要该文件。

（23）PSF（job_name.psf）：脚本文件，用户定义 Parametric Study（参数研究）时需要创建的文件。

（24）ODS 文件（job_name.ods）：记录场输出变量的临时运算结果，运行后自动删除。

（25）LCK 文件（job_name.lck）：用于阻止并发写入输出数据库，关闭输出数据库则自动删除。

1.5　ABAQUS的基本操作

ABAQUS/CAE 是有限元分析和用户之间的桥梁，它一方面全面支持 ABAQUS 的求解器，另一方面通过友好的界面方便用户进行模型的建立和参数的设置。本章从 ABAQUS/CAE 的启动讲起，逐步介绍 ABAQUS/CAE 的用户界面、鼠标的使用和一些相关约定，使用户对 ABAQUS 软件有一个基本的认识。

1.5.1 ABAQUS/CAE的启动

在操作系统中，执行【开始】/【程序】/【Dassault Systems SIMULIA Abaqus CAE 2018】/【ABAQUS CAE】，随即打开 ABAQUS/CAE 的启动界面，如图 1-2 所示。在启动界面上共有以下 5 个选项。

- Create Model Database（创建模型数据库）：创建 ABAQUS/CAE 环境下的模型数据库，开始新的分析。创建模型数据库有 3 种类型，其中，With Standard/Explicit Model 数据类型用于建立隐式或显式求解问题；With Electromagnetic Model 数据类型用于建立电磁场求解问题。
- Open Database（打开数据库）：打开已经存在的模型数据库文件（*.cae）或输出数据库文件（*.odb）。
- Run Script（打开手稿）：运行用 Python 脚本语言编写的包含 ABAQUS/CAE 命令的文件（*.py 或 *.pyc）。
- Start Tutorial（开始指南）：启动在线帮助指南。
- Recent Files（最近文件）：直接进入最近使用过的 CAE 文件。

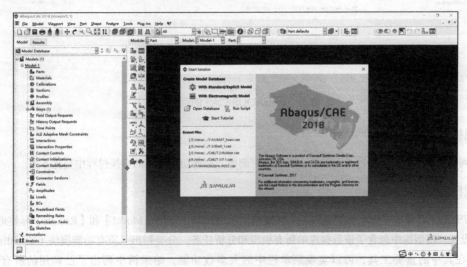

图 1-2　ABAQUS/CAE 的启动界面

1.5.2 ABAQUS/CAE的用户界面

启动 ABAQUS/CAE 后，即进入 ABAQUS/CAE 的用户界面，如图 1-3 所示，该界面包括 10 个部分，分别介绍如下。

1. 标题栏

标题栏显示当前的 ABAQUS/CAE 版本及模型数据库的路径和名称。

2. 菜单栏

菜单栏与当前的功能模块相对应，包含该功能模块中所有可用的功能。

3. 环境栏

环境栏中包含 1～3 个列表，Module（模块）列表用于切换各功能模块；其他列表则与当前的功能模块相对应，分别用于切换 Model（模型）、Part（部件）、Step（分析步）、ODB（结果文件）和 Sketch（草图）。

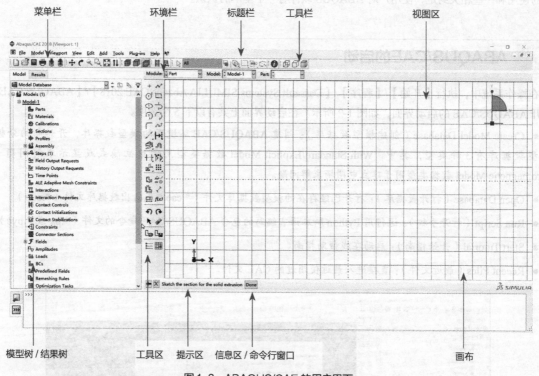

图1-3　ABAQUS/CAE 的用户界面

4. 工具栏

工具栏列出了菜单栏内的一些常用工具，方便用户调用，在各功能模块的切换过程中变化不大。

5. 模型树/结果树

ABAQUS 2018 界面的左侧有模型树和结果树窗格，可通过其上部的【Model】和【Results】标签进行切换。模型树为默认设置。模型树中包含了该数据库的所有模型和分析任务，分类列出了所有功能模块（Visualization 模块除外）及包含在其中的重要工具，可以实现菜单栏中的大多数功能。结果树中列出了已调用的所有结果文件及 Visualization（可视化）模块中的许多工具，可以实现结果显示的大多数功能。

6. 画布

画布用于摆放视图。

7. 视图区

视图区用于模型和结果的显示。

8. 工具区

工具区列出与各功能模块相对应的工具，包含了菜单栏中的大多数功能，方便用户选择使用。

9. 提示区

当选择工具对模型进行操作时，提示区会显示出相应的提示，用户可以根据提示在视图区进行操作或在提示区中输入数据。

10. 信息区/命令行接口

信息区和命令行接口显示在用户界面的下部区域，通过其左侧的 Message Area（信息区）和 Command Line Interface（命令行接口）进行切换。信息区为默认设置，显示状态信息和警告。用户可以使用 ABAQUS/CAE 内置的 Python 编译器在命令行接口中输入 Python 命令和计算表达式。

1.5.3 ABAQUS中鼠标的使用

ABAQUS/CAE 默认使用三键鼠标，分为右手习惯和左手习惯两种使用方式。当按右手习惯设置鼠标时，左键为①键，中键为②键，右键为③键；当按左手习惯设置鼠标时，右键为①键，中键为②键，左键为③键。如用户使用两键鼠标，则两键分别代表①键和③键，同时按下两键相当于三键鼠标中的②键。本书中所使用的鼠标都是三键鼠标。三键的功能介绍如下。

① 键为选择／拖曳键：在菜单栏、工具栏、环境栏、工具区、提示区、信息区／命令行窗口中，单击①键用于选择工具和切换界面；在模型树／结果树中双击①键用于切换功能模块并弹出相应的创建或编辑对话框；在工具区中，将鼠标指针指向右下带小三角形的工具，按住①键可展开工具条；当选择 Pan View（平移）、Rotate View（旋转）、Magnify View（缩放）等工具时，在视图区中，按住①键拖曳可平移、旋转和缩放模型；当选择其他工具时，在视图区中，单击①键可选择模型或模型的一部分，按住键盘上的【Shift】键再单击①键可选择模型的几个部分，按住键盘上的【Ctrl】键再单击①键可取消已选择的模型区域。

② 键为确定键：当使用工具对模型进行操作时，在视图区中单击②键即可确定完成该操作；在视图区中滚动鼠标滚轮可以缩放模型，向上滚动滚轮可缩小模型，向下滚动滚轮可放大模型。

③ 键为弹出快捷菜单键：在模型树／结果树和视图区中，单击③键可弹出快捷菜单。

移动鼠标使鼠标指针指向工具栏、模型树／结果树、工具区、提示区、信息区／命令行接口中的工具时，在其下部显示出该工具的名称。

1.5.4 ABAQUS的坐标系

ABAQUS 的整体坐标系是直角笛卡尔坐标系，方向遵循右手法则。为便于各种分析，用户可以自行定义局部坐标系进行节点、载荷、边界条件、线性约束方程、材料属性、耦合约束、连接器单元、ABAQUS/Standard 中接触分析的滑动方向的定义和变量输出等，局部坐标系可以是直角笛卡儿坐标系、柱坐标系和球坐标系，都遵循右手法则。

1.5.5 ABAQUS对自由度的约定

ABAQUS 对轴对称单元的位移和旋转自由度的规定如下：R 方向（径向）位移、Z 方向（轴向）位移、绕 Z 轴旋转（用于带扭曲的轴对称单元）、绕 R-Z 平面的旋转（用于轴对称壳），旋转自由度的单位都是弧度。其中，R 和 Z 方向分别与整体坐标系的 X 轴和 Y 轴的方向一致；但如果通过节点转化定义了局部坐标系，那么它们将与局部坐标系中相关坐标轴的方向一致。

除了轴对称单元，其他自由度的约定包括：X 方向位移、Y 方向位移、Z 方向位移、绕 X 轴旋转（以弧度表示）、绕 Y 轴旋转（以弧度表示）、绕 Z 轴旋转（以弧度表示）、孔隙压力（或静水压）、电势、温度、第二温度（对于壳或梁）、第三温度（对于壳或梁）等。其中 X、Y、Z 的方向分别与整体坐标系的 X 轴、Y 轴、Z 轴方向一致；但如果通过节点转化定义了局部坐标系，它们将与局部坐标系中相关坐标轴的方向一致。

第 2 章 几何建模

几何模型是有限元分析问题的基础，模型的精确性和有效性对计算结果的影响至关重要。ABAQUS 几何建模主要是在 Part、Sketch、Assembly 和 Property 这几个模块中完成的，其中几何部件在 Part 模块中创建，部件草图在 Sketch 模块中创建，各部件在 Assembly 模块中进行装配，各部件的材料属性和截面特性在 Property 模块中进行定义。

本章主要对上述 4 个模块的功能进行讲解。为了方便读者理解，将以支座连接件模型为例（本例统称例 2-1），介绍其建模、装配和赋予材料特性的操作过程，并对该过程中涉及的各项功能进行讲解。支座连接件的模型如图 2-1 所示。

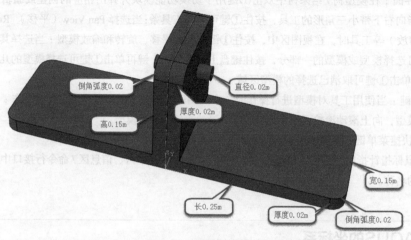

图 2-1 支座连接件模型

2.1 部件模块（Part）和草图模块（Sketch）

启动 ABAQUS/CAE，创建一个类型为【Standard & Explicit】的模型数据库。在【Module】栏的下拉列表中选择【Part】，进入创建部件模块，对图 2-1 中支座连接件模型的各个部件进行建模。这里主要对右支座（bearing-r 部件）和铰链（link 部件）进行建模，左支座部件可以通过对右支座部件进行复制操作得到，因此可不对其进行建模。

2.1.1 创建右支座部件

1. 建立右支座底面

|步骤 1| 执行【Part】/【Create】命令，或者单击工具区中的 【Create Part】按钮，如图 2-2 所示，弹出【Create Part】对话框，如图 2-3 所示。

在【Create Part】对话框中，将右支座部件的【Name】改为 bearing-r，其类型采用默认设置【3D】、【Deformable】、

【Solid】、【Extrusion】，即三维变形实体，且通过拉伸的方式建立该模型。再将该部件的尺寸设置为1，该设置主要是为了稍后在草图模块建模时部件能够清晰地显示，若该值设置不合理将会导致部件在草图中显示过大或过小，不利于观察和建模。然后单击【Continue...】按钮，退出【Create Part】对话框，进入草图绘制界面。

|步骤2| 绘制草图。单击工具区中的 ✎ 【Create Lines：Connected】按钮，在提示区中依次输入点（0，0）、（0.25，0）、（0.25，0.15）、（0，0.15）和（0，0）围成一条封闭曲线。单击鼠标中键，再单击提示区的【Done】按钮，弹出【Edit Base Extrusion】对话框，如图2-4所示。在【Depth】栏（拉伸长度）中输入0.02（底面的厚度为0.02m），单击【OK】按钮，退出草图绘制界面，完成右支座底面的创建。

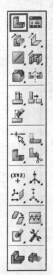  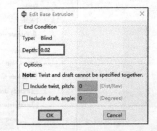

图2-2 选择【Create Part】工具　　图2-3 【Create Part】对话框　　图2-4 【Edit Base Extrusion】对话框

> **提示**
> 　　对右支座部件底面矩形块的创建还可以通过以下方法实现：单击工具区中的 ▭ 【Create Lines：Rectangle】按钮，在提示区中依次输入（0，0）和（0.25，0.15）两个矩形对角点，单击鼠标中键，再单击提示区的【Done】按钮，弹出【Edit Base Extrusion】对话框，在【Depth】栏输入0.02，单击【OK】按钮，完成右支座底面的创建。

2. 创建右支座侧面

右支座的侧面是在底面的左侧向上建立的一个长、宽、高分别为0.15m、0.02m、0.15m的矩形块，可以通过对部件的拉伸操作来实现，其操作步骤如下。

|步骤1| 单击 ⬚ 【Create Solid：Extrude】图标，选择右支座底部的上表面，再将提示区中线或轴出现的方式设置为【vertical and on the left】（该设置是为了在稍后的草图修改时使草图的坐标方位与当前坐标方位保持一致），再选择支座底部上表面左侧的一条边，进入草图修改截面。

|步骤2| 修改草图。单击工具区中的 ▭ 【Create Lines：Rectangle】按钮，先在草图的左侧绘制一个任意宽度的矩形，该矩形的一条长边为Step1中所选择的那条线。再单击工具区中的 ✎ 【Add Dimension】按钮，选择上述任意宽度矩形的宽边上的两点，移动鼠标到合适位置后单击鼠标左键，视图区中将会自动显示出之前所建的矩形的宽度，然后在提示区中将该宽度重新设置为0.02（右支座侧面的厚度为0.02m），单击鼠标中键进行确认。再次单击鼠标中键，退出草图界面并弹出【Edit Extrusion】对话框。

|步骤3| 定义右支座侧面的拉伸高度。在【Edit Extrusion】对话框的【Depth】栏中输入0.15，即右支座侧面的拉伸高度为0.15m，拉伸方向和类型都采用默认设置，然后单击【OK】按钮，完成右支座侧面的创建。

该过程的详细操作步骤如图2-5所示。

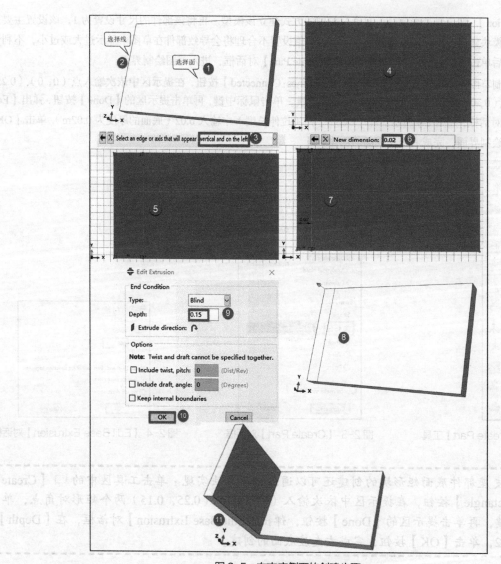

图2-5 右支座侧面的创建步骤

3. 右支座侧面的开孔

单击工具区中的 【Create Cut：Circular Hole】按钮或执行【Shape】/【Cut】/【Circular Hole】命令,在提示区的【Type of Hole】选项中选择【Through All】,再选择右支座的内侧面作为圆孔的截取面,如图2-6所示。单击提示区中的【OK】按钮,选择"first edge",在提示区输入定位距离0.05(孔的圆心距离所选边0.05m),单击鼠标中键,再选择"second edge",在提示区输入定位距离0.075(孔的圆心距离所选边0.075m),单击鼠标中键,再在提示区的【Diameter】栏中输入0.02,即孔的直径为0.02m,单击鼠标中键,完成右支座侧面的挖孔。

图2-6 孔的定位面和线

4. 倒角

单击工具区中的 【Create Round or Fillet】按钮,选择图2-7(a)中的4条边,单击提示区的【Done】按钮,在提示区的【Radius】栏中输入0.02,单击鼠标中键,完成直角倒圆角的操作。

至此,完成了右支座模型的建立,如图2-7(b)所示。

第2章 几何建模

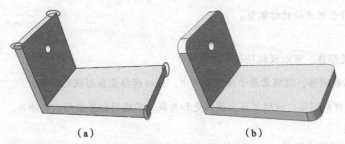

图2-7 倒角前后的右支座部件

> **提示**
> 对右支座模型的所有操作,如拉伸、开孔和倒角,可在模型树中通过【Parts】/【bearing-r】/【Features】完成,双击对应的操作名称,可以修改拉伸厚度、孔或倒角尺寸。

2.1.2 创建铰链部件

步骤1 单击工具区中的 【Create Part】按钮,弹出【Create Part】对话框,将铰链部件的【Name】改为link,其类型设为【3D】、【Deformable】、【Solid】、【Revolution】,即三维变形实体,且通过旋转的方式建立该模型。再将该部件的大致尺寸设置为0.2。然后单击【Continue...】按钮,退出【Create Part】对话框,进入草图绘制界面。

步骤2 绘制草图

单击工具区中的 【Create Lines: Rectangle】按钮,在提示区中依次输入(0,0)和(0.01,0.08)作为两个矩形对角点(铰链的截面为圆形,其半径为0.01m,铰链的长度为0.08m),单击鼠标中键两次,再单击提示区的【Done】按钮,弹出【Edit Revolution】对话框,在【Angle】栏输入360,即旋转360°。单击【OK】按钮,完成铰链部件的创建。其操作步骤和模型如图2-8所示。

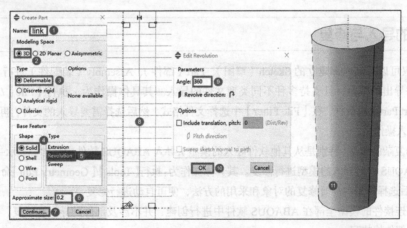

图2-8 创建铰链部件

> **提示**
> 对于铰链部件的创建,还可以采用拉伸的方法,即先在草图中建立一个半径为0.01m的圆,然后再将该圆拉伸0.08m。此方法与右支座底面的建模方法类似,这里不再详述。

模型类型知识点如下。

(1)【Modeling Space】选项
- 3D:用于创建三维立体模型。
- 2D Planar:用于创建二维平面模型。

13

- Axisymmetric：用于创建轴对称模型。

（2）【Type】选项
- Deformable：可变形体，可以模拟任何形状的物体。
- Discrete rigid：离散刚体，该项常用于接触分析中，可以模拟复杂形状的物体。
- Analytical rigid：解析刚体，该项只用于建立壳和曲线，不能模拟复杂形状的物体。

（3）【Options】选项
该选项只在建立轴对称可变形体时才会被激活，用于设置轴对称结构绕对称轴发生扭转变形。

（4）【Shape】选项
- Solid：该选项用于建立实体模型，只有在【Modeling Space】中选择【3D】及在【Type】中选择【Deformable】或【Discrete rigid】时，该选项才可选。其对应的【Type】选项如下。
  * Extrusion：采用拉伸的方式创建部件。
  * Revolution：采用旋转的方式创建部件。
  * Sweep：采用扫掠的方式创建部件。
- Shell：该选项用于建立壳体模型。其对应的【Type】选项如下。
  * Planar：用于创建平面壳体。
  * Extrusion：采用拉伸的方式创建部件。
  * Revolution：采用旋转的方式创建部件。
  * Sweep：采用扫掠的方式创建部件。
- Wire：该选项用于建立位于同一平面内的线模型。其对应的【Type】选项为【Planar】，即用于创建平面内的线。
- Point：该选项用于建立点模型，直接输入坐标值即可。其对应的【Type】选项为【Coordinates】，即采用坐标的方式创建点。

2.1.3 部件的导入与修复

ABAQUS 不仅可以对其内部建立的 Sketch（草图）、Part（部件）、Assembly（装配件）进行导入操作，还可以导入其他建模软件导出的模型，且支持多种不同类型文件的导入。其具体操作为：执行【File】/【Import】/【Part】命令，弹出【Import Part】对话框，在【File Filter】中选择文件格式，然后选择需要导入的文件，再单击【OK】按钮，便可完成部件的导入操作。

对于一些较为复杂的模型（特别是从其他软件导入的模型），导入 ABAQUS 软件中常常会提示一些错误或者警告，这时便需要在 ABAQUS 中对导入的模型进行修复。其具体操作为：执行【Tools】/【Geometry Edit】命令，弹出【Geometry Edit】对话框，然后选择模型中需要修复的对象和采用的方法，便可自动进行修复。

图 2-1 中支座连接件的模型全部在 ABAQUS 软件中进行创建，并不涉及部件的导入和修复，因此可直接进入下面的装配模块进行部件的装配。

2.2 装配模块（Assembly）

在【Module】栏的下拉列表中选择【Assembly】，即可进入装配功能模块。用户在【Part】功能模块中创建或导入的部件都是在局部坐标系下创建的，对于由多个部件构成的模型，必须将其在统一的整体坐标系中进行装配，使其成为一个整体。下面将以图 2-1 中左右支座以及铰链的装配为例，对装配模块的功能进行介绍。

2.2.1 复制部件实体

如前所述，左支座部件不用在【Part】模块中创建，而是在【Assembly】模块中通过复制的方式得到的。ABAQUS 可以对一个已有的实体进行线性或环状复制，下面将以左支座部件的创建为例，分别对这两种复制功能进行介绍。

1. 创建右支座的部件实体

进入【Assembly】模块后，单击工具区的【Create Instance】按钮，弹出【Create Instance】对话框，如图 2-9 所示。在【Parts】栏中选择【bearing-r】部件，其他参数采用默认设置，单击【OK】按钮，完成右支座部件实体的创建。

创建部件的类型有两种，即非独立部件实体（【Dependent（mesh on part）】）和独立部件实体（【Independent（mesh on instance）】），它们的区别主要是在【Mesh】模块中划分网格的对象不相同。对于非独立部件实体需要对每个部件进行网格划分，而对于独立部件实体则是在部件实体上进行网格划分。

【Auto-offset from other instances】选项用于使创建的实体之间产生偏移而不重叠，便于观察。

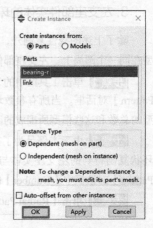

图 2-9　创建右支座的部件实体

2. 左支座部件实体的线性复制

采用线性复制方式，复制后得到的模型可以出现在原模型的上、下、左、右 4 个方位。下面将以例 2-1 中的右支座部件为例，如图 2-7（b）所示，通过线性复制得到左支座，具体操作如下。

步骤 1　单击工具区中的按钮，选择视图区中的 bearing-r 部件，在提示区中单击【Done】按钮，弹出【Linear Pattern】对话框，当所有参数均采用默认设置时，其线性复制的结果如图 2-10（a）所示，此处可以对复制部件与原部件之间的距离和方向进行修改。

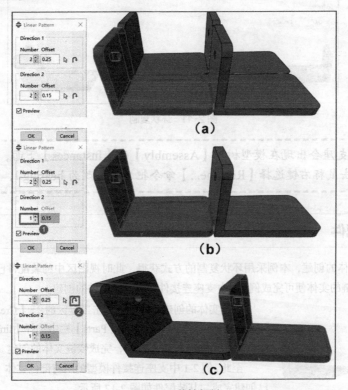

图 2-10　线性复制

步骤 2 本例是为了得到一个左支座，因此可将图 2-10（b）所示的【Direction 2】中的【Number】设为 1，【Direction 1】中的【Number】采用默认值 2，表示线性复制后 X 方向有两个实体，Y 方向有一个实体。

步骤 3 为了便于区分左、右支座，可将上述复制得到的左支座实体移动到右支座实体的左侧。其操作方法为单击图 2-10（c）所示的【Direction 1】中的 按钮，便可将线性复制得到的实体移动到原实体的左侧。

步骤 4 单击【Linear Pattern】对话框中的【OK】按钮，完成左支座部件实体的线性复制。

3. 左支座部件实体的环状复制

除了上述的线性复制外，还可以通过环状复制的方式得到左支座部件实体。环状复制是指复制后的模型和原模型在同一个圆周上。左支座部件实体的环状复制操作步骤如下。

步骤 1 单击工具区中的 按钮，选择视图区中的 bearing-r 部件，在提示区中单击【Done】按钮，弹出【Radial Pattern】对话框。当所有参数均采用默认设置时，环状复制得到的结果如图 2-11（a）所示。此处用户可对复制后模型的总数和这些模型所围成的圆弧的角度进行修改。

步骤 2 由于本例是为了得到一个左支座实体，因此环状复制后的模型总数应设为 2，其角度可设为 180°，即环状复制得到的左支座实体与右支座实体在同一直线上，这样便于后续的部件装配。其具体操作如下，将【Radial Pattern】对话框中【Number】的值设为 2，【Total angle】的值设为 180，环状复制后的结果如图 2-11（b）所示。

步骤 3 单击【Radial Pattern】对话框中的【OK】按钮，完成左支座实体的环状复制。

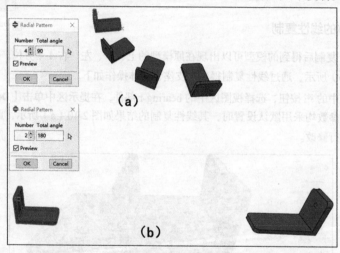

图 2-11 环状复制

> 💡 **提示**
> 复制后的左支座会出现在模型树中【Assembly】的【Instances】下面，可以单击新建的左支座名称，再单击鼠标右键选择【Rename...】命令把名称更改为 bearing-l，以与右支座区分。

2.2.2 创建装配件

对于上述左支座实体的创建，本例采用环状复制的方式获得，此时视图区中的装配件已包含左支座实体和右支座实体，再创建一个铰链的实体便可完成例 2-1 中支座连接件模型的装配件的创建。

铰链实体的创建步骤下，单击工具区的 【Create Instance】按钮，弹出【Create Instance】对话框，在【Parts】栏中选择【link】部件，其他参数采用默认设置，单击【OK】按钮，完成铰链实体的创建。

至此，例 2-1 中支座连接件模型的所有部件实体（右支座、左支座和铰链）已创建完成，其装配件如图 2-12 所示。

图 2-12 支座连接件模型的装配件

2.2.3 装配件内各部件实体的定位

上述装配件内各部件实体的位置关系较为杂乱,需要做一些移动、旋转和共轴等操作才能将其组装到一起,得到图 2-1 所示的支座连接件模型(左、右支座的侧面完全贴合在一起,中间用铰链进行连接,铰链的中截面与左、右支座的交界面位于同一平面内)。下面将对其装配过程进行详细介绍。

1. 装配左、右支座

步骤 1 隐藏铰链部件实体。为了使装配过程中视野清晰,可先隐藏后装配的部件实体,让视图区只显示当前进行装配的部件实体。本例中先对左、右支座进行装配,因此需隐藏铰链。具体操作如下,单击工具栏中的 ◎【Remove Selected】按钮,在提示区中的【Select entities to remove】下拉列表中选择【Instances】,即对部件实体进行隐藏,然后选择视图区中的铰链实体,单击提示区中的【Done】按钮,完成铰链实体的隐藏操作。再单击提示区中的 X 按钮,退出隐藏操作。

步骤 2 对左、右支座进行定位。对左、右支座的定位有很多方法,如边的重合、面的重合和整体平移等,下面将分别采用这 3 种方法对左、右支座进行定位,其具体操作步骤如下。

方法 1:边的重合操作。执行【Constraint】/【Edge to edge】命令,选择视图区中左支座(需要移动的实体)的一条边 edge 1,如图 2-13(a)所示,再选择右支座(固定不动的实体)的一条边 edge 2,如图 2-13(b)所示,此时所选的两条边上将出现红色箭头,它们的朝向是一致的,单击提示区中的【OK】按钮(若两个箭头的朝向不一致,则需先单击提示区中的【Flip】按钮,使它们朝向一致后再单击【OK】按钮),便完成了左、右支座的定位,定位后的左、右支座如图 2-14 所示。

图 2-13 采用边的重合方法进行定位　　　　图 2-14 定位后的左右支座

方法 2:面的重合操作。执行【Constraint】/【Face to face】命令,选择视图区中左支座(需要移动的实体)的一个面 face 1,如图 2-15(a)所示,再选择右支座(固定不动的实体)的一个面 face 2,如图 2-15(b)所示。此时所选的两个面上将出现红色箭头,它们的朝向是相反的。单击提示区中的【Flip】按钮,使它们的朝向一致,然后单击提示区中的【OK】按钮,再在提示区的输入框中输入 0,即设置 face 1 与 face 2 之间的距离为 0。最后单击鼠标中键,完成左、右支座的定位,如图 2-14 所示。

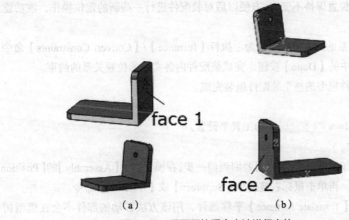

图 2-15 采用面的重合方法进行定位

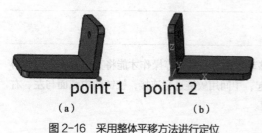

(a)   (b)

图 2-16 采用整体平移方法进行定位

方法 3：整体平移操作。单击工具区中的【Translate Instance】，选择视图区中左支座实体，单击提示区中的【Done】按钮，选择左支座（需要移动的实体）中的一个角点 point 1 作为移动的起点，如图 2-16（a）所示，然后再选择右支座（固定不动的实体）中的一个角点 point 2 作为移动的终点，如图 2-16（b）所示，最后单击提示区中的【OK】按钮，完成左右支座的定位，如图 2-14 所示。

2. 装配铰链

<u>步骤 1</u> 显示铰链部件实体。由于之前装配左、右支座时将铰链进行了隐藏，因此在装配铰链时需将铰链重新显示于视图之中。具体操作为，单击工具栏中的【Replace All】按钮，显示装配件内的所有部件实体，此时视图区中将会出现已经装配好的左、右支座和还未进行装配的铰链。

<u>步骤 2</u> 对铰链进行定位。由于铰链是轴对称结构，左、右支座侧面上的孔也是轴对称结构，因此铰链的装配可采用共轴的方法进行定位，其操作步骤为：执行【Constraint】/【Coaxial】命令，在视图区中选择铰链（需要移动的实体）的圆柱面 face 1，再选择右支座（固定不动的实体）孔的圆柱面 face 2，如图 2-17 所示，此时所选的两个面的轴线上将出现红色箭头，本例不需要调整它们的方向，所以直接单击提示区中的【OK】按钮，完成铰链的共轴定位。

由于例 2-1 要求铰链的中截面与左、右支座的交界面在同一平面（YZ 平面）内，而铰链的长度为 0.08m，因此铰链右端截面的圆心（如图 2-18 所示）坐标应为（0.04，0.075，0.12）。单击工具栏中的【Query information】按钮，弹出【Query】对话框，在【General Queries】栏中选择【Point/Node】选项，选择视图区中铰链右端截面的圆心，然后单击提示区中的【Done】按钮，在提示区下方的信息区中将会显示该点的坐标也为（0.04，0.075，0.12），因此可不用再对铰链进行移动。

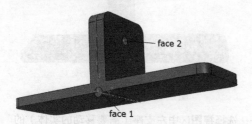

图 2-17 采用共轴方法进行定位

图 2-18 铰链的截面圆心

3. 约束装配件内各实体的位置关系

通过上述定位操作，支座连接件的模型已装配完毕，此时可对其当前的位置关系进行约束，从而解除模型树中所有定位操作的特征（模型的位置保持不变），方便以后对装配件进行一些新的定位操作，该功能也能避免一些定位操作之间的冲突。

装配件内各实体的位置关系的约束操作步骤为：执行【Instance】/【Convert Constraints】命令，选择视图区中装配件的所有实体，单击提示区中的【Done】按钮，完成装配件内各实体的位置关系的约束。

至此，例 2-1 中支座连接件模型的整个装配件组装完成。

装配关系提示如下。

① 位置关系可用工具栏 中的工具来设置。

② 先选择的部件进行移动。

③ 约束装配关系完成后，如果发现错误，则需要回到前一步，在模型树中【Assembly】的【Position Constraints】下面，可以单击错误的装配关系名称，再单击鼠标右键选择【Suppress】或【Delete...】命令。

④ 可以选择工具栏中的【Translate Instance】平移部件，用该方法移动的部件不会在模型树中【Assembly】的【Position Constraints】中出现。

2.2.4 合并/剪切部件实体

合并功能可以将几个部件实体组合为一个部件实体,剪切功能可以通过对几个部件实体进行切割,从而实现一些结构特征的创建,如例 2-1 中右支座部件侧面的开孔等。下面仍以例 2-1 中右支座部件的创建为例,对合并和剪切功能进行介绍。

1. 合并(Merge)

步骤 1 创建右支座部件的底面并倒角。进入【Part】模块,单击工具区中的 【Create Part】,弹出【Create Part】对话框,将部件命名为 bearing-r-bottom,其类型选择为【3D】、【Deformable】、【Solid】、【Extrusion】。再将该部件的大致尺寸设置为 1,然后单击【Continue...】按钮,进入草图绘制界面。单击工具区中的 【Create Lines:Rectangle】按钮,在提示区中依次输入(0,0)和(0.25,0.15)作为两个矩形对角点,单击鼠标中键,再单击提示区的【Done】按钮,弹出【Edit Base Extrusion】对话框,在【Depth】栏输入 0.02,单击【OK】按钮,完成右支座底面的创建。再单击工具区中的 【Create Round or Fillet】按钮,选择右支座底面右侧的两条边进行倒角,其倒角半径为 0.02。倒角后的右支座部件的底面模型如图 2-19 所示。

步骤 2 创建右支座部件的侧面并开孔和倒角。将右支座部件的侧面模型部件命名为 bearing-r-flank,其类型仍为【3D】、【Deformable】、【Solid】、【Extrusion】。进入草图绘制界面后,单击工具区中的 【Create Lines:Rectangle】按钮,在提示区中依次输入(0,0)和(0.15,0.15)作为两个矩形对角点,在弹出的【Edit Base Extrusion】对话框中将拉伸长度设为 0.02,完成右支座部件侧面的初步创建。再对其进行开孔操作,孔的直径为 0.02m,其圆心到 edge 1 的距离为 0.05m,到 edge 2 的距离为 0.075m,具体操作方法与 2.1.1 节中的方法类似,这里不再赘述。最后再对其进行倒角,倒角半径仍设为 0.02。开孔后,倒角后的右支座部件的侧面模型如图 2-20 所示。

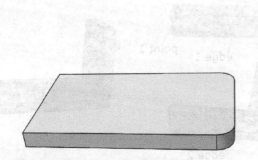
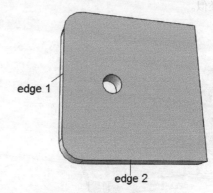

图 2-19 右支座部件的底面模型   图 2-20 右支座部件的侧面模型

步骤 3 对右支座的底面和侧面部件进行装配。先将右支座的底面和侧面部件创建为同一装配件下的实体,然后通过面的重合(face 1 与 face 2 重合)以及整体移动(右支座侧面部件实体从 point 1 移动到 point 2)操作,完成装配件的定位,如图 2-21 所示,具体操作方法与 2.2.3 节中的类似。

步骤 4 合并右支座的底面和侧面部件实体。

在【Assembly】模块中单击工具区中的 按钮,弹出【Merge/Cut Instances】对话框,将合并后新生成的部件命名为 bearing-r-merge,单击【Merge】单选按钮,其合并对象选择【Geometry】,即对几何模型进行合并。若选择【Mesh】则表示对网格部件进行合并,若选择【Both】则表示对几何和网格部件都进行合并。对于原部件的处理选择【Suppress】方式,即表示进行合并操作后将原部件进行隐藏。若选择【Delete】则表示合并完成后删除合并前的原部件。对边界的处理选择【Retain】选项,即表示保留合并前各部件的边界。若选择【Remove】选项,则表示合并完成后将移除合并区域内原部件的边界。

合并参数设置完成后,单击【Merge/Cut Instances】对话框中的【Continue...】按钮,在视图区中选择右支座的底面和侧面部件,然后单击提示区中的【Done】按钮,完成右支座的底面和侧面的合并。此时,模型树中【Assembly】

下新增了一个部件 bearing-r-merge,该部件在【Part】模块中也能找到,这便是通过合并的方式创建的右支座部件。

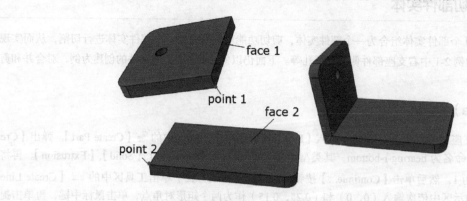

图 2-21 对右支座的底面和侧面部件进行装配

2. 剪切（Cut）

步骤1 创建无孔的右支座部件。无孔右支座部件的创建与 2.1.1 节中有孔右支座部件的创建方法完全相同,只是省去开孔操作,最终得到的无孔右支座部件如图 2-22 所示。

步骤2 装配无孔右支座和铰链部件。先将无孔右支座和铰链部件创建为同一装配件下的实体,然后通过边的重合（edge 1 与 edge 2 的重合）操作,将铰链的对称轴和无孔右支座的底面上的一条边重合到一起。然后执行【Instance】/【Convert Constraints】命令,解除边的重合定位特征。再对铰链进行移动,将铰链右端面的圆心 point 1 作为移动的起点,其移动的终点坐标为（0.04, 0.075, 0.12）。最终完成装配件的定位,如图 2-23 所示,具体操作方法与 2.2.3 节中的类似。

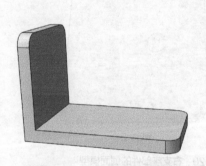

图 2-22 无孔右支座部件模型

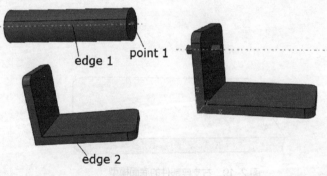

图 2-23 装配无孔右支座和铰链

步骤3 用铰链部件对无孔右支座部件进行剪切。

在【Assembly】模块中单击工具区中的 按钮,弹出【Merge/ Cut Instances】对话框,将剪切后新生成的部件命名为 bearing-r-cut,单击【Cut Geometry】单选按钮,即对几何部件进行剪切。对于原部件的处理选择【Suppress】方式。

 注意
剪切操作只能在几何部件中进行,不能对网格部件进行剪切,这与合并是不相同的。

剪切参数设置完成后,单击【Merge/ Cut Instances】对话框中的【Continue...】按钮,在视图区中先选择被剪切的部件,这里选择无孔右支座部件,再选择用于剪切的部件,这里选择铰链部件。单击提示区中的【Done】按钮,完成无孔右支座部件的剪切操作。此时,模型树中【Assembly】下的部件 bearing-r-no hole 和 link 都被隐藏了,并多出一个部件 bearing-r-cut（剪切后得到的新部件）。该部件在【Part】模块中也能找到,这便是通过剪切的方式创建的右支座部件。

2.3 特性模块（Property）

装配件定位完成后便可对该装配件内的各部件的材料属性、截面特性等进行定义。在【Module】下拉列表中选择【Property】，即可进入【Property】功能模块，在此模块中可以设置材料属性，创建、分配截面属性，以及定义弹簧、阻尼器和皮肤，等等。

下面仍以例2-1中的支座连接件模型为例，对一些材料属性的创建、截面特性的创建和赋予以及一些特殊功能进行介绍。这里假定右支座部件的材料为弹塑性材料，左支座部件的材料为超弹性材料，铰链的材料为弹性材料并定义剪切破坏准则。

2.3.1 定义材料属性

1. 定义弹塑性材料

单击工具区中的【Create Material】按钮，弹出【Edit Material】对话框，在该对话框的【Name】栏输入elastic-plastic。首先设置材料的弹性模量和泊松比，在【Material Behaviors】栏执行【Mechanical】/【Elasticity】/【Elastic】命令，此时【Material Behaviors】栏下方的空白处将出现Elastic，再在【Young's Modulus】栏中输入2.1e11，在【Poisson's Ratio】栏中输入0.3，即将钢的弹性模量和泊松比分别设为2.1×10^{11}Pa和0.3，如图2-24（a）所示。

设置材料的塑性，执行【Mechanical】/【Plasticity】/【Plastic】命令，此时【Material Behaviors】栏下方的空白处将出现Elastic和Plastic，在【Yield Stress】和【Plastic Strain】栏中分别输入钢的屈服应力和塑性应变，如图2-24（b）所示。单击【OK】按钮，完成弹塑性材料属性的创建。

2. 定义超弹性材料

单击工具区中的【Create Material】，弹出【Edit Material】对话框，在该对话框的【Name】栏输入hyperelasticity。其本构模型一般采用超弹性中的【Mooney-Rivlin】。具体操作如下：执行【Mechanical】/【Elasticity】/【Hyperelastic】命令，在【Strain energy potential】下拉列表中选择【Mooney-Rivlin】，在【Input source】选项中选择【Coefficients】，【Data】栏将出现一个参数列表，【C10】和【C01】为穆尼常数，分别设为0.84、0.21，【D1】为不可压缩比，对于不可压缩材料，【D1】的值应设为0，单击【OK】按钮，完成超弹性材料属性的设置，如图2-25所示。

3. 定义弹性材料并定义剪切破坏准则

单击工具区中的【Create Material】，弹出【Edit Material】对话框，在该对话框的【Name】栏输入elastic-shear damage。首先设置材料的弹性模量和泊松比，执行【Mechanical】/【Elasticity】/【Elastic】命令，在【Young's Modulus】栏中输入7e10，在【Poisson's Ratio】栏中输入0.33，即将钢的弹性模量和泊松比分别设为7×10^{10}Pa和0.33，如图2-26（a）所示。

再对该材料的剪切破坏准则进行定义。执行【Mechanical】/【Damage for Ductile Metals】/【Shear Damage】命令，将【Ks】的值设为0.3，在【Fracture Strain】、【Shear Stress Ratio】和【Strain Rate】栏中分别输入材料的断裂应变、剪应力比和应变速率，如图2-26（b）所示。

最后对损伤演化进行定义。单击【Suboptions】选项，在其下拉菜单中选择【Damage Evolution】选项，弹出【Suboption Editor】对话框，将【Data】栏中的【Displacement at Failure】的值设为0.001，其他参数均采用默认设置。单击【OK】按钮，完成损伤演化的设置，如图2-26（c）所示。再单击【Edit Material】对话框中的【OK】按钮，完成弹性材料属性的定义，并对其剪切破坏准则进行了定义。

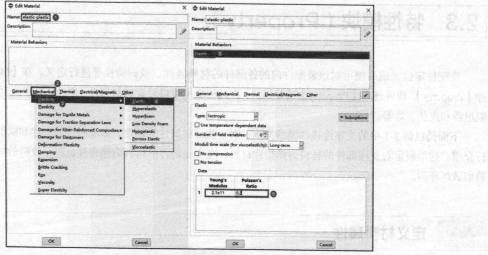

(a)设置材料的弹性模量和泊松比

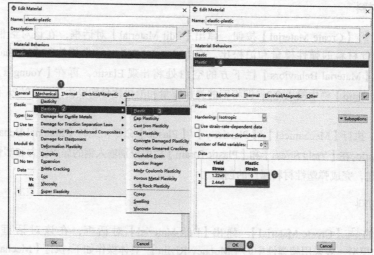

(b)设置材料的塑性

图 2-24 定义弹塑性材料

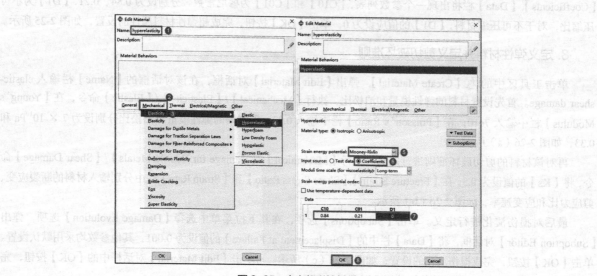

图 2-25 定义超弹性材料

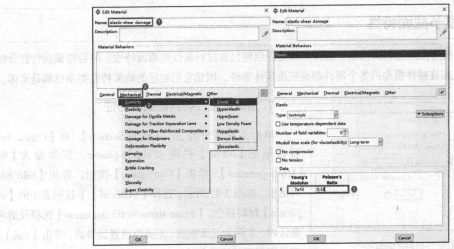

（a）定义弹性模量和泊松比

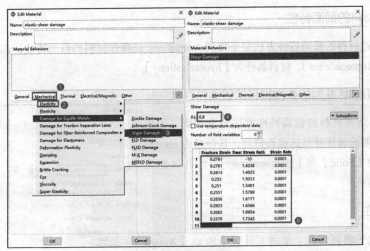

（b）定义剪切破坏准则

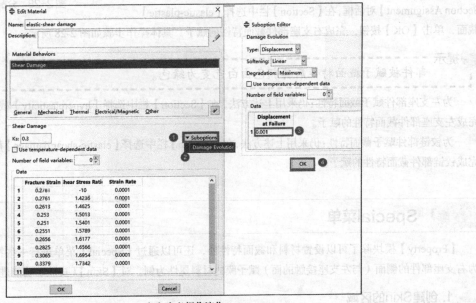

（c）定义损伤演化

图 2-26　定义弹性材料并定义其剪切破坏准则

2.3.2 创建并赋予截面特性

ABAQUS/CAE 不能直接把材料属性赋予部件，而是先创建包含材料属性的截面特性，然后将截面特性分配给模型的各个区域。由于支座连接件模型的各个部件都是三维实体部件，因此它们对应的截面特性类型也都是实体。

1. 创建弹塑性材料的截面特性

单击工具区中的【Create Section】，在【Create Section】对话框的【Name】栏输入 elastic-plastic，其类型为【Solid】、【Homogeneous】，单击【Continue...】按钮，弹出【Edit Section】对话框，如图2-27所示，选择【Material】下拉列表中的【elastic-plastic】材料属性。【Plane stress/strain thickness】选项仅适用于二维区域，本例为三维模型，不需要设置该参数，单击【OK】按钮，完成钢截面特性的创建。

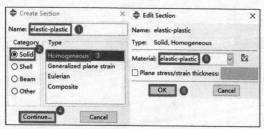

图 2-27　创建弹塑性材料的截面特性

2. 创建超弹性材料的截面特性

与上述创建弹塑性材料的截面特性方法完全相同，创建一个超弹性材料的截面特性，其命名为 hyperelasticity，类型为【Solid】和【Homogeneous】，材料属性为【hyperelasticity】。

3. 创建带有剪切破坏准则的弹性材料的截面特性

仍与上述创建弹塑性材料的截面特性方法完全相同，创建一个带有剪切破坏准则的弹性材料的截面特性，其命名为 elastic-shear damage，类型为【Solid】和【Homogeneous】，材料属性为【elastic-shear damage】。

4. 赋予截面特性

为右支座部件赋予截面特性：单击工具区中的【Assign Section】，选择视图区中的右支座部件，单击鼠标中键，弹出【Edit Section Assignment】对话框，在【Section】栏中选择【elastic-plastic】

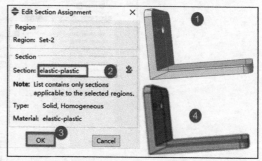

图 2-28　分配截面特性

截面，单击【OK】按钮，完成右支座部件截面特性的赋予，具体操作步骤如图2-28所示。

> 提示
> 部件被赋予截面特性后其颜色由白色变为绿色。

为左支座部件赋予截面特性：仍采用上述方法，在【Section】栏中选择【hyperelasticity】截面，单击【OK】按钮，完成左支座部件截面特性的赋予。

为铰链部件赋予截面特性：仍采用上述方法，在【Section】栏中选择【elastic-shear damage】截面，单击【OK】按钮，完成铰链部件截面特性的赋予。

2.3.3 Special 菜单

【Property】模块除了可以设置材料和截面特性外，还可以通过【Special】菜单进行一些特殊的操作。下面将以为右支座部件的侧面（与左支座接触的面）赋予膜的材料属性为例，对【Skin】（皮肤）功能进行简单介绍。

1. 创建 Skin 的区域

执行【Special】/【Skin】/【Create】命令，选择右支座部件侧面的一个面，如图2-29所示，单击鼠标中键，完成 Skin 区域的创建，其默认的名称为 Skin-1。

2. 创建skin的材料属性

单击工具区中 【Create Material】按钮，弹出【Edit Material】对话框，在该对话框的【Name】栏输入 skin。然后设置材料的弹性模量和泊松比，执行【Mechanical】/【Elasticity】/【Elastic】命令，在【Young's Modulus】栏中输入 68.9，在【Poisson's Ratio】栏中输入 0.45，即将膜的弹性模量和泊松比分别设为 68.9Pa 和 0.45，单击【OK】按钮，完成 skin 材料属性的创建。

3. 创建skin的截面特性

单击工具区中的 【Create Section】按钮，在【Create Section】对话框的【Name】栏输入 skin，其类型为【Shell】、【Homogeneous】，单击【Continue...】按钮，弹出【Edit Section】对话框，如图 2-30 所示，将壳的厚度设为 0.25，选择【Material】下拉列表中的【skin】材料属性，其他参数均采用默认设置，单击【OK】按钮，完成 skin 截面特性的创建。

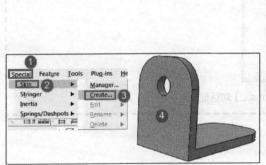

图 2-29　创建 Skin 的区域

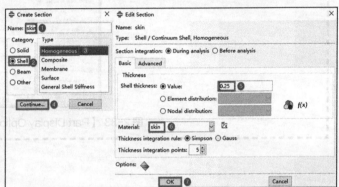

图 2-30　创建皮肤的截面特性

4. 赋予skin的截面特性

单击工具区中的 【Assign Section】按钮，在工具区中的 按钮后面选择【Skins】选项（注意：只有选择了该选项后才能选择视图区之前建立的皮肤区域），再选择之前建立的 Skin-1 区域，单击鼠标中键，弹出【Edit Section Assignment】对话框，在【Section】栏中选择【skin】截面，壳的偏移选择默认的【Bottom surface】选项（壳全部在该实体的外部），单击【OK】按钮，完成 skin 截面特性的赋予，具体操作步骤如图 2-31 所示。

此时，单击工具区中的 【Section Assignment Manager】按钮，弹出【Section Assignment Manager】对话框，如图 2-32 所示，可以看到右支座部件已被赋予了两种截面特性，即弹塑性材料的截面特性和 skin 截面特性。

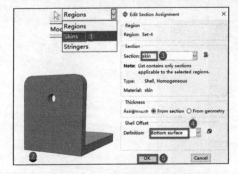

图 2-31　赋予皮肤的截面特性

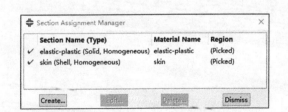

图 2-32　右支座部件被赋予的截面特性

在【Special】菜单中，用户可以定义 Stringer（梁）、Inertia（惯量）、Springs/Dashpots（弹簧/阻尼器），其具体参数设置方法用户可以自行查阅 ABAQUS 系统帮助文件，这里不再详细介绍。

● 提示

若想三维显示板厚和梁的界面，可在下拉菜单【View】下单击【Part Display Options...】，在弹出的对话框中设置，如图 2-33 所示，还可以放大倍数显示。

图 2-33 【Part Display Options...】对话框

第 3 章 网格划分

在 ABAQUS/CAE 的【Module】（模块）列表中选择【Mesh】，进入网格划分功能模块。此模块主要是对装配件中的各几何模型进行网格划分，这对计算的收敛性和精度起着至关重要的作用。该功能模块主要有以下功能：

- 网格划分技术；
- 单元类型；
- 布置种子；
- 划分网格；
- 检查网格质量；
- 网格优化；
- 自适应网格划分。

本章将对上述功能进行详细讲解。为了更加形象、具体地表述这些功能，下面将以含有槽和孔的模型为例（本例统称例 3-1），对网格划分技术、单元类型、布置种子、划分网格和检查网格质量功能进行介绍。模型如图 3-1 所示。

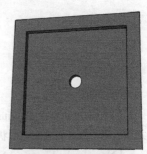

图 3-1　几何模型

3.1 网格划分技术

在【Mesh】功能模块下，单击工具区的【Assign Mesh Controls】按钮，弹出【Mesh Controls】对话框，如图 3-2 所示。可以看出，默认状态下，模型是不能选择网格划分技术的，即该模型不能划分六面体网格，如需划分六面体网格，必须对模型进行剖分，然后再选择合适的网格划分技术对其进行网格划分。

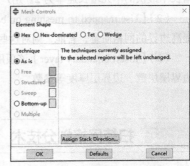

图 3-2　设置网格划分技术

> 💡 提示
> 网格划分技术一般是指 Structured（结构化）、Sweep（扫掠）和 Free（自由划分）这 3 种基本的网格划分技术，而图 3-2 中【Technique】栏中的另外 3 个选项【As is】、【Bottom-up】和【Multiple】则不属于网格划分技术，它们各自对应着一些复杂结构的网格划分方案。

对于同一模型，选择不同的剖分方案，将会用到不同的网格划分技术。下面将对模型结构进行不同的剖分，分别介绍自由划分、扫掠和结构化这 3 种基本的网格划分技术。

3.1.1 自由划分网格划分技术

自由划分网格划分技术是最灵活的网格划分技术，几乎适用于划分任意形状的网格，常用于划分几何形态非常复杂的模型的网格。该技术不能在网格生成之前对所划分的网格模式进行预测。选用自由划分网格划分技术的区域将显示为粉红色。

对于例 3-1 中的模型，若要划分 Hex（六面体）或 Hex-dominated（六面体占优）网格，则必须对其进行剖分。若不想做任何剖分而直接对其进行网格划分，则只能划分 Tet（四面体）网格，且只能选择自由划分网格划分技术。

该模型采用自由划分网格划分技术的具体操作如下：单击工具区中的 ▤【Assign Mesh Controls】按钮，选择模型部件，弹出【Mesh Controls】对话框，将网格单元形状设为四面体，再选择自由划分网格划分技术，其他参数保持默认设置，如图 3-3 所示。

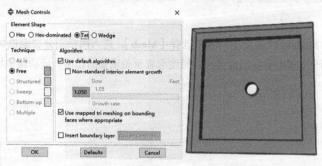

图 3-3　设置自由划分网格划分技术

算法知识点如下。

（1）【Use default algorithm】：该栏用于选择默认的网格划分算法。此默认算法可用于绝大部分模型的网格划分，尤其适用于划分具有复杂形状或狭窄区域的网格。

【Non-standard interior element growth】（非标准的内部单元增长）：如果模型的网格已足够密且重点分析的区域位于模型的边界，用户则可以选择该项来控制内部单元的增长速率，提高计算的效率。最慢的单元增长速率为 1，即不增长；最快的单元增长速率为 2。用户可根据自己的需要，设置 1~2 之间的任意一个增长速率。

（2）【Use mapped tri meshing on bounding faces where appropriate】：ABAQUS/CAE 将首先判断映射网格划分能否提高边界的网格质量，若能，则对这些边界采用映射网格划分代替自由划分网格，进而得到四面体单元。

（3）【Insert boundary layer】：该项用于插入边界层，多用于流固耦合计算分析，可定义壁面的单元高度、增长因子、边界层层数、边界层厚度等参数。

3.1.2　扫掠网格划分技术

ABAQUS/CAE 首先在起始边 / 面上生成网格，然后沿扫掠路径复制起始边 / 面网格内的节点，一次前进一个单元，直到目标边 / 面，最终得到该模型区域的网格。选用扫掠网格划分技术的区域将显示为黄色。一般情况下，ABAQUS/CAE 将会自动选择最复杂的边 / 面作为起始的边 / 面，用户不可以自己选择起始边 / 面和目标边 / 面，但可以选择扫掠路径。扫掠网格划分技术通常用于划分拉伸区域或旋转区域，当扫掠路径是直边或样条曲线时，得到的网格称为拉伸扫掠网格；当扫掠路径是圆弧时，得到的网格称为旋转扫掠网格。

对于例 3-1 中的模型，若不进行剖分，无论选择哪种网格单元形状都不能采用扫掠网格划分技术，因此需要对其进行剖分后才能选择扫掠网格划分技术，下面将详细介绍其具体的操作步骤。

1. 剖分模型部件

步骤 1　单击工具区中的 ▤【Patition Cell：Define Cutting Plane】按钮，在视图下方的提示区中单击【3 Points】按钮（采用 3 点确定一个平面的方法对部件进行剖分），然后在视图区的模型部件上选择 3 个点，再单击提示区中的【Create Patition】按钮，完成模型部件的第 1 次剖分，如图 3-4（a）所示。

步骤 2　选择第 1 次剖分后模型的橙色部分再次进行剖分，仍采用 3 点确定一个平面的方法对部件进行剖分，得到第 2 次剖分后的模型，如图 3-4（b）所示。

步骤3 再选择第2次剖分后模型的橙色部分，仍采用相同的方法对其左右两侧进行剖分，得到第3次剖分后的模型，如图3-4（c）所示。

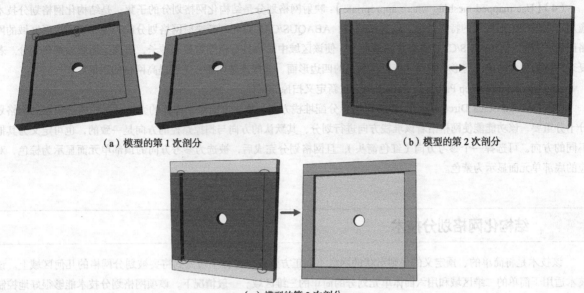

（a）模型的第1次剖分　　　　　　　　　（b）模型的第2次剖分

（c）模型的第3次剖分

图3-4　模型的剖分过程

经过3次剖分后，模型部件中不再有橙色区域，表明此时可以选择网格划分技术对该模型进行网格划分了。

2. 选择扫掠网格划分技术

单击工具区中的 【Assign Mesh Controls】按钮，选择模型部件，弹出【Mesh Controls】对话框，将网格单元形状设为六面体（或者六面体占优），再选择扫掠网格划分技术，其他参数保持默认设置，如图3-5所示。

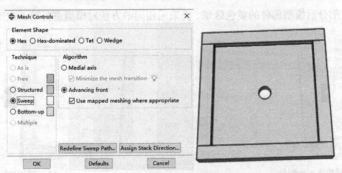

图3-5　设置扫掠网格划分技术

算法知识点如下。

（1）【Medial axis】（中轴算法）：该项为默认算法。ABAQUS/CAE 首先将要进行网格划分的区域分解为一系列简单的区域，然后使用结构化网格划分技术对这些区域进行网格划分。注意，使用该算法生成的网格往往会偏离种子，但单元形状较为规则。如果区域的形状较简单且包含较多的单元，则使用该算法划分网格比使用 Advancing front（进阶算法）更快。

（2）【Minimize the mesh transition】（最小化网格过渡）：该选项可用于减少从粗网格到细网格的过渡，一般默认为选择该选项。

（3）【Advancing front】（进阶算法）：先在区域边界上生成单元，接着逐步在区域内部生成单元，最终完成网格划分。该算法的优点是生成的网格与种子点吻合较好，网格也较为均匀；不足是在狭窄的区域可能导致网格的歪斜。当模型包含多个相连的区域时,使用 Advancing front(进阶算法)可以减少由于各区域内节点分布的不同而导致的分界面网格的不规则。若模型区域包含虚拟拓扑或不精确的部分,则只能使用进阶算法进行网格划分。

(4)【Use mapped meshing where appropriate】:映射网格划分是结构化网格划分的子集,是结构化网格划分技术应用于二维四边形区域的特殊情况。选择该选项,ABAQUS/CAE 首先判断映射网格划分能否提高该四边形区域的网格质量,若能,ABAQUS/CAE 将略微调整种子,使该区域中对边具有相等数量的种子,进而运用映射网格划分。若复杂的结构包含简单几何形状的面,特别是狭长的四边形面,选择该选项通常能够提高网格的质量。

(5)【Redefine Sweep Path...】:该按钮用于重新定义扫掠的路径。

(6)【Assign Stack Direction...】:该按钮用于分配堆栈方向,堆栈方向对于连续的壳体、圆柱体等模型的网格划分十分重要,该功能能使网格沿着该堆栈方向进行划分,其默认的方向与扫掠路径的方向是一致的,也可定义为其他不同的方向。可选择一个参考方向(红色箭头),且网格划分完成后,被选为参考方向的顶部单元面显示为棕色,对应的底部单元面显示为紫色。

3.1.3 结构化网格划分技术

该技术是将简单的、预定义的规则形状的网格(如正方形或立方体)转变到将要被划分网格的几何区域上。该技术适用于简单的二维区域和用六面体单元划分的简单的三维区域。一般情况下,该项网格划分技术能够很好地控制模型的网格,但生成的网格往往会偏离原种子点。采用结构化网格划分技术的区域将显示为绿色。

对于例 3-1 中的模型,经过 3 次剖分后就可以采用扫掠网格划分技术,但模型的全部区域仍不能采用结构化网格划分技术。因此,还需要再对模型进行剖分,下面将详细介绍其具体的操作步骤。

1. 继续剖分模型部件

步骤 1 在经过前面 3 次剖分后的模型部件基础上,对其做进一步的剖分。选择第 3 次剖分后模型的黄色区域,仍采用 3 点确定一个平面的方法对部件进行剖分,得到第 4 次剖分后的模型,如图 3-6(a)所示。

步骤 2 选择第 4 次剖分后模型部件的黄色区域,仍采用相同的方法对模型进行第 5 次剖分,如图 3-6(b)所示。

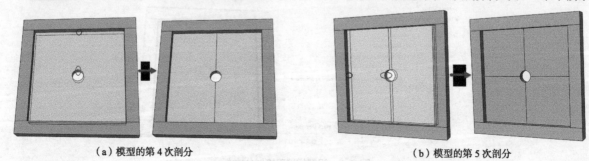

(a)模型的第 4 次剖分   (b)模型的第 5 次剖分

图 3-6 模型的继续剖分过程

此时,整个模型部件都显示为绿色,表示可以选用结构化网格划分技术对该模型进行网格划分了。

2. 选择结构化网格划分技术

单击工具区中的 【Assign Mesh Controls】按钮,选择模型部件,弹出【Mesh Controls】对话框,将网格单元形状设为六面体(或者六面体占优),再选择结构化网格划分技术,其他参数保持默认设置,如图 3-7 所示。

> **提示**
> 对于三维结构的模型,只有当模型区域满足以下条件时才能被划分为结构化网格:
> - 没有孔洞、孤立的面、孤立的边和孤立的点;
> - 面和边上的弧度值应小于 90°;

- 三维区域内的所有面必须保证可以运用二维结构化网格划分的技术；
- 保证区域内的每个顶点属于三条边；
- 必须保证至少有四个面（如果包含虚拟拓扑，则必须包含六条边）；
- 各面之间要尽可能接近90°，如果面之间的角度大于150°，就应当对其进行分割；
- 若三维区域不是立方体，每个面只能包含一个小面；若三维区域是立方体，每个面可以包含一些小面，但每个小面仅有四条边，且面被划分为规则的网格形状。

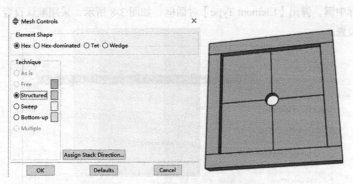

图3-7 设置结构化网格划分技术

3.1.4 网格划分技术小结

（1）对于不能采用Structured（结构化）和Sweep（扫掠）网格划分技术的复杂模型，用户可运用Partition工具将其分割为一些形状较为简单的区域，然后再分别对这些区域采用Structured（结构化）或Sweep（扫掠）网格划分技术。若模型不易分割或分割过程过于复杂，用户则可以采用Free（自由划分）网格划分技术。

（2）采用Mapped meshing（映射网格划分）能够得到较高质量的网格，但ABAQUS/CAE不能直接选择该技术，只能通过【Use mapped meshing where appropriate】选项让程序间接选择映射网格划分的区域。映射网格划分可适用于以下情况：

- 2D + Quad / Quad-dominated + Free + Advancing front（采用自由网格划分技术和进阶算法，对二维结构划分四边形或四边形占优的单元）；

- 2D + Tri + Free（采用自由网格划分技术，对二维结构划分三角形单元）；

- 3D + Hex/Hex-dominated + Sweep + Advancing front（采用扫掠网格划分技术和进阶算法，对三维结构划分六面体或六面体占优的单元）；

- 3D + Tet + Free（采用自由网格划分技术，对三维结构划分四面体单元）。

（3）Medial axis（中轴算法）和Advancing front（进阶算法）是ABAQUS网格划分的主要算法，有四种Element Shape（单元形状）和Technique（网格划分技术）的组合能选用这两种算法：2D + Quad + Free（采用自由网格划分技术对二维结构划分四边形的单元）和3D + Hex + Sweep（采用扫掠网格划分技术，对三维结构划分六面体的单元）默认选择中轴算法，2D + Quad-dominated + Free（采用自由网格划分技术对二维结构划分四边形占优的单元）和3D + Hex-dominated + Sweep（采用扫掠网格划分技术，对三维结构划分六面体占优的单元）默认选择进阶算法。对于不同的模型，用户应该比较这两种算法，得到更合适的网格。

若用户对已划分了网格的区域重新设置了其网格控制的选项，该区域内的网格将会被清除。

3.2 单元类型

ABAQUS 具有丰富的单元库，用户可根据模型的情况和分析的需求选择合适的单元类型。对于上述例 3-1 中的模型，采用自由划分网格划分技术时其默认的单元类型为 C3D10（10 节点的二次四面体单元），采用扫掠和结构化网格划分技术时其默认的单元类型为 C3D8R（8 节点的六面体线性减缩积分单元）。下面以 C3D8R 单元类型为例对单元类型的设置进行介绍。具体操作如下：单击工具区中的 【Assign Element Type】按钮，选择视图区中模型部件的全部区域，然后单击鼠标中键，弹出【Element Type】对话框，如图 3-8 所示，采用默认设置，单击【OK】按钮，完成模型部件单元类型的设置。

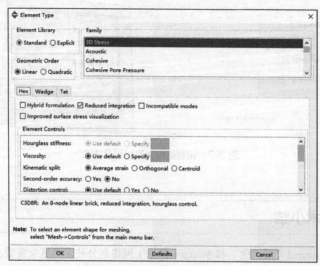

图 3-8　设置单元类型

单元类型的设置主要就是对【Element Library】（单元库）、【Geometric Order】（几何阶次）、【Family】（单元族）和【Element Controls】（单元控制）的设置，下面将分别对它们进行介绍。

3.2.1 单元库

ABAQUS 的单元库包括 Standard 单元库和 Explicit 单元库。Standard 单元库适用于 ABAQUS/Standard 分析（隐式分析），Explicit 单元库适用于 ABAQUS/Explicit 分析（显式分析）。

3.2.2 几何阶次

ABAQUS 提供了 Linear（线性的）单元和 Quadratic（二次的）单元两种几何阶次的单元类型，它们分别采用不同的算法进行计算。

（1）Linear：线性（一次）单元类型，其节点只存在于单元的顶角处，采用的是线性插值方法。例如：对于线性线（Line）单元，每个单元内有 2 个节点；线性三角形（Tri）单元，每个单元内有 3 个节点；线性六面体（Hex）单元，每个单元内有 8 个节点。

（2）Quadratic：二次单元类型，其节点不仅存在于单元的顶角处，还存在于每条单元边的中点，采用的是二次插值的方法。与上面相对应，对于二次线（Line）单元，每个单元内有 3 个节点；二次三角形（Tri）单元，每个单元内有 6 个节点；二次六面体（Hex）单元，每个单元内有 20 个节点。

3.2.3 单元族

单元族与该模型区域的维数（轴对称、二维、三维）、类型（解析刚体、离散刚体、可变形体）、形状（线、壳、体）等相对应，即图3-8中列出的单元族只是与当前模型相关的单元族，它只是ABAQUS所有单元族的一个子集。单元名称的首字母或前几个字母通常代表该单元的种类，下面将简单介绍各模型区域的单元族。

（1）二维变形线和二维解析刚体包含Beam（梁单元，以B开头）、Truss（桁架单元，以T开头）等9种单元。

（2）二维变形壳包含Plane Stress（平面应力单元，以CPS开头）、Plane Strain（平面应变单元，以CPE开头）等12种单元。

（3）三维变形线包含Beam（梁单元，以B开头）、Truss（桁架单元，以T开头）等10种单元。

（4）三维变形壳包含Shell（壳单元，以S开头）、Membrane（膜单元，以M开头）、Surface（表面单元，以SFM开头）等7种单元。

（5）三维变形体和三维离散刚体包含3D Stress（三维应力单元，以C开头）等10种单元。

（6）三维离散刚体壳、三维离散刚体线、二维离散刚体线和轴对称离散刚体线包含Discrete Rigid Element（刚体单元，以R、RB、或RAX开头）。

（7）轴对称变形壳包含Axisymmetric Stress（轴对称应力单元，以CAX开头）等9种单元；轴对称变形线和轴对称解析刚体线包含Axisymmetric Stress（轴对称应力单元，以SAX开头）等6种单元。

值得一提的是，Family（单元族）也会随着Element Library（单元库）的变化而变化，Explicit单元库是Standard单元库的子集。

3.2.4 单元控制

单元控制主要是对单元的形状和单元特性（减缩积分单元、非协调模式单元、修正单元和杂交单元）进行设置。其中单元的形状是沿用网格划分技术时设置的单元形状。因此下面主要对单元的特性进行介绍。

1. Reduced intergration（减缩积分单元）

该单元名称以字母R结尾，仅适用于划分壳的四边形单元和划分实体的六面体单元，如CPS4R（4节点四边形双线性平面应力减缩积分单元）和C3D8R（8节点六面体线性减缩积分单元）。与完全积分单元相比，减缩积分单元在每个方向上少用一个积分点，线性减缩积分单元仅在单元中心包含一个积分点，而二次减缩积分单元的积分点数量与线性完全积分单元的相同。对于四边形和六面体单元,ABAQUS/CAE默认选择Reduced intergration（减缩积分单元）。

线性减缩积分单元有以下优点：

（1）在弯曲荷载下不易发生剪切自锁现象；

（2）对位移的求解结果比较精确；

（3）网格存在扭曲变形时，分析的精度不会受到太大的影响。

同时线性减缩积分单元也存在如下缺点：

（1）需要划分较细的网格来克服沙漏问题；

（2）不能用于以应力集中部位的节点应力为指标的分析，因为线性减缩积分单元只在单元的中心有一个积分点，其在积分点上的应力是相对精确的，但经过插值和平均后得到的节点应力则是不精确的。

二次减缩积分单元仍具有线性减缩积分单元的全部优点，同时还具有以下优点：

（1）即使不划分很细的网格，也不会出现严重的沙漏问题；

（2）即使在复杂的应力状态下，对自锁问题也不敏感。

使用二次减缩积分单元的同时也需要注意以下问题：

（1）不能用于接触分析；

（2）不能用于大变形问题的分析；

(3)与线性减缩积分单元类似,采用该单元计算得到的节点应力也不够精确。

2. Incompatible modes(非协调模式单元)

该单元名称以 I 结尾,仅适用于线性四边形单元和线性六面体单元,例如 CPS4I(4节点四边形双线性平面应力非协调模式单元)和 C3D8I(8节点六面体线性非协调模式单元)。该单元把增强单元位移梯度的附加自由度引入线性单元,能克服剪切自锁问题,具有较高的计算精度。注意:非协调模式单元与减缩积分单元不能同时被选中。

非协调模式单元有以下优点:

(1)能够克服剪切自锁问题,在单元扭曲较小的情况下,得到的位移和应力结果比较精确;

(2)在弯曲问题中,在厚度方向上只需较少的单元,就可得到与二次单元相当的结果,大大地降低了计算成本;

(3)使用增强变形梯度的非协调模式单元,在单元的交界处不会发生重叠或开孔,因此很容易扩展到非线性、有限应变的位移。

使用该单元也需注意的问题是:如果关心区域的单元扭曲较大时,特别是出现交错扭曲时,计算的精度就会大大降低。

3. Modified formulation(修正单元)

该单元名称以 M 结尾,仅适用于四面体和二次三角形单元,例如 C3D10M(10节点四面体二次修正单元)和 CPS6M(6节点三角形二次平面应力修正单元)。该单元在其每条边上采用修正的二次插值。对于三角形和四面体单元,ABAQUS/CAE 将默认选择 Modified formulation。

4. Hybrid formulation(杂交单元)

对于 ABAQUS 的大多数单元类型,用户都可以选择使用 Hybrid formulation(杂交单元),该单元名称以 H 结尾,例如 C3D8H(8节点六面体线性杂交单元)。该单元适用于模型的材料是不可压缩的(泊松比为0.5)或接近不可压缩的。注意:杂交单元可以与减缩积分单元、非协调模式单元或修正单元同时被选中,单元名称分别以 RH、IH、MH 结尾。

所有设置都完成后,Element Controls(单元控制)栏下端将显示出用户设置的单元名称及其简单的描述,然后单击【OK】按钮,完成单元类型的设置。

> **提示**
> (1)用户在选择单元类型时,应按照自己的需求合理选择,因为就算单元类型选择不合理,ABAQUS 也可以进行计算,不会报错,但结果肯定会有很大的偏差。
> (2)对于设置了单元类型的模型,若之后再对其进行分割,则分割后的模型区域仍沿用之前的单元类型。
> (3)对于已划分好网格的模型,若之后对该模型区域重新定义了单元类型,该区域内的网格也不会被清除。

3.3 布置种子

布置种子包含布置全局种子和局部种子两种方式,下面仍以例 3-1 的模型为例,分别对这两种布置种子的方法进行介绍。

3.3.1 布置全局种子

单击工具区中的 【Seed Part】按钮,弹出【Global Seeds】对话框,如图 3-9 所示,采用默认值 0.5 作为模型部件的全局种子尺寸，其他参数也保持默认设置，单击【OK】按钮，完成模型部件的全局种子设置。

下面将对布置全局种子的各项参数进行介绍。

①【Approximate global size】：设置部件的全局种子尺寸，ABAQUS/CAE 会自动调整种子尺寸使部件各边的种子分布均匀。

②【Deviation factor】：偏差系数，用于表示种子的偏差程度，该系数越小，则曲边上的种子就越多。默认值 0.1 表示对

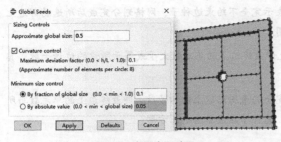

图 3-9　布置全局种子

一个圆周大约划分 8 个单元。

③【Minimum size control】：最小尺寸控制，用于控制最小的单元尺寸，避免在不关心的高曲率区域划分过多的单元。【By fraction of global size】的默认值 0.1 表示模型中最小的单元尺寸为整体单元尺寸的 0.1；【By absolute value】的默认值 0.1 表示最小单元尺寸的绝对值不低于 0.1。

若用户觉得全局种子数量设置偏多或偏少，可以长按工具区中的 [图标] 按钮，在展开的工具条中选择 [图标]【Delete Part Seeds】按钮，再单击提示区中的【Yes】按钮，删除全局种子，然后再按上述方法重新设置合理的全局种子。

3.3.2　布置局部种子

一个部件可以只布置局部种子而不布置全局种子，也可以先布置全局种子，再在全局种子的基础上对该部件的部分区域布置局部种子。对于这两种布置种子的方法，常选用后者。对于例 3-1 中的模型部件，在上述全局种子的基础上，对模型中间的圆孔布置局部种子。单击工具区中的 [图标]【Seed Edges】按钮，选择模型中间圆孔的上、下两圆周边，单击鼠标中键，弹出【Local Seeds】对话框，选用控制边种子数量的方法，将每条边的种子设置为 4 个，其他参数采用默认设置，如图 3-10 所示。单击【OK】按钮，完成模型部件局部种子的设置。

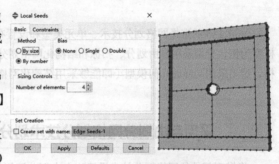

图 3-10　布置局部种子

布置局部种子可采用设置局部种子尺寸、种子数量和对种子约束这 3 种方法，下面将分别对它们进行介绍。

1. 局部种子尺寸

采用【By size】方法可通过修改【Approximate element size】的值来设置所选边的局部种子，并且可设置这些局部种子的偏移效果。

2. 局部种子数量

采用采用【By number】方法可通过修改【Number of elements】的值来控制所选边上的局部种子个数。

3. 偏移（Bias）

- 【None】：无偏移。
- 【Single】：单向偏移，表示所选边上的局部种子在一端比较密集，在另一端则比较稀疏。
- 【Double】：双向偏移，表示所选边上的局部种子在两端比较密集，在中间较为稀疏。

4. 局部种子约束

在【Constraints】选项卡下有 3 类边种子约束的方式，具体如下。

- 【Allow the number of elements to increase or decrease】：表示完全不约束边种子，网格划分完成后所选局部边上的单元数可大于或小于所设的边种子数，其种子点显示为小圆圈。
- 【Allow the number of elements to increase only】：表示允许最终边上的单元数大于或等于所设的边种子数，其种子点显示为小三角形。
- 【Do not allow the number of elements to change】：表示完全约束所选边上的种子数，即最终边上的单元数与所设的种子数相等，但节点位置可以与边种子的位置不完全重合，其种子点显示为小正方形。

5. 创建集合

将所选边上的所有种子点创建为一个集合，默认的集合名为 Edge Seeds-1，用户也可以修改为其他名称，这样在结果中就可以直接选择该集合对这些种子点的结果进行查看。

与上述全局种子设置类似，若局部种子设置不合适，也可以删除后并重新布置局部边种子。具体操作为长按工具区中的 按钮，在展开工具条中选择 【Delete Edge Seeds】按钮，选择之前所选的局部边，单击窗口左下方的【Done】按钮，删除其局部边种子，再按上述方法重新设置合理的局部边种子。

3.4 划分网格

完成上述的选择网格划分技术、单元类型和设置布置种子后便可以对模型进行网格划分了。下面仍以例 3-1 中的模型为例，分别采用自由划分、扫掠和结构化网格划分技术，对划分网格功能进行介绍。为了比较 3 种方法划分的网格，这里采用同样的几何模型（即能够采用结构化网格划分技术的模型）进行网格划分。

3.4.1 采用自由划分网格划分技术划分四面体网格

将模型部件的网格划分技术设置为自由划分网格划分技术，单元类型设置为 C3D4（4 节点的线性四面体单元），全局种子尺寸设置为 0.5，模型中间圆孔边上的局部种子数量设置为 4 个，然后单击工具区中的 【Mesh Part】按钮，再单击提示区中的【Yes】按钮，完成模型部件的网格划分，如图 3-11 所示。模型共划分 1583 个节点、5506 个单元。

3.4.2 采用扫掠网格划分技术划分六面体网格

将模型部件的网格划分技术设置为扫掠网格划分技术，单元类型设置为 C3D8R（8 节点的六面体线性减缩积分单元），种子的设置与 3.4.1 节中的完全相同，最后得到的网格模型如图 3-12 所示。该模型共划分 1200 个节点、588 个单元。

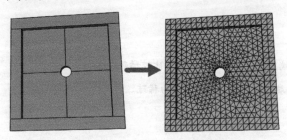

图 3-11 自由划分网格划分技术划分的四面体网格

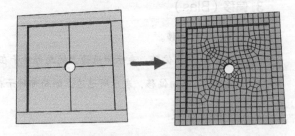

图 3-12 采用扫掠网格划分技术划分的六面体网格

3.4.3 采用结构化网格划分技术划分六面体网格

将模型部件的网格划分技术设置为结构化网格划分技术，单元类型仍设置为C3D8R（8节点的线性减缩积分六面体单元），种子的设置与3.4.1节中的完全相同，最后得到的网格模型如图3-13所示。模型共划分1560个节点、944个单元。

比较上述3种方法得到的网格，可以看出结构化网格划分技术划分的六面体网格质量是最高的，因此，对于不能直接采用结构化网格划分技术的模型，应尽量对其进行剖分，然后采用结构化网格划分技术对其划分六面体单元。

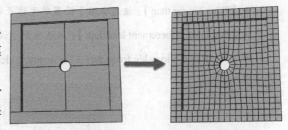

图3-13 结构化网格划分技术划分的六面体网格

3.4.4 划分区域网格

若一个部件有多个区域，在划分网格时，也可以采用划分区域网格的方法逐步对其进行网格划分。在工具区中长按【Mesh Part】按钮，在展开的工具条中单击【Mesh Region】按钮，再选择模型的部分区域，然后单击鼠标中键，完成所选区域的网格划分。依次选择模型的剩余区域，最终完成整个模型的网格划分。

若对网格划分的效果不满意，也可删除该网格然后再重新划分。在工具区中长按【Mesh Part】按钮，在展开的工具条中单击【Delete Part Mesh】按钮或【Delete Region Mesh】按钮，便可对整个部件的网格或者所选区域的网格进行删除。

3.5 检查网格质量

网格划分完成后，用户可以对其网格质量进行检查。下面以例3-1中的网格模型为例，对网格质量检查功能进行介绍。

单击工具区中的【Verify Mesh】按钮，选择要检查的模型的区域，本例中选择整个模型部件，然后单击鼠标中键，弹出【Verify Mesh】对话框，如图3-14所示，本例中所有参数都采用默认设置，然后单击【Highlight】按钮，在视图区中将会显示模型的错误单元和警告单元，并且在信息区里还能查看错误单元和警告单元的个数及其占总单元数的比例。本例中模型的错误单元和警告单元数都为0，表面模型的网格质量非常好。

网格质量的检查包括【Shape Metrics】（形状检查）、【Size Metrics】（尺寸检查）和【Analysis Checks】（分析检查），下面将分别对它们进行介绍。

1. 形状检查

形状检查的单元失效准则有以下两种定义方法。

- 【Quad Face Corner Angle】：该栏用于设置单元中四边形面的边角下限和上限。
- 【Aspect Ratio】：该栏用于设置单元的纵横比（单元最长边与最短边的比值）的上限。
- 【Create set】：该选项用于创建网格质量较差的单元（或者边、面、体）的集合，方便查看。

2. 尺寸检查

尺寸检查的单元失效准则有以下5种定义方法。

- 【Geometric deviation factor greater than】：该选项用于设置几何偏差因子的上限。
- 【Edge shorter than】：该选项用于设置单元边长的下限。
- 【Edge longer than】：该选项用于设置单元边长的上限。
- 【Stable time increment less than】：该选项用于设置稳定的时间增长的下限。
- 【Maximum allowable frequency（for acoustic elements）less than】：该选项用于设置最大许可频率的下限，只对声学单元有效。

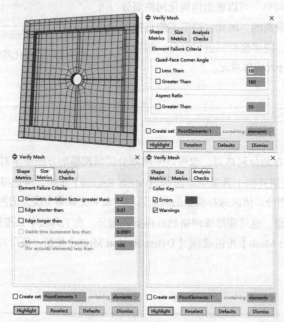

图 3-14　网格质量检查参数设置

3. 分析检查

分析检查用于检查分析过程中可能会导致错误或者警告信息的单元，错误单元用紫红色高亮显示，警告单元以黄色高亮显示。

3.6　网格优化

网格质量是决定计算精度和计算效率的重要因素，但是没有判断网格质量好坏的统一标准。有时甚至需要对几何模型进行适当的调整来提高网格的质量，特别是对于三维实体模型。下面将介绍一些提高三维实体模型网格质量的常用方法。

3.6.1　选择合适的网格划分参数

（1）尽可能采用【Structured】或【Sweep】网格划分技术对三维实体模型划分【Hex】（六面体）单元。若单元的扭曲较小，建议选用精度和效率都较高的非协调模式单元；否则就选用二次六面体单元。

（2）采用扫掠网格划分技术时，【Medial axis】（中轴算法）和【Advancing front】（进阶算法）需尝试后才能判断哪个更好。

（3）复杂模型的分割过于耗时，针对此问题可选用二次四面体单元来进行网格划分，同时勾选【Use mapped tri meshing on bounding faces where appropriate】选项。若模型的网格足够密，而且重点分析的区域位于边界，则可以选用【Non-standard interior element growth】选项来增加内部单元的增长速率，提高计算的效率。

（4）一般情况下，可以对重点分析的区域和应力集中的区域进行种子加密操作，而在其他区域则设置相对较稀疏的种子密度。

3.6.2 编辑几何模型

1. 分割几何模型

模型的分割包含线、面、体的分割，对于那些不是很复杂但又不能采用结构化网格划分技术的模型，常采用分割几何模型的方法来提高网格质量。

2. 修改有问题的模型

网格质量不高或网格划分失败经常是由几何模型存在无效区域、不精确区域、短线、小面等问题引起的。解决这些问题常用的方法有【Geometry Diagnostics】（几何诊断）、【Geometry Repair Tools】（几何修复）和【Virtual Topology】（虚拟拓扑），其中虚拟拓扑方法的使用频率最高，下面将对其进行详细介绍。

- Virtual Topology：Combine Edges：其操作为长按工具区中的 按钮，选择 按钮。该工具用于合并模型中选择的一些短线，可以使模型从不精确（含有过短的线）变为精确。该工具可以减少模型中线的数量，同时也减少了许多以前短线两端的节点，从而使模型中的种子点分布更加均匀，最终得到网格划分较为均匀的网格模型，同时也降低了模型的节点和网格数量，有助于提高网格划分质量。

- Virtual Topology：Combine Faces：其操作为单击工具区中的 按钮。该工具用于合并模型中选择的一些小面，该操作可以使模型的形状变得更简单，减少了模型中面的个数，可降低模型的节点和网格数量，同时也可使模型中整体的网格划分更加均匀，提高网格划分质量。

- Virtual Topology：Ignore Entities：其操作为长按工具区中的 按钮，选择 按钮。该工具可用于删除模型中所选的线或顶点。当模型中非重点分析区域中包含较多的面时，可能会导致非重点分析区域划分较多的网格，这样就会降低计算速率，此时，用户可选择该工具对该区域的一些线或顶点进行删除，从而减少该区域面的个数，最终减少模型中网格的数量，提高计算速率。注意：删除线或顶点后，不能使模型中出现一些游离的线或点，否则将会导致网格划分失败或计算出错。

- Virtual Topology：Automatic Create：其操作为单击工具区中的 按钮。该工具通过设置小尺寸的上限或下限对模型进行整体优化。该方法比上述三种虚拟拓扑方法都方便快捷，但其控制精度却比较低，有时还可能会把一些不需要做拓扑优化的线或面也优化了，因此使用时应该谨慎。

- Virtual Topology：Restore Entities：其操作为单击工具区中的 按钮。该工具是对前面做过虚拟拓扑优化的点、线、面等进行恢复。当所选区域的优化不合理或不愿做此优化时，用户可选择此工具进行恢复操作。

3.6.3 编辑网格模型

单击工具区的 【Edit Mesh】按钮，便可对已完成网格划分的模型的网格进行编辑，主要包含对节点、单元和网格的编辑。

- 【Node】：编辑节点。可以对节点进行编辑、拖曳、融合、光滑等操作。
- 【Element】：编辑单元。该栏可用于创建、删除单元、瓦解、劈开边界、交换对角线，将四边形劈成三角形或将三角形合并为四边形等操作。

- 【Mesh】：编辑网格。可实现壳/实体网格的偏移，将网格与几何结构相关联，删除网格与几何结构的关联，复制网格模式等操作。

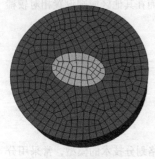

图3-15 圆柱的网格模型

下面将以同时含有网格体区域和几何实体区域的圆柱部件为例（例3-2），对网格模型的节点融合进行具体介绍。圆柱部件的网格模型如图3-15所示。

单击工具区中的【Edit Mesh】按钮，弹出【Edit Mesh】对话框，选择节点融合选项，再选择圆柱的所有网格节点，设置节点融合的上限为0.1，即两节点之间的距离小于0.1时（圆柱的全局种子尺寸为2），这两个节点就融合为一个节点。此时视图区中高亮显示出即将被融合到一起的节点，确认无误后单击提示区中的【Yes】按钮，完成圆柱部件网格区域和几何实体区域交界面处的网格节点融合，如图3-16所示。节点融合前圆柱模型的节点数为2724，单元数为2005；节点融合后圆柱模型的节点数为2604，单元数为2005，即节点融合前后单元数量并没有改变。

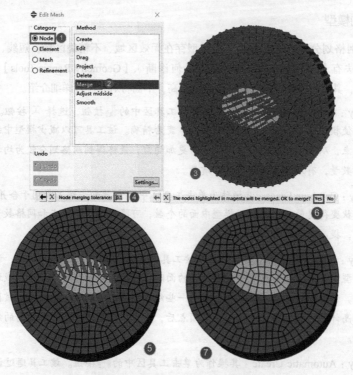

图3-16 网格节点融合的操作步骤

3.7 自适应网格划分

ABAQUS/CAE提供了一个自适应网格划分的功能，如果对模型划分了四面体网格、三角形自由网格、或进阶算法的四边形占优的自由网格，那么用户可以是使用【Mesh】模块中的自适应网格划分功能。该划分的主要目的是对于确定的模型和伴随着载荷历史的变化，选择一个接近或一致的误差指示，在计算过程中，按照设定的规则，对网格进行重新划分，从而降低模型的计算量，提高模型计算的精确度。自适应网格重划分求解的一般步骤如图3-17所示。

为了便于读者更好地感受自适应网格划分功能，下面依托一个带孔平板的例子（例3-3），来对自适应网格重划分功能进行讲解。

第3章 网格划分

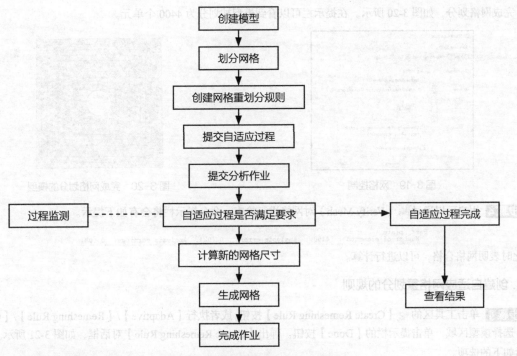

图 3-17 自适应网格重划分的一般流程

3.7.1 问题描述

考虑一个方形带孔的平板，分析平板在拉伸载荷作用下，圆孔周边的应力分布。平板模型如图 3-18 所示，其边长为 40mm，中心有小圆孔，半径为 4mm，平板厚度为 2mm。平板材料属性为，弹性模量 $E=7.8×10^7$MPa，泊松比 $\nu=0.3$。

3.7.2 模型的建立与分析

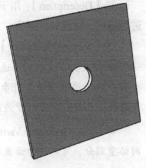

图 3-18 带孔平板模型

带孔平板模型比较简单，这里就不再对模型的建立、材料属性以及装配、分析步（采用【Static, General】分析步，默认设置）的设置进行叙述，直接从网格的划分讲起。

1. 划分初始网格

步骤 1 在环境栏中的【Module】选项栏选择【Mesh】，进入【Mesh】模块，在环境栏的【Object】后面选择【Part】，模型变为橙色，因此部件不能使用当前的六面体单元形状设置进行网格划分。必须改变单元形状或者对部件进行剖分，使之能使用当前的单元形状进行网格划分。

在菜单栏中执行【Mesh】/【Controls】命令，弹出【Mesh Controls】对话框，如图 3-19 所示，【Element Shape】栏中选择单元类型为【Tet】（四面体），其他的接受默认设置，单击【OK】按钮，图形窗口中的模型变为粉色，说明能使用四面体单元对模型进行自由划分网格划分。

步骤 2 单击工具区的 (Seed Part) 按钮，弹出【Global Seeds】对话框，在【Approximate global size】后面的输入框中输入值 2，其他的采用默认设置，单击【OK】按钮，提示区中单击【Done】按钮，完成种子的设置。

步骤 3 这里采取默认的单元类型，即 C3D10。单击工具区的 (Mesh Part) 按钮，在提示区选中【Preview tet boundary mesh】，可以对网格划分情况预览，单击提示区的【Yes】按钮，出现网格划分模型预览，再单击提示区的【Yes】

41

按钮，完成网格划分，如图 3-20 所示。在提示栏可以看到模型被划分为 4400 个单元。

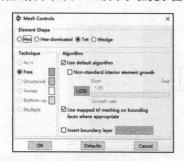

图 3-19　网格控制

图 3-20　完成网格划分的模型

步骤 4　用户可以通过 （Verify Mesh）对网格进行检查。命令提示栏将会有如下提示。

```
Part: plate
       Number of elements :  4400,   Analysis errors:  0 (0%),   Analysis warnings:  0 (0%)
```

此时表明网格合格，可以进行计算。

2. 创建自适应网格重划分的规则

步骤 1　单击工具区的【Create Remeshing Rule】按钮，或者执行【Adaptive】/【Remeshing Rule】/【Create...】命令，选择模型区域，单击提示栏的【Done】按钮。弹出【Create Remeshing Rule】对话框，如图 3-21 所示。该对话框包括如下的选项。

①【Name】：用于输入自适应网格重划分规则的名称，本例采用默认的 RemeshingRule-1。

②【Description】：用于输入对自适应网格重划分规则的简单描述，本例不进行描述，当然用户也可以选择对其进行描述，以便日后阅读。

③【Step and Indicator】：该选项卡用于选择分析步和误差指示变量。

- 【Step】：该栏用于选择自适应网格重划分规则的分析步，适用于 ABAQUS/Standard 分析中的静态分析（通用分析步或者线性摄动分析步）、准静态分析、热-力耦合分析、热-电耦合分析、传热分析和孔隙流体压力扩散的耦合分析。已经设定分析步为静态通用分析步，名为 Step-1。

- 【Error Indicator Variables】：该栏用于选择误差指示变量，是一个必不可少的参数，由它来控制什么时候进行网格重划分，可以作为误差指示变量的输出变量，对应的求解变量见表 3-1。

表 3-1　误差指示变量及其基本求解变量

求解量	误差指示变量 Ce	基本求解变量 Cb
单元能量密度	ENDENERI	ENDEN
Mises 应力	MISESERI	MISESAVG
接触压力	CPRESSERI	CPRESS
接触切应力	CSHEARERI	CSHEAR
等效塑性应变	PEEQERI	PEEQAVG
塑性应变	PEERI	PEAVG
蠕变应变	CEERI	CEAVG
热流量	HFLERI	HFLAVG
电通量	EFLERI	EFLAVG
电位梯度	EPGERI	EPGAVG

本例中采用单位能量密度作为控制网格重划分的指标。

- 【Output Frequency】：该栏用于选择误差指示变量写入输出数据库的频率。本例采用【Last increment of step】。

步骤 2 接下来单击【Sizing Method】选项卡，进入单元尺寸计算方法选择页面。ABAQUS 默认有以下 3 种计算方法。

① 【Default method and parameters】：为默认方法，即【Element Energy】和【Heat Flux】采用【Uniform Error Distribution】算法。其他的均采用【Minimum/Maximum Control】算法。

② 【Uniform Error Distribution】：采用统一误差分布网格尺寸算法，使模型的每个单元均满足要求。

③ 【Minimum/Maximum Control】：采用最大/最小网格控制尺寸方法。最大误差目标被用到结果（如应力、应变等）最高的附近区域，最小误差目标被应用到结果最低的附近区域。

本例采用最大/最小网格控制方法，最大误差目标为 1%，最小误差目标为 5%，其他选项采取默认，如图 3-22 所示。

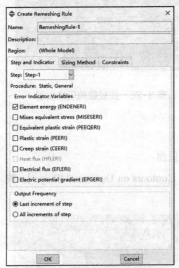

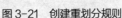

图 3-21 创建重划分规则

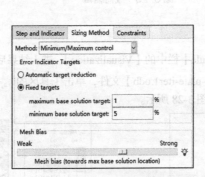

图 3-22 尺寸控制方法

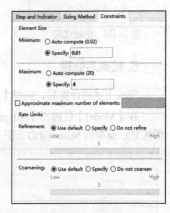

图 3-23 约束设置

步骤 3 最后一个选项卡是设置对单元尺寸的约束。【Element Size】栏用于设置单元尺寸的最小/最大值。默认选项为【Auto-compute】，本例采用【Specify】，用户自定义单元尺寸的最小/最大值，将【Minimum】的值设为 0.01，将【Maximum】的值设为 4。勾选【Approximate maximum number of elements】选项，用户便可以定义单元总数，本例中不进行用户自定义。【Rate Limits】栏用于设置网格细化和粗化的速率，采用默认设置，如图 3-23 所示。

最后单击【OK】按钮，至此，完成网格自适应划分规则的创建。

> **提示**
> 用户可以单击【Remeshing Rule Manager】按钮，对已创建的网格重划分规则进行修改。

3. 定义载荷与边界条件

在【Module】栏选择【Load】，进行模型的载荷和边界条件的施加。在该模型中，由于对称拉伸，模型已经处于平衡状态，因此可以不对模型进行边界条件的施加。

单击【Create load】按钮，弹出【Create Load】对话框，如图 3-24 所示。载荷名称为 tensile-load，载荷类型选为【Pressure】，分析步选择【Step-1】，单击【Continue...】按钮，选取施加拉力的两边，按住【Shift】键，选择正方形平板对称的两个侧面，单击提示区的【Done】按钮，弹出【Edit Load】对话框，如图 3-25 所示，在【Magnitude】栏后面的输入框中输入 -10，其他选为默认。单击【OK】按钮即完成载荷的施加。在视图区可以看到模型加载载荷后的图如图 3-26 所示。

4. 创建并提交分析作业

接下来需要对模型进行自适应过程的计算。在【Module】栏选择【Job】，单击【Create Adaptivity Process】按钮，弹出【Create Adaptivity Process】对话框，如图 3-27 所示，创建自适应过程。【Name】设为 Adaptivity-plate，其

他采取默认设置，直接单击【OK】按钮。单击自适应过程管理器 【Adaptivity Process Manager】按钮，在弹出的对话框中单击【Submit】按钮，进行自适应过程的计算。

图3-24 创建载荷

图3-25 载荷编辑

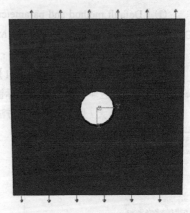
图3-26 加载载荷后的模型

5. 结果后处理

完成上述的计算后，选择【Module】栏中的【Visualization】，进入结果后处理页面。

在【Model】栏选择【Adaptivity-plate-iter1.odb】文件，单击工具区的 【Plot Contours on Deformed Shape】，视图区显示模型的 Mises 应力云图，如图 3-28 所示。

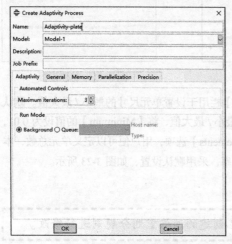
图3-27 创建自适应计算

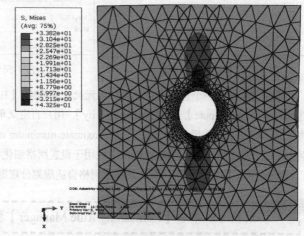
图3-28 自适应网格划分计算的模型应力分布

经过自适应网格划分的模型应力最大值为 33.82MPa。从图中可以看出，在圆孔附近，模型的网格划分更加密集。这样可以大大提高模型的计算精度。

> 提示
> （1）默认的是 C3D10 单元，即四面体10节点的二次单元，用户可以在【Mesh】模块，单击工具区的 【Assign Element Type】在【Geometric Order】选择【Linear】，单击【OK】按钮改成一次单元 C3D4，对比计算结果。
> （2）对导入的复杂几何体进行自由网格划分后会出现大量的警告单元，如进行复杂非线性计算可能很难收敛。用工具区中的 【Verify Mesh】选择【Highlight】按钮，高亮显示警告单元。放大后看单元如果有很狭长的、可能由于有短线或很小的面，这些特征几何划分的网格几何特征点会作为节点保留。采用【Tools】/【Virtual Topology】来合并线/面或者忽略一些几何特征来划分网格。如果想取消操作，可在模型树【Parts】中单击 。

3.7.3 自适应计算过程的INP文件说明

```
**********************************************************************
*Heading
** Job name: plate Model name: Model-1
** Generated by: Abaqus/CAE 6.13-1
*Preprint, echo=NO, model=NO, history=NO, contact=NO
**
** PARTS
**
*Part, name=plate
**定义part的节点和坐标（注意：输出的INP文件为进行自适应过程后的网格节点、坐标）
*Node
1,        -20.,          -20.,         2.
……
12750,   18.5547752,   4.22378016,    2.
*Element, type=C3D10
1, 1313, 1314, 1315, 1316, 1958, 1957, 1956, 1960, 1959, 1961
……
7528, 1599, 104, 674, 677, 10711, 10602, 10464, 9422, 10710, 11482
*Nset, nset=Set-1, generate
     1, 12750, 1
*Elset, elset=Set-1, generate
    1, 7528, 1
** Section: Section-1
*Solid Section, elset=Set-1, material=Material-1
,
*End Part
**
**
** ASSEMBLY
**
*Assembly, name=Assembly
**
*Instance, name=plate-1, part=plate
*End Instance
**
*Nset, nset=Set-1, instance=plate-1, generate
     1, 12750, 1
*Elset, elset=Set-1, instance=plate-1, generate
    1, 7528, 1
*Elset, elset=_Surf-1_S3, internal, instance=plate-1
836, 1120, 1121, 1608, 1785, 1878, 1891, 1896, 1918, 1991, 2044, 2045, 5065, 5144, 5180, 5197
5285, 5287, 5938, 5951, 5953, 5958, 6920
*Elset, elset=_Surf-1_S2, internal, instance=plate-1
133, 1364, 1906, 2006, 2025, 2742, 3665, 5019, 5121, 5141, 5148, 5626, 5783, 6635, 6909, 6922
*Elset, elset=_Surf-1_S1, internal, instance=plate-1
2023, 2279, 3024, 4108, 5136, 7464
*Elset, elset=_Surf-1_S4, internal, instance=plate-1
1789, 2678, 3064, 5288, 5718, 7415, 7465
*Surface, type=ELEMENT, name=Surf-1
_Surf-1_S3, S3
```

```
_Surf-1_S2, S2
_Surf-1_S4, S4
_Surf-1_S1, S1
*End Assembly
**
** MATERIALS
**
*Material, name=Material-1          ⎫
*Elastic                            ⎬ 定义材料属性
7.8e+07, 0.3                        ⎭
** ----------------------------------------------------------------
**
** STEP: Step-1
**
*Step, name=Step-1, nlgeom=NO, inc=10000   ⎫
*Static                                    ⎬ 定义分析步
0.01, 1., 1e-05, 1.                        ⎭
**
** LOADS
**
** Name: tensile-load    Type: Pressure    ⎫ 定义上述分析步下的
*Dsload                                    ⎬ 载荷
Surf-1, P, -10.                            ⎭
**
** OUTPUT REQUESTS
**
*Restart, write, frequency=0               ⎫
**                                         ⎬ 定义网格重划分规则
** FIELD OUTPUT: from REMESHING RULE: RemeshingRule-1  下的场变量输出
**                                         ⎭
*Output, field                             ⎫
*Element Output, elset=Set-1, directions=YES ⎬ 定义单元输出
ENDENERI, ENDEN, ELEN, EVOL                ⎭
**
** FIELD OUTPUT: F-Output-1
**
*Output, field, variable=PRESELECT         ⎫
**                                         ⎬ 定义场变量和历史变
** HISTORY OUTPUT: H-Output-1              ⎬ 量输出
**                                         ⎭
*Output, history, variable=PRESELECT
*End Step
注意：……表示数据存在，可能是节点标号或坐标，或上下相似量的省略。
```

第4章 分析步、相互作用、载荷与边界条件

一个有限元模型往往包含多个部件。在ABAQUS/CAE的【Assembly】（装配体）模块中，用户可以将不同的部件装配到一起。但是，只有定义了不同部件之间的相互作用关系之后，整个装配体才是一个完整的系统，而不是多个相互独立的个体。部件之间的相互作用关系需要在【Interaction】（相互作用）模块定义。

在现实世界中，物体总会受到各种力的作用，要在ABAQUS/CAE中描述这些力的作用，则需要使用到【Load】（载荷）模块。

在一个有限元案例中，不同部件之间的相互作用关系、载荷工况有可能会变化。因此，ABAQUS/CAE中设有专门的【Step】（分析步）模块。在分析步模块，用户可以创建不同的分析步，用于描述不同的相互作用关系、载荷与边界条件。

本章先对分析步【Step】、相互作用【Interaction】、载荷与边界条件【Load】3个模块进行概述，再以混凝土板的配筋、炮弹穿甲和连接器为例，讲解这3个模块的相关内容。

4.1 概述

4.1.1 分析步模块（Step）

【Step】模块主要用于创建分析步、设置场变量输出和历史变量输出、设定自适应网格以及进行求解控制。

1. 分析步

创建模型数据库后，ABAQUS/CAE会自动创建一个初始步（Initial）。初始步有且仅有一个，位于所有分析步之前，不能被编辑、替换、重命名和删除。

除初始步以外，ABAQUS/CAE还有分析步（Analysis Step），需要用户自己创建，至少得有一个。每一个分析步描述一个特定的分析过程，如荷载的加载、变化，以及相互作用关系等。分析步有两个大类，分别是通用分析步（General）和线性摄动分析步（Linear perturbation）。下面介绍一下这两类分析步。

（1）通用分析步（General）：用于线性或非线性分析，包括以下14个小类。

- 【Coupled temp-displacement】：用于温度 - 位移耦合分析，当温度场和位移相互影响时，需要采用该分析步，适用于ABAQUS/Standard和ABAQUS/Explicit。所选单元应该同时具有温度和位移自由度。
- 【Coupled thermal-electric】：用于线性或非线性的热 - 电耦合分析，仅适用于ABAQUS/Standard。
- 【Coupled thermal-electrical-structural】：用于热 - 电 - 结构耦合分析。
- 【Direct cyclic】：用于循环加载的分析。
- 【Dynamic，Implicit】：用于线性或非线性的隐式动力学分析，非线性动态响应只能采用该分析步，仅适用于ABAQUS/Standard。
- 【Dynamic，Explicit】：用于显式动态分析，对于大规模的瞬时动力学分析和高度不连续事件的分析特别有效，

仅适用于ABAQUS/Explicit。

- 【Dynamic, Temp-disp, Explicit】：用于显式动态温度-位移耦合分析，类似于热-力耦合分析，仅适用于ABAQUS/Explicit，且包含惯性效应和瞬时热响应。
- 【Geostatic】：用于线性或非线性的地压应力场分析，仅适用于ABAQUS/Standard，其后往往跟随多孔流体扩散-应力耦合分析或静力学分析。
- 【Heat transfer】：用于传热分析，不考虑热-力耦合与热-电耦合，仅适用于ABAQUS/Standard。
- 【Mass diffusion】：用于质量扩散分析（瞬态或稳态），仅适用于ABAQUS/Standard。
- 【Soils】：用于土壤力学分析，仅适用于ABAQUS/Standard。
- 【Static, General】：用于线性或非线性静力学分析，不考虑惯性及时间相关的材料属性，仅适用于ABAQUS/Standard。
- 【Static, Riks】：通常用于处理不稳定的几何非线性问题（采用Riks方法），仅适用于ABAQUS/Standard。
- 【Visco】：用于与时间相关材料（如粘弹性、粘塑性、蠕变）的线性或非线性响应分析，属于准静态分析，惯性响应被忽略，仅适用于ABAQUS/Standard。

（2）线性摄动分析步（Linear perturbation）：仅适用于ABAQUS/Standard中的线性分析，包含以下5种分析步。

- 【Buckle】：用于线性特征值屈曲分析。
- 【Frequency】：通过特征值的提取计算固有频率和相应的振幅，用户可以选用Lanczos特征值求解器、AMS特征值求解器和子空间迭代特征值求解器。创建了【Frequency】分析步后，会出现【Complex Frequency】（综合特征值提取）、【Modal Dynamic】（瞬时模态动力学分析）、【Random response】（随机响应分析）、【Response spectrum】（反应谱分析）、【Steady-state dynamic, Modal】（基于模态的稳态动力学分析）、【Steady-state dynamic, Subspace】（基于子空间的稳态动力学分析）等6种分析步。
- 【Static, Linear perturbation】：用于线性静力学应力/位移分析。
- 【Steady-state dynamics, Direct】：用于稳态谐波响应分析，直接求解模型在谐波激励下的稳态动力学线性响应。
- 【Substructure generation】：基于AMS新一代子结构。

2. 输出数据

默认情况下，ABAQUS/CAE将结果写入ODB文件中，这是一种二进制文件，供ABAQUS/CAE进行后处理。用户可以接受ABAQUS/CAE默认的输出结果，也可以自己设置写入ODB文件的变量，包括场变量和历史变量。

场变量用于描述变量随空间变化的规律，其输出结果包含整个模型或者模型的大部分区域，被写入模型数据库的频率较低，可以用来生成模型的云图、变形图等。

历史变量用于描述变量随时间变化的规律，其输出结果只包含模型的一小部分区域，被写入模型数据库的频率较高，可以用来生成xy图。

创建了分析步后，ABAQUS/CAE会自动创建默认的场变量输出要求（Field Output Request）和历史变量输出要求（History Output Request）。通过场变量输出管理器▦【Field Output Manager】和历史变量输出管理器▦【History Output Manager】可以对其进行查看、编辑、复制、重命名等操作，还可以创建新的输出要求。

3. 自适应网格

ALE自适应网格（ALE Adaptive Meshing）是任意拉格朗日-欧拉（Arbitrary Lagrangian-Eulerian）分析，它综合了拉格朗日分析和欧拉分析的特征，在整个分析中保持高质量的网格而不改变网格的拓扑结构，适用于静力学分析（Static, General）、热-位移耦合分析（Coupled Temp-displacement）、显式动力学分析（Dynamic, Explicit）、显式动态温度-位移耦合分析（Dynamic, Temp-disp, Explicit）、土壤力学分析（Soils）。

主菜单中的【Other】菜单可以设置ALE自适应网格。具体实例请参见3.7节"自适应网格划分"。

4. 求解控制

通常情况下，使用 ABAQUS 的默认求解参数就可以得到良好的分析结果。用户也可以使用【Step】功能模块来进行一般求解控制（General Solution Controls）和求解器控制（Solver Controls），从而针对特定问题来提高分析效率。对求解控制的设置也需要通过主菜单中的【Other】菜单进行。

4.1.2 相互作用模块（Interaction）

【Interaction】模块主要用于定义相互作用（Interaction）、约束（Constraint）和连接器（Connector），还可以定义惯量（Inertia）、裂纹（Crack）和弹簧/阻尼（Springs/Dashpots）。

1. 相互作用

创建相互作用前，需要创建相应的相互作用属性。相互作用属性有以下 8 种。

- 【Contact】：接触。
- 【Film Condition】：膜传热条件。
- 【Cavity radiation】：空腔辐射。
- 【Fluid cavity】：流体腔。
- 【Fluid exchange】：流体交换。
- 【Acoustic impedance】：声阻抗。
- 【Incident wave】：入射波。
- 【Actuator/sensor】：传动、感应特性。

之后，为相互作用属性赋予相互作用，包含以下 9 种类型。

- 【General contact】：通用接触，分为 Explicit 和 Standard 两种。
- 【Surface-to-surface contact】：面－面接触，也分为 Explicit 和 Standard 两种。
- 【Self-contact】：自接触，也分为 Explicit 和 Standard 两种。
- 【Fluid cavity】：流体腔。
- 【Fluid exchange】：流体交换。
- 【XFEM crack growth】：基于扩展有限元的裂纹扩展。
- 【Cyclic symmetry（Standard）】：循环对称。
- 【Elastic foundation】：弹性基础。
- 【Actuator/sensor】：传动器、传感器。

2. 约束

可以定义的约束总共有以下 9 种。

- 【Tie】：绑定约束，将两个分离的部件绑在一起，使之没有相互运动。
- 【Rigid body】：刚体约束，通过指定刚体区域以及刚体参考点创建刚体约束，刚体的运动由参考点控制。
- 【Display body】：显示体约束，被设置为显示体的实体部件会显示在视图区，但不参与运算。
- 【Coupling】：耦合约束，将一个面的运动与一个或多个控制点约束在一起。
- 【Adjust points】：调整点，可以将一个点移动到指定的面上。

- 【MPC Constraint】：Multi-Point Constraints，多点约束，将一个区域（点、线、面）上的点的运动与一个点的运动约束到一起。
- 【Shell-to-solid coupling】：壳 – 实体耦合，将一个壳边界的运动与相邻实体面的运动结合到一起。
- 【Embedded region】：嵌入区域，将模型的一个区域嵌入模型的主体区域或整个模型中。
- 【Equation】：方程约束，通过系数、集合、集合的自由度来约束整个集合的运动。

3. 连接器

连接器（Connector）用于连接模型装配件中位于两个不同部件实体上的两个点，或连接模型装配件中的一个点和地面，并建立它们之间的运动约束关系。

4.1.3 载荷模块（Load）

【Load】模块用于指定载荷（Load）、边界条件（Boundary Condition）、预定义场（Predefined Field）和载荷工况（Load Case）。

1. 载荷

载荷只能加载于后续分析步中。对于不同的分析步，载荷类型也有所不同。此处只介绍静力分析（Static, General）情况下的【Mechanical】载荷。

- 【Concentrated force】：施加在节点或几何实体顶点上的集中力，表示为力在三个方向上的分量。
- 【Moment】：施加在节点或几何实体顶点上的力矩，表示为力矩在三个方向上的分量。
- 【Pressure】：表面法向上的面力，正值为压力，负值为拉力。
- 【Shell edge load】：施加在板壳边上的力或弯矩。
- 【Surface traction】：施加在面上单位面积的载荷，可以是任意方向上的力，由向量来描述力的方向。
- 【Pipe pressure】：施加在管道内部或外部的压力。
- 【Body force】：单位体积上体力。
- 【Line load】：施加在梁上的线载荷。
- 【Gravity】：以固定方向施加在整个模型上的重力，ABAQUS根据材料属性中的密度计算相应的载荷。
- 【Bolt load】：螺栓或扣件的预紧力。
- 【Generalized plane strain】：广义平面应变，施加在由广义平面应变单元所构成区域的参考点上。
- 【Rotational body force】：由于模型旋转造成的体力，需要指定角速度或角加速度，以及旋转轴。
- 【Coriolis force】：自转偏向力。
- 【Connector force】：施加在连接单元上的力。
- 【Connector moment】：施加在连接单元上的力矩。
- 【Substructure load】：子结构载荷。
- 【Inertia relief】：惯性释放。

2. 边界条件

与载荷不同，边界条件可以在初始步中设置。此处也只介绍【Mechanical】类型的边界条件。

- 【Symmetry/Antisymmetry/Encastre】：对称 / 反对称 / 端部固定边界条件。

- 【Displacement/Rotation】：位移/旋转边界条件。
- 【Velocity/Angular velocity】：速度/角速度边界条件。
- 【Acceleration/Angular acceleration】：加速度/角加速度边界条件。
- 【Connector displacement】：连接器位移边界条件。
- 【Connector velocity】：连接器速度边界条件。
- 【Connector acceleration】：连接器加速度边界条件。

4.2 混凝土板的配筋

钢筋混凝土是通过在混凝土中加入钢筋而构成的一种组合材料，能够改善混凝土抗拉强度不足的缺点，是当今最主要的建筑材料之一。对于土木方向的有限元工作者而言，对钢筋混凝土的模拟是必不可少的。

下面介绍一下 ABAQUS/CAE 中模拟钢筋混凝土的常用方法。本例为一个钢筋混凝土板的模态分析和之后的稳态动力学分析，模型如图 4-1 所示。

板长 3.5m，宽 0.6m，厚 0.12m；纵筋总数为 12 根，间距 0.05m，距下表面 0.03m。混凝土部件类型为【3D, Deformable, Solid】，网格单元为六面体单元 C3D8；纵筋部件类型为【3D, Deformable, Wire】，网格单元为桁架单元 T3D2。

图 4-1 钢筋混凝土板模型

4.2.1 创建分析步

创建模型并装配好后，在环境栏【Module】中选择【Step】，进入分析步模块。

稳态动力学分析能够确定结构对稳态简谐载荷的响应，而在对结构进行稳态动力学分析之前，往往需要知道结构的振动特性，所以，在 ABAQUS 中需要先对其进行模态分析。

步骤 1 在工具区单击 【Create Step】，弹出【Create Step】对话框，如图 4-2 所示。

在对话框【Procedure type】后的下拉列表中选择【Linear perturbation】（线性摄动分析步），然后选择【Frequency】，单击【Continue...】按钮，弹出【Edit Step】对话框，在【Number of eigenvalues requested】后选择【Value】并设置为 6，即提取前 6 阶模态，如图 4-3 所示。单击【OK】按钮完成对 "Frequent" 的设置。

图 4-2 【Create Step】对话框

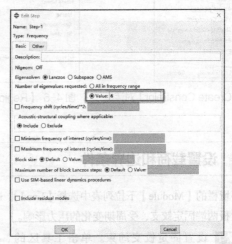

图 4-3 【Edit Step】对话框

资源下载验证码：90974

步骤 2 单击工具区的【Create Step】图标,在弹出的对话框中选择【Steady-state dynamics,Modal】(此项在设置【Frequent】分析步后才会出现),单击【Continue...】按钮,在【Edit Step】对话框中设置【Lower Frequency】和【Upper Frequency】为 10 和 100,如图 4-4 所示。然后单击【OK】按钮完成分析步的设置。

图 4-4 基于模态的稳态动力学分析

4.2.2 设置约束条件

在 ABAQUS 中,一般直接将钢筋嵌入(Embed)到混凝土中用于模拟钢筋混凝土。所需要的约束条件为【Embedded region】,需要在相互作用模块进行设置。

设置约束条件【Embedded region】时,需要选择两个区域,分别是钢筋区域和混凝土区域。为了方便选择,先将两个区域设置为集合。

步骤 1 单击工具栏的【Replace Selected】按钮,在【Select entities to replace】下拉列表中选择【Instances】,然后单击选中混凝土部件【concrete】,单击【Done】按钮,使视图区只显示【concrete】。执行【Tools】/【Set】/【Manager】命令,弹出【Set Manage】对话框,单击【Create】按钮,弹出【Create Set】对话框,将【Name】改为【Set-concrete】,单击【Continue...】按钮,鼠标左键框选部件【concrete】,单击【Done】按钮,完成对混凝土集合的创建。

步骤 2 用同样的方法创建钢筋集合【Set-steel】。单击工具栏的【Replace All】按钮,显示所有部件。

步骤 3 单击工具区的【Create Constraint】按钮,弹出【Create Constraint】对话框,如图 4-5 所示。在【Type】下选择【Embedded region】,单击【Continue...】按钮。事先已经创建了集合,因此,在提示区的右侧单击【Sets...】按钮,弹出【Region Selection】对话框,如图 4-6 所示。勾选【Highlight selections in viewport】复选框,使选择的区域高亮显示。然后选择钢筋的集合【Set-steel】,单击【Continue...】按钮,单击【Select Region】按钮,在【Region Selection】对话框中选择【Set-concrete】,单击【Continue...】按钮,弹出【Edit Constraint】对话框,如图 4-7 所示。保持默认设置不变,单击【OK】按钮完成约束条件的设置。

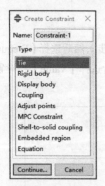

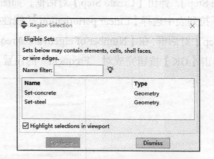

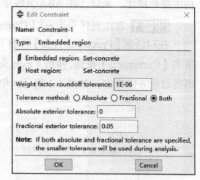

图 4-5 【Create Constraint】对话框   图 4-6 【Region Selection】对话框   图 4-7 【Edit Constraint】对话框

4.2.3 设置载荷和边界条件

在环境栏的【Module】下拉列表中选择【Load】,进入载荷模块。

假设板两端固定铰支,受周期变化的压力影响。

步骤 1 设置固定铰支约束。单击工具区的【Create Boundary Condition】按钮,弹出【Create Boundary

Condition】对话框,如图 4-8 所示。【Step】设置为【Initial】,单击【Continue...】按钮,选择板的左右端面(按住【Shift】键单击鼠标可以多选;按住【Ctrl】键单击鼠标可以取消选择;默认情况下,同时按住【Ctrl】键、【Alt】键和鼠标左键并拖曳鼠标可以旋转视图),如图 4-9 所示,单击【Done】按钮,弹出【Edit Boundary Condition】对话框,选择【PINNED (U1=U2=U3=0)】,如图 4-10 所示,单击【OK】按钮完成边界条件的设置。

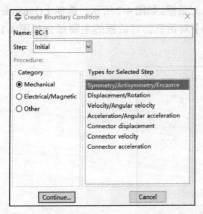

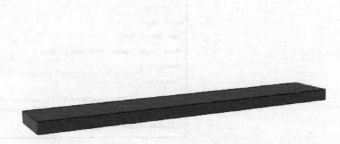

图 4-8 【Create Boundary Condition】对话框   图 4-9 选择板的两个端面

步骤2 设置压力。单击工具区的 【Create Load】按钮,弹出【Create Load】对话框。载荷不能加载于初始步,【Frequency】分析步【Step-1】也不能设置载荷,因此将【Step】设置为【Step-2】,然后在【Types for Selected Step】下选择压力【Pressure】,如图 4-11 所示,单击【Continue...】按钮,选择混凝土板的上表面,单击【Done】按钮,弹出【Edit Load】对话框,设置【Magnitude】为【-5000+500i】,如图 4-12 所示,单击【OK】按钮完成载荷的创建。

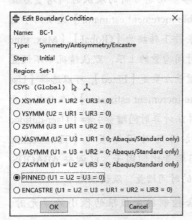
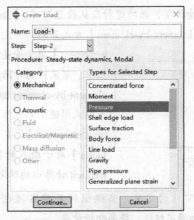
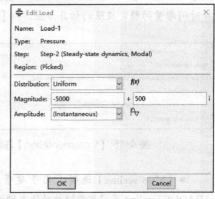

图 4-10 固定约束   图 4-11 创建压力   图 4-12 设置压力的值

4.3 炮弹穿甲

穿甲是典型的动态问题,对穿甲问题的模拟有助于了解动态问题的求解过程。本例介绍炮弹穿甲的分析步、接触和载荷设置,模型如图 4-13 所示。

圆球半径 0.05m;钢板为边长 0.5m 的正方形板,厚度为 0.05m。两个部件类型均为【3D,Deformable,Solid】,圆球网格类型为 C3D10M,钢板网格类型为 C3D8R。

图 4-13 炮弹穿甲完整模型

4.3.1 创建分析步并定义输出

1. 创建分析步

在分析步模块的工具区单击【Create Step】按钮，弹出【Create Step】对话框，如图 4-2 所示。选择【Dynamic, Explicit】（显示动力学分析步），单击【Continue...】按钮，弹出【Edit Step】对话框，对话框的主要部分如图 4-14 所示。

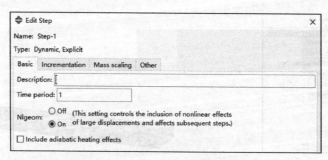

图 4-14 【Edit Step】对话框的主要部分

对话框包含 4 个选项卡，分别为【Basic】、【Incrementation】、【Mass scaling】和【Other】。

- 【Basic】选项卡主要用于设置分析步的时间和大变形。穿甲过程的时间很短，因此，将【Time period】调小，设为 0.0004。【Nlgeom】为大变形开关，用于选择该分析步是否考虑几何非线性。静态分析时大变形开关默认为关闭，动态分析时大变形开关默认为打开。

- 【Incrementation】选项卡如图 4-15 所示，用于设置求解过程的时间增量步。动态分析的默认时间增量方案是【Automatic】，不需要用户干预。一般情况下，保持这种默认设置即可。【Stable increment estimator】选项用于选择时间增量的稳定极限的估算方法，以【Element-by-element】方式开始，一定条件下转换为【Global】。【Max. time increment】用于设置时间增量的上限，默认情况下不设置上限。若采用的时间增量方案是【Fixed】，可以选择【Use element-by-element time increment estimator】（在分析步开始时采用逐个单元估算法计算时间增量）和【User-defined time increment】（直接指定时间增量）。【Time scaling factor】用于输入时间增量比例因子，以调整 ABAQUS/Explicit 计算出的稳定的时间增量，默认值为 1。

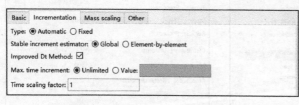

图 4-15 【Incrementation】选项卡

- 【Mass scaling】选项卡用于质量缩放的定义。当模型的某些区域包含控制稳定极限的很小的单元时，ABAQUS/Explicit 采用质量缩放功能来增加稳定极限，提高分析效率。

- 【Other】选项卡用于设置线性体积黏度参数和二次体积黏度参数。

本例中，在【Basic】选项卡中将【Time period】改为 0.0004 后，其他采用默认设置，单击【OK】按钮完成分析步的创建。

2. 定义输出

本例涉及塑性和失效，需要修改场变量输出要求。

单击工具区的【Field Output Manager】按钮，弹出【Field Output Requests Manager】，单击【Edit...】按钮，弹出【Edit Field Output Request】对话框。【Output Variables】下面默认勾选【Select from list below】，在该选项下的列表中找到【State/Field/User/Time】，单击前面的黑色三角形展开，找到【STATUS】并勾选，如图 4-16 所示。单击【OK】按钮完成对场变量输出结果的修改。

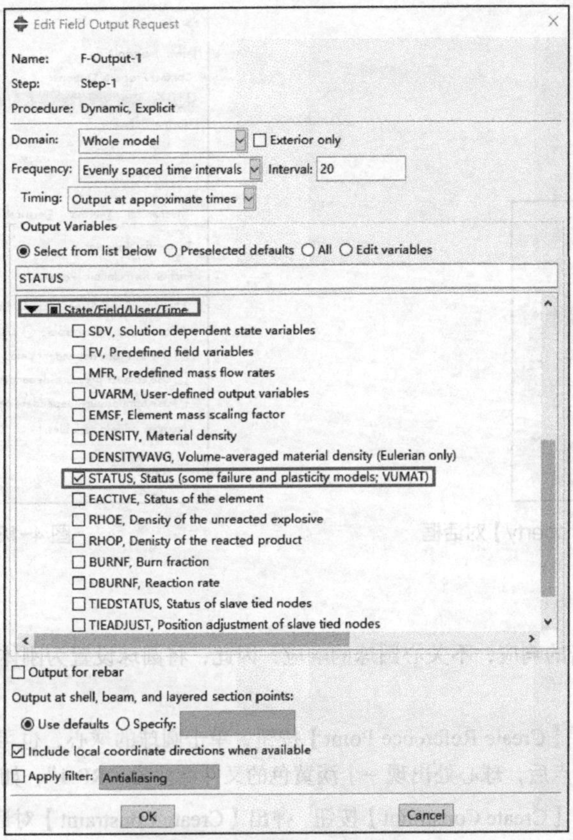

图 4-16 修改场变量输出要求

4.3.2 创建接触和刚体约束

1. 创建接触属性

圆球与钢板之间有接触，需要先定义接触属性，再将接触属性应用于接触。

单击工具区的【Create Interaction Property】按钮，弹出【Create Interaction Property】对话框，如图 4-17 所示。单击【Continue...】按钮，弹出【Edit Contact Property】对话框。执行【Mechanical】/【Normal Behavior】，保持默认设置不变，完成对法向硬接触的设置。执行【Mechanical】/【Tangential Behavior】，在【Friction formulation】下拉列表中选择【Penalty】，并将【Friction Coeff】设置为 0.04，即设置摩擦系数为 0.04，如图 4-18 所示。单击【OK】按钮完成接触属性的设置。

2. 创建通用接触

单击工具区的【Create Interaction】按钮，在【Create Interaction】对话框中将【Step】选择为【Initial】,【Types for Selected Step】保持默认选项【General contact（Explicit）】,单击【Continue...】按钮,弹出【Edit Interaction】对话框。

【Contact Domain】选择默认选项【All with self】，即将所有的外表面、特征边界、梁和解析刚体表面设置为接触面。这种设置方法与传统的接触对方法相比，能够减小用户的工作量，但会增加计算机的计算时间。如果选择【Selected surface pairs】，用户仍然需要创建接触对，可以根据提示创建，此处不介绍。

在【Contact Properties】选项卡中的【Global property assigment】选择刚创建的接触属性"IntProp-1"，单击【OK】按钮完成通用接触的创建。

图 4-17 【Create Interaction Property】对话框

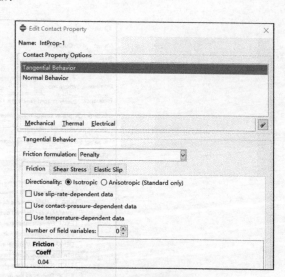

图 4-18 设置接触属性

3. 创建刚体约束

本例关心钢板对圆球冲击的响应,不关心圆球的响应,因此,将圆球设置为刚体。设置刚体之前,需要先创建刚体的参考点。

步骤1 单击工具区的 【Create Reference Point】按钮,单击圆球的球心,也可以直接输入圆球球心的坐标然后按【Enter】键,创建完参考点后,球心处出现一个淡黄色的叉并标注为"RP-1",如图 4-19 所示。

步骤2 单击工具区的 【Create Constraint】按钮,弹出【Create Constraint】对话框,如图 4-5 所示,在【Type】下选择【Rigid body】,单击【Continue...】按钮,弹出【Edit Constraint】对话框,单击【Point】后的 【Edit...】按钮,选中参考点"RP-1",选择【Body(elements)】,然后单击右侧的 【Edit selection】按钮,选中圆球,单击【Done】按钮,如图 4-20 所示。单击【OK】按钮完成刚体约束的创建。

图 4-19 参考点

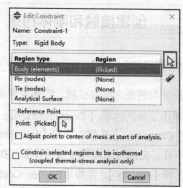

图 4-20 创建刚体约束

4.3.3 创建边界条件和速度场

步骤1 设置固定约束。在载荷模块单击工具区的 【Create Boundary Condition】按钮,弹出【Create Boundary Condition】对话框,【Step】选为【Initial】,单击【Continue...】按钮,选中钢板除上下表面以外的另外 4 个端面,如图 4-21 所示,单击【Done】按钮,弹出【Edit Boundary Condition】对话框,边界条件选择为【ENCASTRE(U1=U2=U3=UR1=UR2=UR3)】,单

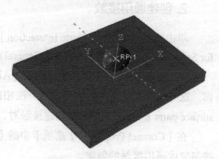

图 4-21 选中 4 个端面

击【OK】按钮完成设置，使4个端面完全固定。

步骤2 设置初速度。边界条件中虽然能够设置速度，但并不能设置初速度。设置物体的初速度需要通过预定义场来实现。单击工具区的 【Create Predefined Field】按钮，弹出【Create Predefined Field】对话框，如图4-22所示，单击【Continue...】按钮，选中圆球的参考点"RP-1"（因为圆球已经设置成了刚体，其一切运动状态均取决于参考点的运动状态），单击【Done】按钮，弹出【Edit Predefined Field】对话框，将【V3】设置为 -800，使圆球有 800m/s 的初速度，如图4-23所示，单击【OK】按钮完成设置。

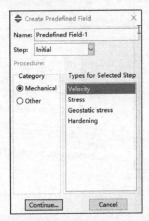

图4-22 【Create Predefined Field】对话框

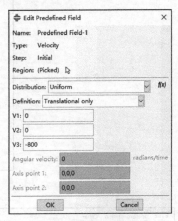

图4-23 设置初速度

4.4 连接器

绕轴旋转的例子十分常见，本例介绍 Hinge 类型的连接器在旋转实例中的应用。

圆盘与圆柱模型如图4-24所示，由一个圆柱和绕其旋转的圆盘构成。圆柱半径 R 为 0.005m，长为 0.02m，圆盘内径 d 为 0.01m，外径 D 为 0.04m。部件类型为【3D，Deformable，Solid】，网格单元为 C3D8R。

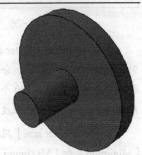

4.4.1 创建分析步

图4-24 圆盘与圆柱模型

进入分析步【Step】模块，单击 【Create Step】按钮，弹出【Create Step】对话框，默认的分析步类型为【Static，General】，保持设置不变，单击【Continue...】按钮，弹出【Edit Step】对话框，如图4-25所示。

静力学的【Edit Step】对话框与动力学的类似，但只包含3个选项卡，分别为【Basic】、【Incrementation】和【Other】。

（1）【Basic】选项卡与动态分析步的类似。本例为静态分析，模型中也不包含阻尼或与速度相关的材料性质，所以"时间"没有实际的物理意义，直接将分析步时间设为默认值1。本例将【Nlgeom】设置为【On】，如图4-26所示。

（2）【Incrementation】选项卡如图4-27所示，用于设置求解过程的时间增量步。

- 【Type】用于选择时间增量的控制方法，包括【Automatic】和【Fixed】两种方式。【Automatic】为默认设置，ABAQUS 将根据计算效率来选择时间增量。若选择【Fixed】，那么 ABAQUS 将采用用户设置的固定时间增量进行计算，较容易导致计算不收敛。因此，除非用户确定所设置的时间增量的确能够使计算收敛，否则，不建议使用【Fixed】方法。

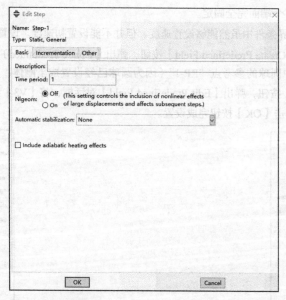

图 4-25 【Edit Step】对话框

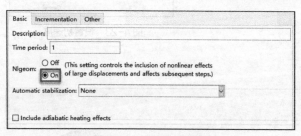

图 4-26 打开大变形开关　　　　　图 4-27 【Incrementation】对话框

- 【Maximum number of increments】用于设置时间增量数目的上限，默认值为 100。当时间增量的数目达到该值时，即使结果还未收敛，分析也会停止。如果模型特别复杂，可以选择将最大值适当调大一些。但一般情况下，线性静力学分析都能够在 100 个时间增量内完成，不收敛的线性静力学分析大多是模型的构建或某些设置有问题，即使最终算出了结果，其可信程度也不够高。

- 【Increment size】用于设置时间增量的大小。当【Type】的选择为【Automatic】时，用户可以设置【Initial】、【Minimum】和【Maximum】，默认值分别为 1、1E-005 和 1。ABAQUS 会以设置的初始增量【Initial】开始计算，如果计算收敛，则继续以这个值计算，甚至增加步长（如果值小于 1）。如果计算不收敛，ABAQUS 会自动将增量减少为前一步的 1/4，如果仍然不收敛，将继续减小，默认连续 5 次不收敛，计算结束，ABAQUS 出现错误"Too many attempts made for this increment"。当时间增量减小到设置的最小值【Minimum】时仍不收敛时，计算也会结束，并出现错误"Time increment required is less than the minimum"。但【Type】为【Fixed】时，只能设置时间增量的大小。对于复杂的非线性问题（如模型中接触条件很复杂），分析很不容易收敛，可以尝试减小初始时间增量和最小时间增量。

本例保持默认设置。

（3）【Other】选项卡如图 4-28 所示。用于选择求解器，设置求解技巧、载荷随时间的变化等。默认的求解器为【Direct】（直接稀疏矩阵求解器），求解技巧为【Full Newton】（完全牛

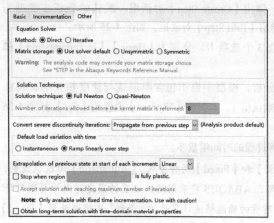

图 4-28 【Other】选项卡

顿方法，采用牛顿方法求解非线性平衡方程组），适用于大多数分析。因此也不做更改，保持默认。

单击【OK】按钮完成分析步"Step-1"的设置。

4.4.2 创建连接器和约束

1. 创建连接器

连接器由特征线和连接器截面构成，特征线基于参考点，而 Hinge 连接器约束了除 UR1 以外的其余 5 个自由度，因此，创建连接器之前，需要先创建参考点、特征线和 X 轴指向特征线的参考坐标系。

步骤1 创建参考点。单击工具区的【Create Reference Point】按钮，输入参考点坐标（0，0，0）然后按【Enter】键，完成参考点"RP-1"的创建，视图区出现黄色字体显示的"RP-1"。以同样的方法创建坐标为（0，0，0.02）的参考点"RP-2"和坐标为（0，0.0，0.0025）的参考点"RP-3"，如图 4-29 所示。

步骤2 删除不用的坐标系。在模型树中展开【Assembly】/【Features】，在"Datum csys-1"上单击鼠标右键并选择【Delete】，删除不需要的坐标系"Datum csys-1"。

步骤3 创建新的坐标系。单击【Create Datum CSYS：3 Points】按钮，弹出【Create Datum CSYS】对话框，单击【Continue...】按钮，然后在视图区先后单击"RP-1"、"RP-2"和坐标为（-0.005，0，0）的点（也可以是其他点，只要参考坐标系的 X 轴与"RP-1"和"RP-2"所构成的直线同向即可），完成参考坐标系"Datum csys-1"的创建，如图 4-30 所示。在【Create Datum CSYS】对话框中单击【Cancel】按钮，退出参考系的建立。

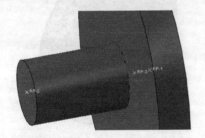

图 4-29　参考点

图 4-30　参考坐标系

步骤4 创建特征线。单击工具区的【Create Wire Feature】按钮，弹出【Create Wire Feature】对话框，如图 4-31 所示。单击【Point 1】下面的表格，然后单击【Add...】按钮，先后选中"RP-1""RP-2"，单击【Done】按钮，再单击【OK】按钮，完成特征线的创建。

步骤5 创建连接器截面。单击工具区的【Create Connector Section】按钮，弹出【Create Connector Section】对话框，在【Assembled/Complex type】下拉列表中选择【Hinge】，如图 4-32 所示，单击【Continue...】按钮，在【Edit Connector Section】对话框中单击【OK】按钮完成连接器截面的创建。

步骤6 创建连接器。单击工具区的【Create Connector Assignment】按钮，选中刚创建的特征线，单击【Done】按钮，弹出【Edit Connector Section Assignment】对话框，如图 4-33 所示。选中【Orientation】选项卡，单击【Edit...】按钮，选择参考坐标系"Datum csys-1"，然后单击对话框中的【OK】按钮完成连接器的创建。

2. 创建耦合约束

因为创建的参考点是独立于模型之外的，所以刚刚创建的连接器也是与模型无关的。为了将连接器与模型真正结合起来，需要将参考点与模型连在一起。本例采用耦合【Coupling】的方式。

图 4-31　【Create Wire Feature】
　　　对话框

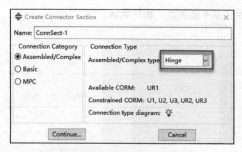
图 4-32 选择【Hinge】

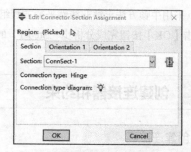
图 4-33 【Edit Connector Section Assignment】对话框

单击工具栏的【Remove Selected】按钮,在【Select entities to remove】下拉列表中选择【Cells】,然后在视图区选中圆柱,单击【Done】按钮,隐藏圆柱,再次单击【Done】按钮,退出操作。单击工具区的【Create Constraint】按钮,在【Create Constraint】对话框中选择【Coupling】,单击【Continue...】按钮,选中参考点"RP-1"作为控制点,单击【Done】按钮,再单击【Surface】按钮,选择圆盘孔的圆柱面,单击【Done】按钮,弹出【Edit Constraint】对话框,如图 4-34 所示,单击【OK】按钮完成耦合约束【Constraint-1】的设置,如图 4-35 所示。

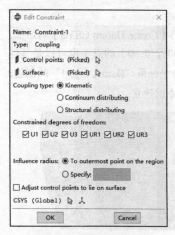
图 4-34 编辑耦合约束

图 4-35 参考点"RP-1"与圆盘孔圆柱面的耦合

单击【Replace All】按钮,显示所有部件。

以同样的方法创建耦合约束【Constraint-2】和【Constraint-3】,控制点分别为"RP-2"和"RP-3",【Constraint-2】的耦合区域为"RP-2"所在的圆平面,【Constraint-3】的耦合区域为圆盘的外圆柱面,如图 4-36 所示。

4.4.3 创建边界条件

进入【Load】模块,对模型施加边界条件:圆柱的控制点"RP-2"固支,圆盘外表面的控制点"RP-3"向绕参考坐标系的 X 轴旋转 10rad。

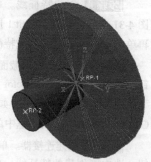
图 4-36 参考点"RP-3"与圆盘外圆柱面的耦合

单击【Create Boundary Condition】按钮,弹出【Create Boundary Condition】对话框,将【Step】设置为【Initial】,选择【Symmetry/Antisymmetry/Encastre】,单击【Continue...】按钮,选中参考点"RP-2",单击【Done】按钮,在【Edit Boundary Condition】对话框中选择【ENCASTRE】,单击【OK】按钮完成固定边界条件的设置。

再次单击按钮,弹出【Create Boundary Condition】对话框。将【Step】设置为【Step-1】,然后选择【Displacement/Rotation】,单击【Continue...】按钮,选中参考点"RP-3",单击【CSYS:】后的【Edit...】按钮,选中创建的参考坐标系"Datum csys-1",然后将【UR1】设为 10,如图 4-37 所示,单击【OK】按钮完成位移的创建。

第4章 分析步、相互作用、载荷与边界条件

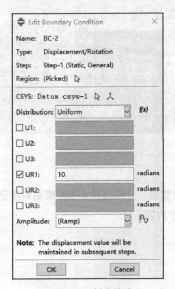

图4-37 创建位移

> **提示**
>
> 在【Step】模块的菜单栏中选择【Output】/【Field Output Requests】/【Manager】命令,弹出【Field Output Requests Manager】对话框,可以自定义每个分析步的输出结果,如应力、应变和位移等。单击【Edit...】按钮弹出【Edit Field Output Request】对话框,如图4-38所示。【Domain】下拉列表中可以选择部分结构输出结果。【Frequency】下拉列表可以选择【Last increment】,以输出计算的最终状态结果,而不输出中间每个计算增量步的结果。对于大型复杂模型,若输出每个计算步的分析结果,那么最终的结果文件会很大。
>
>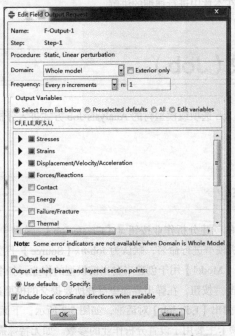
>
> 图4-38 【Edit Field Output Request】对话框

61

第5章 分析与后处理

本章内容概述：

用户完成了前面的模型创建与模型设置后，才可以进入 Job 模块对模型进行计算分析。最后在 Visualization 模块中进行结果后处理。Job 模块主要包括以下内容：

（1）创建与管理分析作业；
（2）创建和管理网格自适应过程；
（3）耦合分析作业；
（4）优化作业。

Visualization 后处理模块主要包括以下几个方面：

（1）无变形图与有变形图的显示；
（2）云图显示；
（3）矢量/张量符号图的显示；
（4）材料方向图的显示；
（5）坐标图的显示及数据输出；
（6）ABAQUS 后处理二次开发的简单介绍。

关于这些模块的各种功能将会在本章中进行详细的讲解。

5.1 分析作业模块（Job）

通过模块（Module）列表中的 Job 选项或模型树的 Analysis-Job 方式进入分析作业模块。该模块主要进行模型的分析计算。

5.1.1 创建与管理分析作业

进入 Job 模块后，单击工具区的创建分析作业按钮 【Create Job】，弹出【Create Job】对话框。此对话框包含两部分内容：【Name】栏用于对分析模型进行命名，默认为 Job-n。【Source】下拉列表可选择模型的来源，分为两个部分，即【Model】和【Input file】。【Model】用于创建来自当前模型的作业，如图 5-1 所示；【Input file】用于创建来自已有 INP 文件的作业，方法是单击 按钮，在弹出界面中寻找所要提交的模型进行选择计算，如图 5-2 所示。选择好模型后单击【Continue...】按钮，弹出【Edit Job】对话框，如图 5-3 所示，下面对其进行解释说明。

（1）【Submission】（提交）选项卡主要用于设置分析作业的参数。如无特殊需求，一般采取默认选项。

> 💡 提示
>
> 如果用户需要向远程计算机提交作业，则需要在【Run Mode】栏选中【Queue】选项，输入远程计算机的 Host name。如果想进一步了解该功能，请读者参阅系统帮助文件 *ABAQUS Analysis User's guide,* Part V, Chapter 19, The Job Module。

 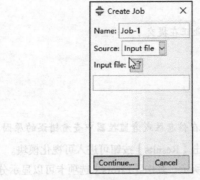 

图 5-1　创建来自当前模型的作业　　图 5-2　创建来自已有 INP 文件的作业　　图 5-3　创建分析作业

> **注意**
> （1）【Job Type】栏中的【Restart】选项用于重启动分析。用户不能对来自 INP 文件的分析作业进行重启动分析。
> （2）【Submit Time】栏中的【At】选项用于后台运行模式，仅在 UNIX 操作系统下可用。

（2）【General】选项卡用于指定一些分析作业设置。【Preprocessor Printer】（预打印处理输出）栏用于勾选所需要的各类数据。在下方，【Scratch directory】用于选择保存临时文件的文件夹，【User subroutine file】用于选择包含用户子程序的文件。

（3）【Memory】选项卡主要用于选择分配到模型计算中的内存大小。系统默认为【Percent of physical memory】占用系统最大内存的 90%。当然可以将其改小，但这会增加模型的计算时间，因此建议采取默认设置。下面的【Megabytes】和【Gigabytes】都是选择占用内存单位，如图 5-4 所示，选择合适的单位后，可在下面输入栏中填入对应的内存大小。

（4）【Parallelization】选项卡用于并行运算的设置，如图 5-5 所示。勾选第一个选项【Use multiple processors】，用户需要根据自己计算机的性能选择计算所需要的核数，这样可以大大提高计算速度。勾选第二个选项【Use GPGPU acceleration】，用户可以设置 GPU 加速。人们一直在寻找各种为图像处理加速的方法，然而受到 CPU 本身在浮点计算能力上的限制，对于那些需要高密度计算的图像处理操作，过去传统的在 CPU 上实现的方法，并没有在处理性能与效率上有很大进步。随着可编程图形处理器单元（GPU）在性能上的飞速发展，利用 GPU 加速图像处理的技术逐渐成为研究热点。所谓 GPGPU 是指通用计算图形处理器。其中第一个"GP"指通用目的（General Purpose），而第二个"GP"则表示图形处理（Graphic Process），"U"是指装置（Unit）。

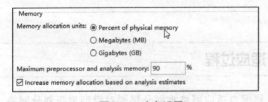 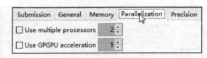

图 5-4　内存设置　　　　　　　　　　　图 5-5　并行计算页面

（5）【Precision】选项卡主要用于计算精度的选择。【Abaqus/Explicit precision】包含 single（单精度）与 double（双精度），而【Nodal output precision】包含 single 和 Full（全精度），用户可根据要求进行选择。

创建好分析模型后，单击工具区中的 【Job Manager】按钮，打开分析作业管理器，如图 5-6 所示。最下排的功能按钮与其他管理器界面中的一样，这里不再赘述。

右侧各个按钮的说明如下。

（1）【Write Input】按钮用于生成模型的 INP 文件，可进一步对 ABAQUS/CAE 生成的 INP 文件进行编辑。

（2）【Data Check】按钮用于数据的检查，完成后【Continue】按钮被激活，可以继续进行分析。

（3）【Submit】按钮用于提交分析步，随着分析的进行，【Status】栏的显示会发生改变；

- 【None】表示未提交分析；
- 【Submit】表示已生成 INP 文件且分析作业正在提交；
- 【Running】表示分析正在进行；
- 【Completed】表示分析已经完成；
- 【Terminated】表示用户终止了分析过程；
- 【Aborted】表示分析出现错误且用户可以在信息区或者监控器中查看错误的原因。

当【Status】栏显示为【Completed】时，单击【Results】按钮可进入可视化模块。

（4）【Monitor...】按钮即为监控器，如图 5-7 所示。其中，【Errors】选项卡可以显示分析出错的原因。【!Warnings】选项卡的警告信息会造成分析迭代次数的增多，可能使计算不收敛且导致错误。因此，在建模过程中应该尽量使模型精确。

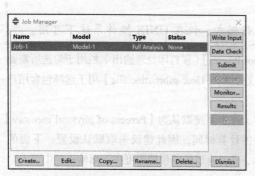

图 5-6　分析作业管理器

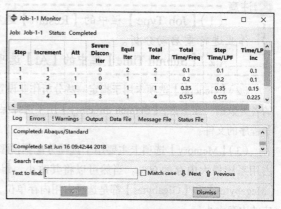

图 5-7　作业监控器

（5）【Kill】按钮用于中断分析过程。

> **提示**
> 用户可以通过以下两种方式对模型进行修改。
> ① 直接对模型的 INP 文件进行修改；
> ② 在 ABAQUS/CAE 中使用【Model】/【Edit Keywords】命令进行关键词的编辑，然后提交分析步。

以上操作便可以完成一般模型计算的过程。

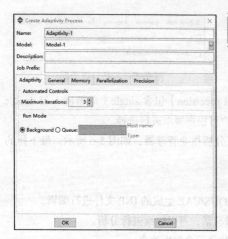

图 5-8　【Create Adaptivity Process】对话框

5.1.2　网格自适应过程

ABAQUS/CAE 根据自适应网格重划分规则对模型重新划分网格，完成分析作业，直到结果满足自适应网格划分规则，或分析中遇到错误，达到最大迭代次数，结束计算。因此，只有用户在【Mesh】模块定义了网格重划分规则，才能使用该过程。

在工具区单击【Create Adaptivity Process】按钮，或者在模型树上双击【Adaptivity Processes】，弹出【Create Adaptivity Process】对话框，如图 5-8 所示。

用户可以在【Job Prefix】文本框中进行输入，这样每一步迭代名将会以此前缀开始，否则系统将会自动定义迭代步的名字。

【Maximum iterations】用于设置最大迭代次数。用户应该注意随着网格的细化,相应的内存用量将会增大,并且还要考虑最后一步迭代所需的内存大小,因此在设置【Memory】选项卡时要注意这一点。其他选项卡的选项和创建分析作业相同,这里不再赘述。

随后,用户单击 【Adaptivity Process Manager】(自适应过程管理器)按钮,进行提交计算。建议读者可以同时打开【Job Manager】中的监控器对计算过程进行监控,如图 5-7 所示。

具体实例请参见 3.7 节 "自适应网格划分" 的例 3-3。

5.1.3 耦合分析作业

随着 ABAQUS 分析功能的逐渐增强,软件提供了耦合分析作业。耦合分析是指对不同的分析作业同时进行分析。比较常见的有流-固耦合分析、ABAQUS/Standard 和 Explicit 的协同仿真等。

单击工具区中的 【Create Co-execution】按钮,或者在模型树上双击【Co-execution】便会弹出【Edit Co-execution】对话框,如图 5-9 所示。可以看出,该对话框与图 5-3 所示的【Edit Job】对话框的最大不同在于需要对两个模型进行耦合分析,在【Models】栏选取所需要耦合计算的两个模型即可。耦合分析作业的参数设置与分析作业相同,这里不再赘述。

随后,用户单击 【Co-execution Manager】(耦合分析管理器)按钮,提交计算。

图 5-9 创建耦合分析作业

5.1.4 优化作业

对于优化求解过程,ABAQUS/CAE 主要是通过不断地更新设计变量、更正有限元模型来实现的。图 5-10 所示是求解过程的框图,以便用户更好地理解优化过程。

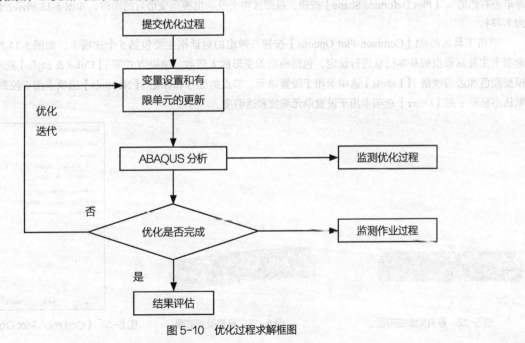

图 5-10 优化过程求解框图

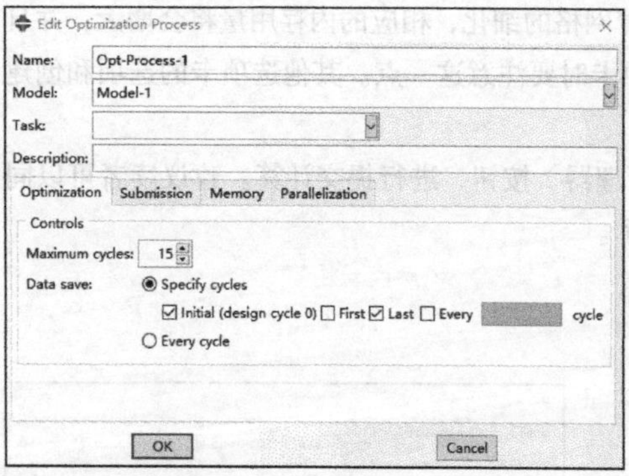

单击工具区中的【Create Optimization Process】，或者双击模型树【Optimization Processes】，将会弹出【Edit Optimization Process】对话框，如图 5-11 所示。

【Task】下拉列表用于选择优化模型对象。

【Optimization】选项卡的【Controls】栏用于选择最大的优化次数；【Data save】栏用于选择保存模型数据的频率，其中 First cycle 和 Last cycle 为只保存第一次和最后一次的数据，Every cycle 为保存每一步的数据。其余选项卡的选项与分析作业中的类似，这里不再赘述。

具体实例请参见第 6 章。

图 5-11　创建优化分析作业

5.2　可视化模块（Visualization）

完成了【Job】模块的分析，当【Status】栏显示为【Completed】时，用户可进入可视化模块（Visualization）。用户可以通过图 5-6 所示的【Results】按钮进入，也可以在【Module】中选择【Visualization】功能模块进入，当然，还可以通过模型树双击【Output Databases】选项，然后打开对应的 ODB 文件进入可视化模块。ABAQUS/CAE 默认视图区显示模型的无变形图。

为了读者能够更加清楚地了解本模块，下面将以一个 ODB 结果文件为例，对可视化模块中的常用功能进行讲解。打开数据文件 job-11.odb。

5.2.1　无变形图与变形图的显示

进入【Visualization】模块，默认显示无变形图，【Plot Undeformed Shape】按钮被激活，视图区显示出模型变形前的网格模型，如图 5-12 所示，图中状态区显示了当前分析步、分析时间等信息。用户主要关心的是变形图，只需单击右侧的【Plot Deformed Shape】按钮，视图区将会显示出模型变形后的图形，如图 5-13 所示，默认放大系数为 1.724。

单击工具区的【Common Plot Options】按钮，弹出的对话框主要包括 5 个选项卡，如图 5-14 所示。【Basic】选项卡主要对模型的基本信息进行设定，包括模型的变形放大倍数、渲染方式等；【Color & Style】选项卡主要设置模型颜色和边的线型；【Labels】选项卡用于设置单元、节点的标号和标记；【Normals】选项卡用于控制法线的设置，默认不显示；而【Other】选项卡用于设置单元缩放和透明度。

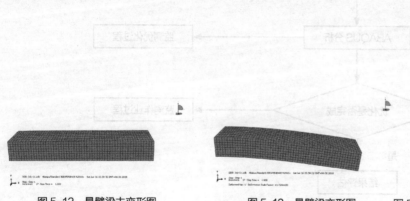

图 5-12　悬臂梁未变形图　　　　图 5-13　悬臂梁变形图

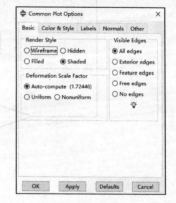

图 5-14　【Common Plot Options】对话框

5.2.2 云图显示

1. Mises应力云图显示

云图用于在模型上用颜色变化显示分析变量。用户可以单击 【Plot Contours on Deformed Shape】按钮，视图区显示模型变形后的 Mises 应力云图，如图 5-15 所示。

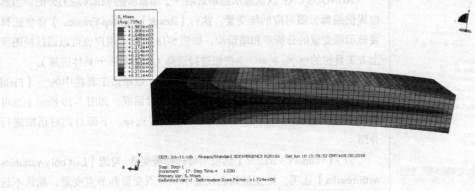

图 5-15　模型的 Mises 应力云图

当用户按住 按钮时，会展开显示 按钮，用于选择不同的云图显示方式，后两个按钮分别为显示模型变形前的云图和同时显示变形前后的云图。

> **提示**
> 为满足用户截图需求，用户可以通过【Viewport】/【Viewport Annotation Options...】命令对三维视图的方向（Triad）、图例（Legend）等进行设置。

单击工具区的 【Contour Options】按钮，弹出【Contour Plot Options】对话框，如图 5-16 所示，该对话框包括 4 个选项卡。【Basic】选项卡主要设置云图的类型、间距和等高线。在【Color & Style】选项卡中，【Model Edge】栏用于设置单元的边线颜色；【Spectrum】栏用于设置云图色谱，ABAQUS 提供了 7 种色谱，可以进行选取，用户也可以单击 按钮，弹出【Create Spectrum】对话框，如图 5-17 所示，可按自己的需要进行设置。【Limits】选项卡用于设置云图区间值的上下限，并可显示最大/最小参数值的位置。

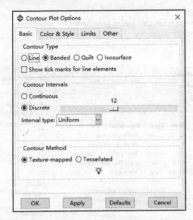

图 5-16　【Contour Plot Options】对话框

图 5-17　【Create Spectrum】对话框

> **注意**
> 当单击 按钮时， 按钮仍然设置变形后的模型显示， 按钮用于设置变形前的模型显示。

> 提示
>
> 【Common Options】按钮和【Superimpose Options】按钮的设置优先级低于其他显示选项设置。

2. 设置云图的场变量

ABAQUS/CAE 默认显示的是最后一个增量步的 Mises 应力云图，当然也提供编辑云图对应的场变量。执行【Result】/【Step/Frame...】命令选择要显示场变量的分析步和增量步，如图 5-18 所示。用户也可以通过视图区上方工具栏的按钮进行选择（显示动画节具体讲解）。

执行【Result】/【Field Output...】命令，或单击工具栏中的【Field Output Dialog】按钮，弹出【Field Output】对话框，如图 5-19 所示；也可直接在工具栏的中进行选择。下面对此对话框进行介绍。

（1）【Primary Variable】选项卡可选择场变量，勾选【List only variables with results】选项，则变量列表仅显示积分点变量和节点变量，默认不选择。【Name】栏列出了选项表，下面的【Invariant】（不变量）和【Component】（分量）栏会随之变化，用户可根据自己的需求选择要显示的量。

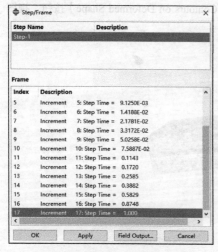

图 5-18 【Step/Frame】对话框

（2）【Deformed Variable】选项卡用于选择模型变形后的变量显示，用户只能选择【U】（节点位移）、【RF】（节点反力）和【CF】（节点上的点载荷）。

设置完成后，用户单击【OK】按钮，则在视图区显示该变量的云图。

用户也可以根据需要使用存在的场变量创建新的场变量。单击工具区的【Create Field Output form Fields】按钮，或执行主菜单的【Tools】/【Create Field Output...】命令，弹出【Create Field Output】对话框，如图 5-20 所示。用户可以根据界面选项对已经计算出的场变量进行算术计算，得到新的场变量，并进行显示，具体操作这里不再详述。

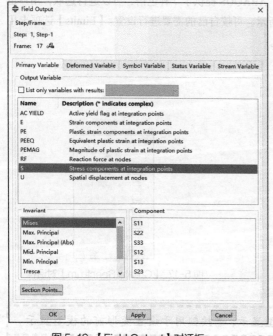

图 5-19 【Field Output】对话框

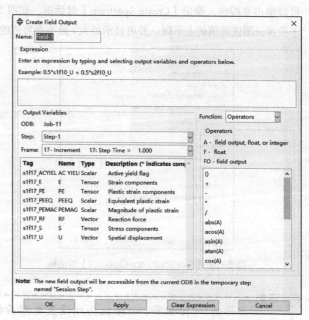

图 5-20 【Create Field Output】对话框

5.2.3 矢量/张量符号图显示

矢量、张量符号图以箭头显示，箭头的方向表示它们的方向，长度表示大小。用户可以单击工具区的【Plot Symbols on Deformed Shape】按钮，视图区将会显示图 5-21 所示的模型变形后的主应力张量符号图。

单击工具区的【Symbols Options】按钮，即可对其进行设置，弹出【Symbol Plot Options】对话框，如图 5-22 所示。每个选项卡都包括两个子选项卡，即矢量和张量，两个子选项卡的设置类似，视图区显示的是单元的合矢量方向。【Color & Style】选项卡中【Color】栏可设置矢量颜色,【Size】栏可设置大小,【Style】栏可设置线宽和箭头类型,【Symbol density】栏可设置显示密度。【Limits】选项卡用于设置极值。【Labels】选项卡用于显示标识的大小及显示方式。设置完成后，单击【OK】按钮,【Defaults】按钮用于恢复默认设置。

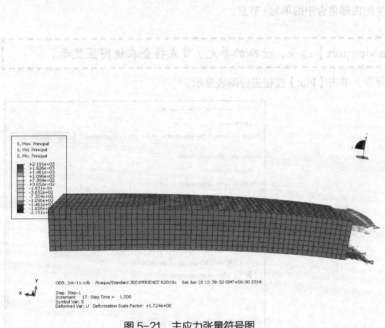

图 5-21 主应力张量符号图

图 5-22 【Symbol Plot Options】对话框

5.2.4 材料方向图显示

自然界的大多数材料为各向异性材料，材料具有一定的方向性。因此在设置材料属性时，有时需要设定材料方向。材料方向图显示壳单元或定义了材料方向的实体单元的材料方向。用户单击工具区中的按钮，如果弹出警告对话框，就表示模型的单元不支持材料方向图显示，如图 5-23 所示。

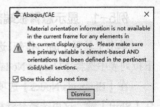

图 5-23 模型警告提示

5.2.5 数据图表的显示及输出

单击工具区的【Create XY Data】按钮，弹出【Create XY Data】对话框，如图 5-24 所示，用于选择数据来源。为了方便讲解，接下来将以示例为基础，分别创建场变量和时间变量的图表。

1. 显示场变量随时间变化的图表

选择图 5-24 的【ODB field output】选项，单击【Continue...】按钮，用户将进入图 5-25 所示的对话框。

单击【Active Steps/Frames...】按钮，弹出的对话框用于选择X轴，即时间轴的坐标范围。

【Output Variables】栏用于设置Y轴的场变量；【Position】用于选择场变量的位置，默认为积分点。下方的列表用于场变量的选择，用户也可以在【Edit】栏内输入场变量名称，单击或按【Enter】键选中。

【Elements/Nodes】选项卡用于选择单元/节点，方法有以下4种。

（1）【Pick from viewport】为在视图区进行选择，右侧将会显示选择结果，通过【Edit Selection】【Add Selection】和【Delete Selection】可添加和删除单元/节点。

（2）【Element labels】用于选择不同部件实体的节点/单元。在【Labels】栏内可输入节点/单元编号。通过【Add Row】和【Delete Row】可进行添加与删除。

（3）【Element sets】用于选择单元集合内包含的单元/节点。如果集合过多，用户可以通过【Name filter】栏对集合名称进行过滤。

（4）【Internal sets】选取ABAQUS产生的内部集合中的单元/节点。

> 提示
> 用户勾选【Highlight items in viewport】选项，选择的单元/节点将会在视图区显示。

设置完成后，单击【Save】按钮进行保存，单击【Plot】按钮进行图表显示。

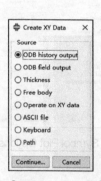

图5-24 【Create XY Data】对话框

图5-25 【XY Data from ODB Field Output】对话框

例5-1 显示悬臂板端部的最大主应变随时间增量的变化曲线。

单击工具区中的按钮，选择【ODB field output】，单击【Continue...】按钮，弹出图5-25所示的对话框，在【Position】下拉列表中选择【Unique Nodal】，在展开变量列表中选择【E：Strain components】中的【Max.Principal】。

在【Elements/Nodes】选项卡，单击【Edit Selection】选择要显示的节点/单元，如果选择多个节点/单元，需按住【Shift】键。这里选择悬臂板端部的一点，单击鼠标中键，完成节点选择。单击【Save】按钮，进行数据保存，最后单击【Plot】按钮可得到图5-26所示的Strain-Time关系图。

2. 显示场变量沿路径变化的图表

用户需要先通过执行【Tools】/【Path】/【Create...】命令创建路径。单击工具区按钮，弹出图5-24所示的对话框，选择【Path】选项，单击【Continue...】按钮，弹出【XY Data from Path】对话框，如图5-27所示。

（1）【Path】下拉列表：用于选择路径。

（2）【Model shape】栏：用于选择路径上的点是在变形前的模型还是变形后的模型上。

（3）【Point Locations】栏：是否选择ABAQUS/CAE提供的路径与单元面或边相交的点。

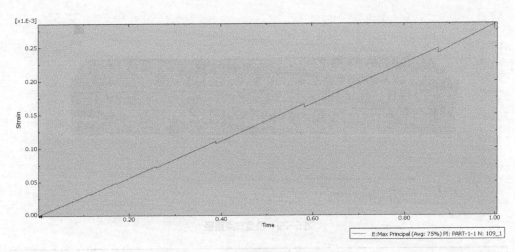

图 5-26 悬臂梁的最大主应变 - 时间图

(4)【X Values】栏：用于选择 X 轴的坐标，用户可以单击旁边的按钮具体查看。

(5)【Step/Frame...】按钮：用于分析步和增量步的选择。

(6)【Field Output...】按钮：进行场变量的选择，也可以通过【Result】/【Field Output...】实现。

设置完成后，单击【Save As...】按钮保存数据表，单击【Plot】按钮显示图表。

例5-2 显示例5-1中悬臂板的Mises应力沿长边节点路径的变化。

步骤 1 路径的选取。执行【Tools】/【Path】/【Create...】命令，在弹出的【Create Path】对话框中选取【Node List】，单击【Continue...】按钮，弹出【Edit Node List Path】对话框，如图 5-28 所示，单击【Add Before...】按钮选取长边的 13 个节点（如图 5-29 所示），单击【OK】按钮，完成路径的创建。

步骤 2 在图 5-27 所示的对话框中单击【Field Output...】按钮，在弹出的对话框的【Invariant】列表中选择【Mises】，单击【OK】按钮。返回到【XY Data from Path】对话框，单击【Save As...】按钮，再单击【Plot】按钮，得到图 5-30 所示的 Mises 应力沿路径变化的曲线图。

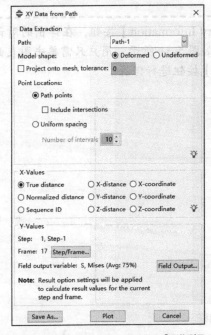

图 5-27 【XY Data from Path】对话框

图 5-28 【Edit Node List Path】对话框

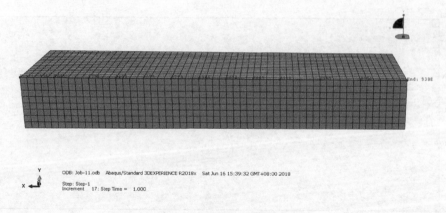

图 5-29 模型节点路径

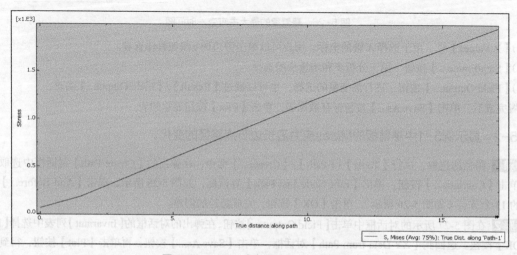

图 5-30 Mises 应力沿路径变化的曲线图

> **提示**
>
> 用户在查看 XY 图表时，可以单击工具栏的 【Query Information】按钮，在弹出的对话框中选择【Probe Values】，弹出【Probe Values】对话框，如图 5-31 所示，用户只需单击图表曲线上的点，就可得到对应的数值，再单击【Write to File....】按钮进行保存。
>
>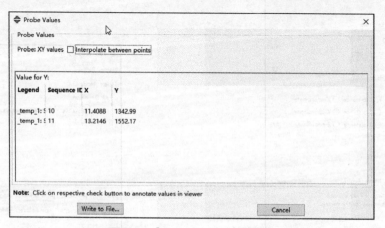
>
> 图 5-31 【Probe Values】对话框

3. 输出数据表格

ABAQUS/CAE 支持 XY 图表数据、场变量和通过【Probe Values】对话框查看的数据以列表形式输出，以满足用户进一步处理的需求。

倘若用户事先保存了 XY 数据或者正在显示 XY 数据列表，则执行【Report】/【XY...】命令，弹出【Report XY Data】对话框，如图 5-32 所示。【XY Data】选项卡用于选择输出数据的来源，【Setup】选项卡用于选择输出数据格式、文件名等，单击【OK】按钮或【Apply】按钮，数据会输出到默认文件夹中。

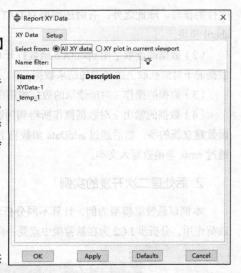

图 5-32 【Report XY Data】对话框

5.2.6 ABAQUS后处理的二次开发

ABAQUS 软件为满足用户对结果后处理的更多需求，向用户提供了基于 Python 语言的后处理二次开发功能。Python 语言是一种面向对象的脚本语言，它功能强大，既可以独立运行，也可以用作脚本语言，特别适合快速的应用程序开发。ABAQUS 就是向用户提供了很多库函数，通过 Python 语言调用这些库函数来增强 ABAQUS 的后处理功能。

ABAQUS 脚本接口是 Python 语言的一个扩展，可以使用 Python 语言编制脚本接口的可执行程序，从而自动实现重复性的工作、创建和修改模型数据库、访问数据库的功能。ABAQUS 在扩展的同时，额外提供了大约 500 个模型对象，大致可分为 3 类。其中，session 对象用来定义对象、远程队列、用户定义的视图等；mdb 对象包含计算模型对象和作业对象；odb 对象包含模型数据和计算结果数据，如图 5-33 所示。这 3 类模型对象下面又分别包含各类子对象，因此对象模型的关系是比较复杂的。而在后处理的二次开发过程中，就是读取 ODB 对象中的数据，进行计算和其他相应的处理，输出满足用户需求的数据形式。

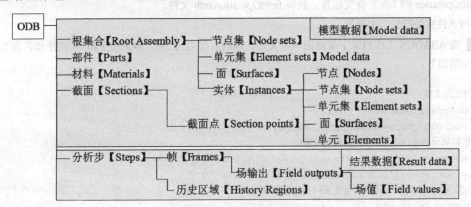

图 5-33 ODB 模型对象

从图 5-32 中可以看到，模型数据是用来对模型进行定义和分析的；结果数据也就是子对象 Steps，是主要考虑的对象类型，它包括分析步、分析步中一系列的增量步、场变量输出和历史变量输出。不同类型的数据在 ABAQUS 中表示为不同的对象模型，利用面向对象的 Python 脚本语言可以对这些对象进行有效操作。

1. 后处理二次开发的一般步骤

在进行 ABAQUS 后处理二次开发之前，用户必须明确二次开发所要实现的功能，并且实现设计功能的流程。后处理的二次开发一般按照以下 4 个步骤进行。

（1）文件的读写和复制：通过 Python 语言提取 ODB 文件中提供的 OdbAccess 模块，实现对计算结果数据库文件的读写。除此之外，有时还需要对 DAT 文件和 FIL 文件进行数据的读取。文件的复制使用了 Python 语言中的 shutil 模块。

（2）数据的读取：用 openOdb 函数打开 ODB 文件，通过模型数据的子对象获取所要操作的模型范围，通过结果数据的子对象获取上述范围的结果数据。

（3）数据的操作：对所读取的数据按用户自定义的公式或理论进行操作。

（4）数据的输出：对数据操作所得到的结果进行写入操作，对于在 ODB 文件中写入的结果需要通过 fieldOutput 函数建立新的场，然后通过 addData 函数将上述结果文件写入新建立的场中。通过 DAT 文件输出的文本结果则需要通过 write 等函数写入文本。

2. 后处理二次开发的实例

本例以悬臂梁模型为例，计算不同分析步之间位移的差值。其中分析步 LC1 为在悬臂梁远端受一向下 100N 的载荷作用，分析步 LC2 为在悬臂梁中点受一向上 50N 的载荷作用，如图 5-34 所示。

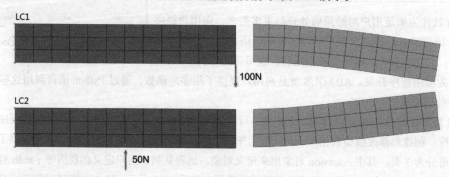

图 5-34　悬臂梁载荷说明

新建悬臂梁模型，对其进行赋予材料、划分网格和施加载荷边界等前处理操作，这里不再赘述。完成前处理操作后，新建名为 fieldOperation 的 Job 并提交运算，获得 fieldOperation.odb 文件。

下面进行文件后处理的二次开发。

步骤 1 在 ABAQUS 工作目录下新建记事本文件，修改后缀名为 .py。本例中 Python 文件命名为 fieldOperation.py，代码及说明如下：

```
#1: 打开ODB文件
from odbAccess import *
odb = openOdb(path='fieldOperation.odb')
#2: 分别提取分析步LC1与LC2的位移场变量U
field1 = odb.steps['LC1'].frames[1].fieldOutputs['U']
field2 = odb.steps['LC2'].frames[1].fieldOutputs['U']
#3: 对LC2与LC1分析步中提取的场变量时行相减操作
deltaDisp = field1 -field2
#4: 保存计算结果——新建分析步、帧、变量场、保存数据
newStep = odb.Step(name='user',
         description='user defined results', domain= TIME, timePeriod=0)
newFrame = newStep.Frame(incrementNumber=0, frameValue=0.0)
newField = newFrame.FieldOutput(name='U',
         description='delta displacements', type=VECTOR)
newField.addData(field=deltaDisp)
#5: 保存至ODB文件
odb.save()
```

步骤 2 运行 Python。打开 ABAQUS/CAE 模块，执行【File】/【Run Script...】命令，选择上一步新建的

fieldOperation.py。

步骤3 执行【File】/【Open...】命令打开 fieldOperation.odb，此时就能看到新生成的分析步"user"了。本例的结果如图 5-35 和图 5-36 所示。

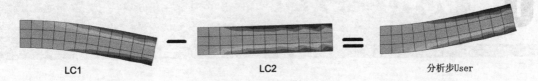

图 5-35　水平方向位移 U1

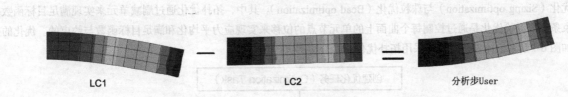

图 5-36　竖直方向位移 U2

用户若需进一步了解有关 ABAQUS 后处理二次开发的功能，可参考《Abaqus Scripting User's Guide》和《Abaqus Scripting Reference Guide》。

第6章 优化

ABAQUS 2018 目前提供 4 种优化方式，分别是拓扑优化（Topology optimization）、形状优化（Shape optimization）、尺寸优化（Sizing optimization）与珠粒优化（Bead optimization）。其中，拓扑优化通过删减单元来实现满足目标函数和约束条件；形状优化是通过控制每个曲面上的单元节点的位移来实现应力平均化和满足目标函数与约束的。优化的过程如图 6-1 所示。本章优化模块采用拓扑优化并结合实例进行介绍。

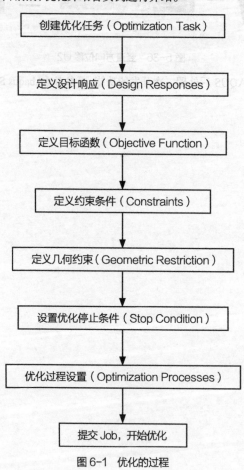

图 6-1 优化的过程

6.1 问题描述

本章利用 ABAQUS 自带的优化模块对类扳手金属零件在图 6-2 所示的载荷及约束状态下进行优化。45 号钢材料的参数见表 6-1。

表 6-1　45号钢材料参数表

E	v_{12}
200000MPa	0.3

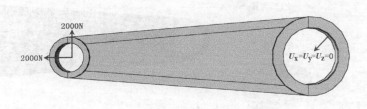

图 6-2　载荷及约束示意图

6.2　创建几何部件

首先，打开【ABAQUS/CAE】启动界面，在出现的【Start Session】对话框中单击【Create Model Database】下的【With Standard/Explicit Model】按钮，启动【ABAQUS/CAE】。

步骤1 进入【Part】模块，单击 【Create Part】按钮，弹出图6-3所示的【Greate Part】对话框。在【Modeling Space】栏选择【3D】在【Type】栏选择【Deformable】，在【Base Feature】栏的【Shape】区选择【Solid】，在【Base Feature】栏的【Type】区选择【Extrusion】，【Approximate size】后的文本框中输入1000（草图界面大小，根据所画草图的大小确定），单击【Continue...】按钮进入草图界面，绘制类扳手零件草图如图6-4所示，单击屏幕下方【Done】按钮完成草图，定义拉伸长度20mm，生成的几何模型如图6-5所示。

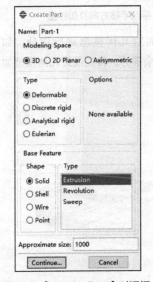

图 6-3　【Create Part】对话框

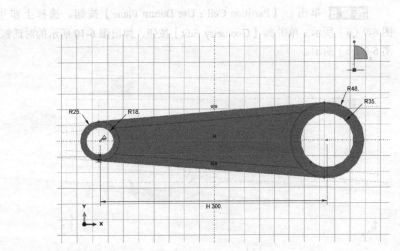

图 6-4　截面草图

步骤2 单击 【Partition Cell：Sketch Planar Partition】按钮，选择模型，单击【Done】按钮，选择模型上表面为草图平面（选中后平面会变成红色），再选择大孔圆弧，则进入草图界面，如图6-6所示，单击【Done】按钮完成。

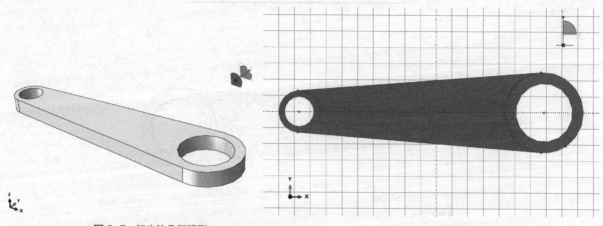

图6-5 初步的几何模型　　　　　　　　　图6-6 切分草图

步骤3 单击 【Partition Cell：Extrude/Sweep Edges】按钮，选择上步生成的切分边（半圆弧），单击【Sweep Along Edge】，选择扫略方向，如图6-7所示，单击【Create Partition】完成。按同样操作对小端进行切分，生成3个Cell。

步骤4 编辑几何模型，单击 【Create Datum Plane：Offset from Plane】按钮，按图6-8定义偏移量，生成3个平面。

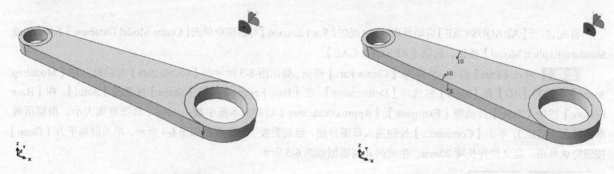

图6-7 切分模型　　　　　　　　　图6-8 平面平移方向及偏移量

步骤5 单击 【Partition Cell：Use Datum Plane】按钮，选择上步生成的平面对几何模型进行切分，如图6-9（a）所示；单击 【Geometry Edit】按钮，弹出图6-10所示的对话框，删除多余部分，得到最终几何模型如图6-9（b）所示。

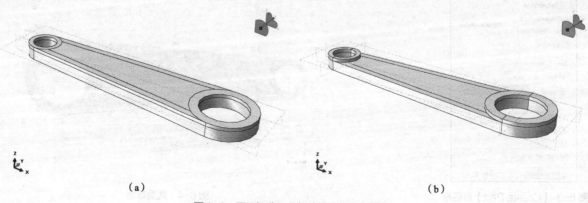

（a）　　　　　　　　　　　　　　　（b）

图6-9 平面切分及几何编辑后的几何模型

图 6-10 几何编辑界面

6.3 网格划分和生成有限元部件模型

步骤1 平板网格划分。进入【Mesh】模块，单击 【Assign Mesh Control】按钮，在弹出的对话框中设置网格划分技术，如图 6-11 所示，选择四面体单元划分网格。单击 【Seed Edges】按钮，全选模型，单击【Done】按钮，弹出【Local Seeds】对话框，如图 6-12 所示，在【Approximate element size】栏内输入 3。选择【Constraints】选项卡，选择【Allow the number of elements to increase only】，即只允许单元数量的增加。单击 【Mesh Part】按钮，选择模型并单击下方的【Yes】按钮，完成网格划分。

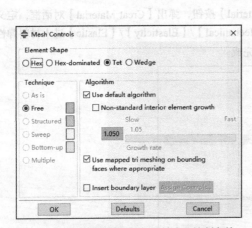

图 6-11 设置模型的网格划分技术及控制参数

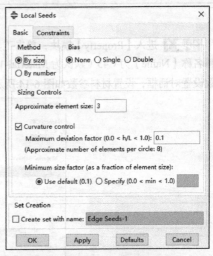

图 6-12 设置网格密度

步骤2 生成有限元部件模型。执行【Mesh】/【Create Mesh Part...】命令，屏幕下方设置有限元模型名称，这里采用默认的 Part-1-mesh-1，按【Enter】键，模型会增加一个名字为 Part-1-mesh-1 的部件。

执行【Mesh】/【Element Type】命令，选择 Part-1-mesh-1 中的全部单元，设置单元类型，如图 6-13 所示，单击【OK】按钮完成。

> **提示**
> 优化计算只能用有限元网格的 Part。通过【Create Mesh Part】功能建立一个独立的只包含有限元网格的新 Part，修改 Part-1 模型草图参数后，Part-1 的网格会被删除，而新建的 Part-1-mesh-1 中的单元不会因为 Part-1 的修改而发生变化。

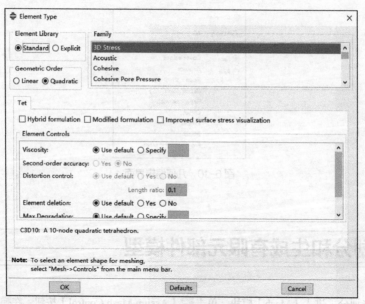

图 6-13　单元类型选择

6.4　定义材料属性

步骤1 进入【Property】模块，单击工具区的【Create Material】按钮，弹出【Creat Material】对话框，定义材料名称【Name】为 C45（默认为 Material-1，可修改），选择【Mechanical】/【Elasticity】/【Elastic】进入材料弹性参数设置对话框，设置材料参数如图 6-14 所示，单击【OK】按钮完成。

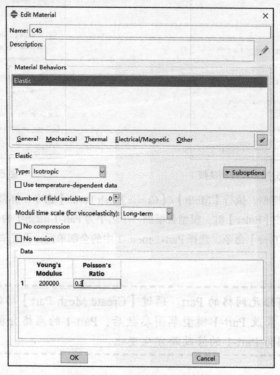

图 6-14　定义金属材料属性

步骤2 单击工具区的【Create Section】按钮，采用默认设置，如图6-15所示。单击【Continue...】按钮，在弹出的【Edit Section】对话框中选择材料，如图6-16所示，单击【OK】按钮完成。

步骤3 单击工具区的【Assign Section】按钮，选择Part-1-mesh-1全部单元，把截面参数赋给单元，如图6-17所示，单击【OK】按钮完成。

图6-15 创建截面特性

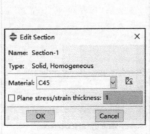
图6-16 选择材料

图6-17 分配截面属性

6.5 装配部件

进入【Assembly】模块，单击【Instance Part】按钮，选择Part-1-mesh-1，单击【OK】按钮完成部件装配，如图6-18所示。

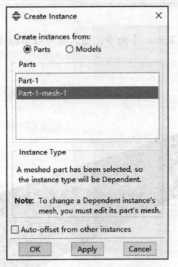
图6-18 选择要装配的部件

6.6 创建分析步

进入【Step】模块，单击【Create step】按钮，在【Procedure type】下拉列表中选择【Linear perturbation】，再

选择【Static，Linear perturbation】，如图 6-19 所示，单击【Continue...】按钮进入分析步设置对话框，采用默认设置，单击【OK】按钮完成。

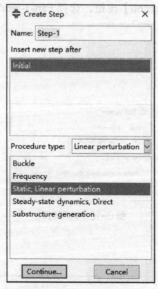

图 6-19　建立分析步

6.7　创建参考点及连接关系

步骤1 执行【Tools】/【Reference Point...】命令，输入参考点坐标（-150，0，0），按【Enter】键，建立参考点 RP-1，如图 6-20 所示。

图 6-20　建立参考点

步骤2 进入【Interaction】模块，执行【Constraint】/【Create...】命令，名称默认为 Constraint-1，选择类型【Coupling】，在提示栏选择【Geometry】，选择参考点 RP-1，单击【Done】按钮，再选择【Node Region】/【Mesh】，运用【by angle】命令，选择小孔内圈所有节点（除去底部平面上的一圈节点），设置如图 6-21 所示。

步骤3 重复上面的操作，连接参考点与小孔内圈底部平面上的一圈节点创建耦合约束，运用【by feature edge】选择，设置如图6-22所示。

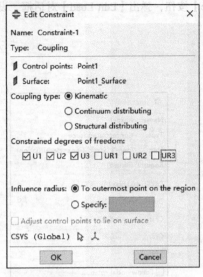

图6-21 Coupling 设置1

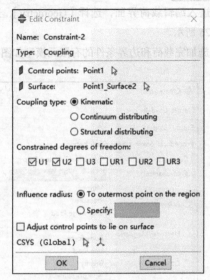

图6-22 Coupling 设置2

6.8 创建载荷和边界条件

步骤1 进入【Load】模块，单击 【Create Boundary Condition】按钮设置边界约束，如图6-23所示。所有边界条件都在【Step-1】中。选择【Displacement/Rotation】，单击【Continue...】按钮进入编辑边界条件界面，再选择【Mesh】，选择底部平面上的所有节点，运用【by angle】选择，单击【Done】按钮，弹出【Edit Boundary Condition】对话框，如图6-24所示，勾选【U3】，单击【OK】按钮完成设置。

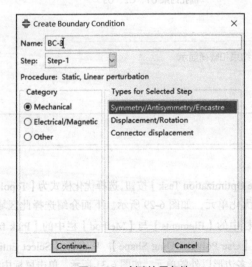

图6-23 创建边界条件

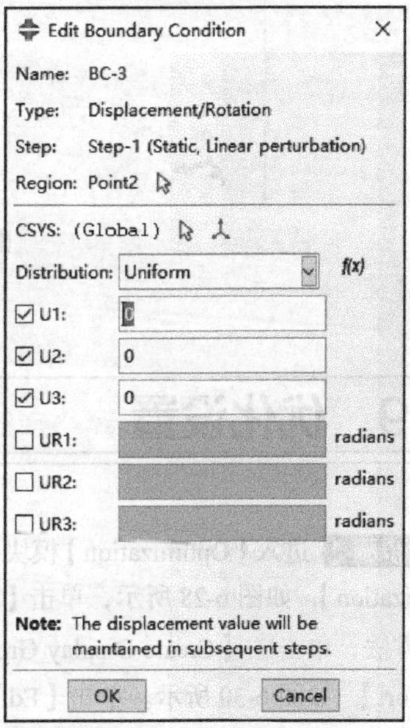

图6-24 编辑边界条件

步骤2 用同样的方法约束参考点 U3 方向的位移与大孔内壁所有节点的 U1、U2 和 U3 方向的位移。

步骤3 单击【Create Load】按钮设置加载方式，如图 6-25 所示，选择【Concentrated force】，单击【Continue...】按钮进入编辑载荷界面，选择【Geometry】，选择参考点，单击【Done】按钮，弹出【Edit Load】对话框，设置如图 6-26 所示。

施加完载荷和边界条件的有限元模型如图 6-27 所示。

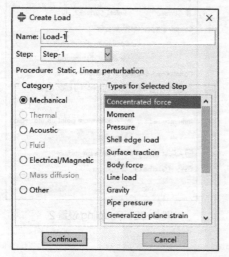
图 6-25　创建载荷

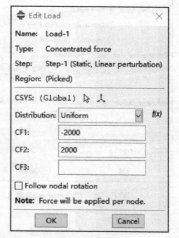
图 6-26　编辑载荷

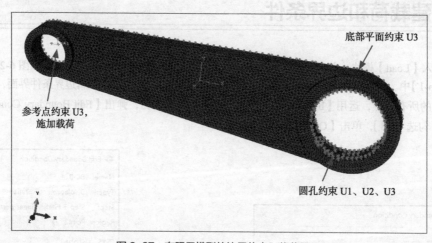
图 6-27　有限元模型的边界约束和载荷显示

6.9　优化设置

步骤1 进入【Optimization】模块，单击工具区的【Create Optimization Task】按钮，选择优化模式为【Topology optimization】，如图 6-28 所示，单击【Continue...】按钮，选择优化单元，如图 6-29 所示。下面介绍选择此区域的选取方法，单击【Create Display Group】，分别选择【Item】栏中的【Elements】与【Method】栏中的【Pick from viewport】，如图 6-30 所示。单击【Edit Selection】按钮运用【Use Polygon Drag Shape】，单击【Select Entities Outside the Drag Shape】按钮，沿着大圆的边缘选择多边形，选择多边形以外的单元，如图 6-31 所示，单击鼠标中键，

在【Create Display Group】界面上选择【Intersect】，再运用以上步骤沿着小圆选择，得到图 6-32 所示的结构。进入参数设置对话框，设置如图 6-33 所示。

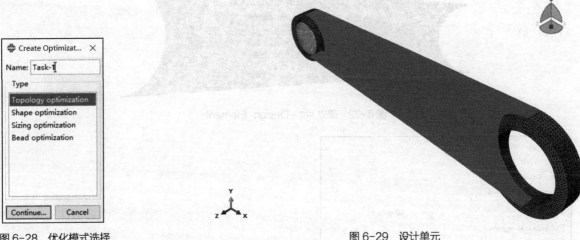

图 6-28 优化模式选择　　　　　　　　　　　　　图 6-29 设计单元

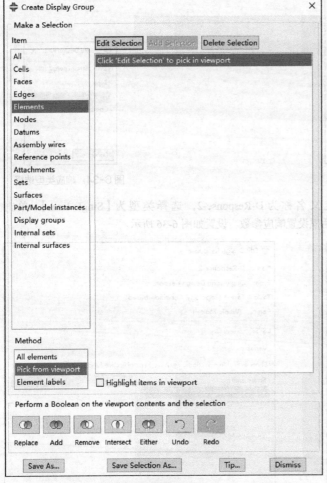

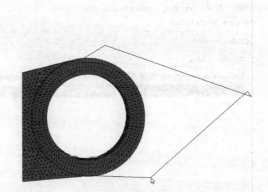

图 6-30 创建显示区域　　　　　　　　　　　　　图 6-31 多边形选择

步骤2 单击工具区的 ![icon] 【Create Design Response】按钮，定义名称为 StrainEnergy，选择类型为【Single-term】，如图 6-34 所示，单击【Continue...】按钮，选择【Whole Model】，进入【Edit Design Response】对话框设置响应参数设置，

设置如图 6-35 所示。

图 6-32 建立 set : Design_Element

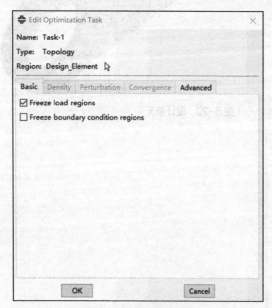

图 6-33 参数设置界面

图 6-34 响应类型选择

步骤3 单击 【Create Design Response】,定义名称为 D-Response-2,选择类型为【Single-term】,单击【Continue...】按钮,进入【Edit Design Response】对话框设置响应参数,设置如图 6-36 所示。

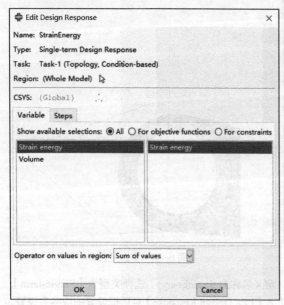

图 6-35 响应参数设置 1

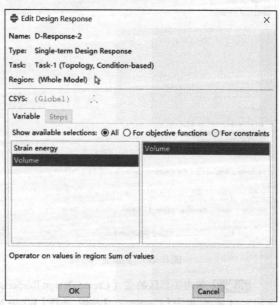

图 6-36 响应参数设置 2

步骤 4 单击工具区的 ❖【Create Objective Function】按钮,弹出【Edit Objective Function】对话框设置如图 6-37 所示。

步骤 5 单击工具区的【Create Constraint】按钮,设置优化约束条件如图 6-38 所示,优化后允许的最小体积为初始体积的 0.57。

步骤 6 单击工具区的【Create Geometric Restriction】按钮,定义几何约束类型,设置如图 6-39 所示,选择冻结区域,如图 6-40 所示,冻结区域的选择方法与上文中优化单元的选择方法类似,这里就不再赘述。

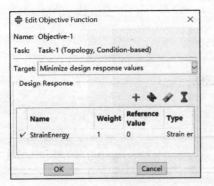

图 6-37 目标函数设置

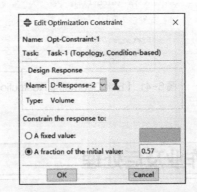

图 6-38 优化约束条件定义

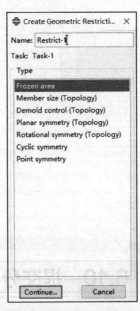

图 6-39 定义几何约束类型

步骤 7 单击【Create Geometric Restriction】按钮,定义几何约束类型选择【Demold control（Topology）】,选择设计单元如图 6-29 所示,进入【Edit Geometric Restriction】对话框,设置如图 6-41 所示。

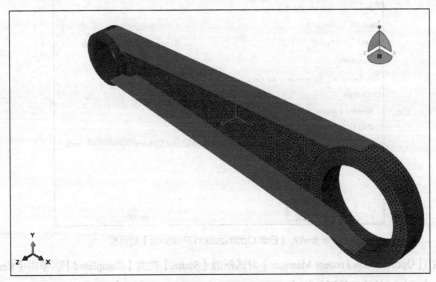

图 6-40 冻结区域

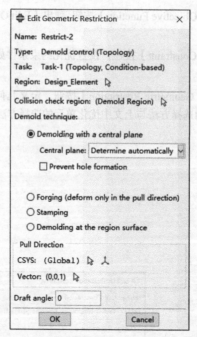

图 6-41 【Edit Geometric Restriction】对话框

6.10 提交分析作业及后处理

进入【Job】模块，执行【Optimization】/【Create...】命令，弹出【Edit Optimization Process】对话框，设置如图 6-42 所示。执行【Optimization】/【Manager】命令，弹出【Optimization Process Manager】对话框，如图 6-43 所示，单击【Submit】按钮提交运算。

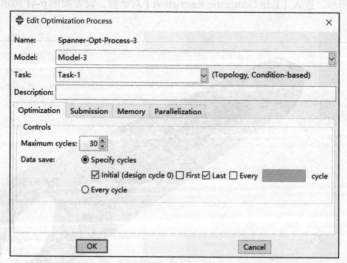

图 6-42 【Edit Optimization Process】对话框

计算结束后（【Optimization Process Manager】对话框的【Status】栏为【Completed】），单击【Results】按钮，进入【Visualization】模块。长按工具区的 【Plot Contours on Deformed Shape】按钮，在展开的选项中选择 【Plot Contours on Undeformed Shape】按钮，视图区显示第 27 步中最后一个增量步的变形前的模型 Mises 应力云图。执行

【Step】/【Step/Frame...】命令，分别选择 Step 1、Step 5、Step 10、Step 15、Step 20、Step 25，视图区分别显示这 6 步的 Mises 应力云图，如图 6-44 所示。

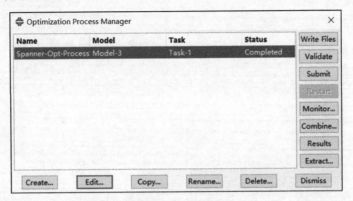

图 6-43　提交计算界面

> **提示**
> 设置的优化步为 30 步，如图 6-42 所示，实际计算到 27 步已经达到允许的最小体积（初始体积的 57%），如图 6-34 所示的 0.57，计算分析结束。

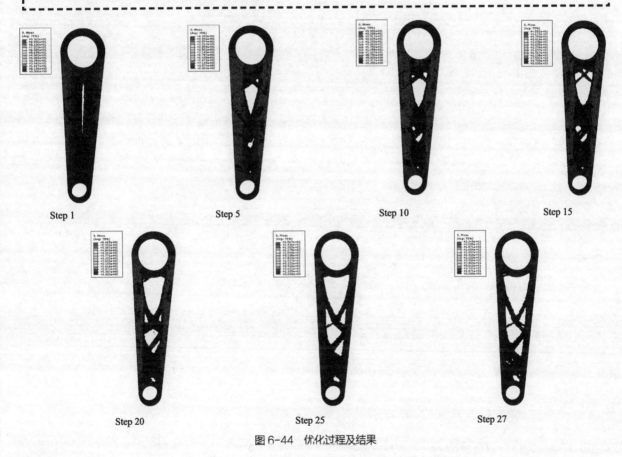

图 6-44　优化过程及结果

> **提示**
> 可在工具栏 中选择区域选择方式，读者根据实际需要自行选用。

第2篇

ABAQUS应用实例

- 第7章 接触分析
- 第8章 材料力学特性分析
- 第9章 动力学分析
- 第10章 材料破坏分析
- 第11章 耦合分析
- 第12章 ABAQUS 与 ANSYS、MATLAB 的联合使用

第7章 接触分析

在日常生活中,经常会遇到大量的接触问题,如多个结构的装配、齿轮的啮合、人体关节内各组织的相互作用等都是典型的接触问题。在外载或装配应力作用下,接触面的状态往往是变化的,这会改变接触体的应力分布,而应力分布的改变反过来又影响接触状态,这是一个非线性的过程。

如果接触作用发生在两个或多个物体之间,称之为接触对;若物体的一部分与另一部分发生接触,称为自接触,在ABAQUS中需要分别进行设置。另外,ABAQUS还提供了Standard和Explicit求解器下的通用接触(General Contact),用户可以不设置模型的接触关系,由程序判断并自动设定,对于接触状态较为复杂的模型特别有效。

一般情况下,应该选择刚度较大的接触面作为主面,刚度较小的接触面作为从面。用户应特别注意接触面的网格划分,通常接触面需要比模型其他部分更密的网格,且从面的网格往往应该比主面更密。本章将以3个实例介绍ABAQUS中的接触分析。

7.1 螺栓过盈装配

装配连接技术在生产和质量控制中起到关键的作用,采用过盈装配(干涉配合)连接可提高连接结构的抗疲劳性能与可靠性。高锁螺栓是一种利用螺栓的过盈量与孔造成的干涉配合和较高的预紧力的组合作用来提高接头疲劳强度的螺栓,在结构上采用高锁紧固件加干涉配合,能提高接头强度,大大提高结构的疲劳寿命并简化结构密封。

7.1.1 问题描述

本例以直径为8mm的高锁螺栓为例,分析设置预紧力和干涉量后,连接结构和螺栓的应力分布情况。本案例中各材料的属性见表7-1。

表7-1 材料的属性表

部件	材料	弹性模量/MPa	泊松比
螺栓/螺母	钢	2.1×10^5	0.3
连接结构	铝合金	7×10^4	0.3

7.1.2 创建几何部件

打开【ABAQUS/CAE】启动界面,在出现的【Start Session】对话框中单击【Create Model Database】下的【With Standard/Explicit Model】按钮,启动【ABAQUS/CAE】。

1. 创建螺栓部件。进入【Part】模块,单击 【Create Part】按钮,弹出图 7-1 所示的对话框,【Base Feature】/【Type】栏选择【Revolution】,单击【Continue...】按钮,进入草图界面。

单击 【Create Lines】按钮,逐点输入点的坐标做出封闭草图,点的坐标如图 7-2(a)所示,点的坐标依次为(0,0)、(0,18.3)、(7.2,18.3)、(7.2,15)、(4,15)、(4,0)和(0,0)。单击提示区中的【Done】按钮,弹出【Edit Revolution】对话框,输入旋转角度为 360,单击【OK】按钮,完成螺栓部件的创建。

2. 创建螺母部件。单击 【Create Part】按钮,弹出图 7-1 所示的对话框,参数设置与螺栓部件的参数相同,单击【Continue...】按钮,进入草图界面。

单击 【Create Lines】按钮,逐点输入点的坐标做出封闭草图,如图 7-2(b)所示,点的坐标依次为(4,0)、(4,9)、(7.8,9)、(7.8,6.8)、(6.2,5.2)、(6.2,0)和(4,0),单击鼠标中键,弹出【Edit Revolution】对话框,输入旋转角度为360,单击【OK】按钮,完成螺母部件的创建。

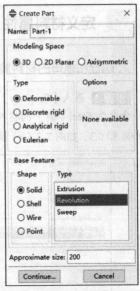

图 7-1 【Create Part】对话框

> 提示
> 创建螺栓或螺母也可采用折线按照螺栓或螺母的形状画好封闭草图,单击 【Add Dimension】按钮,设置草图的尺寸如图 7-2 所示。

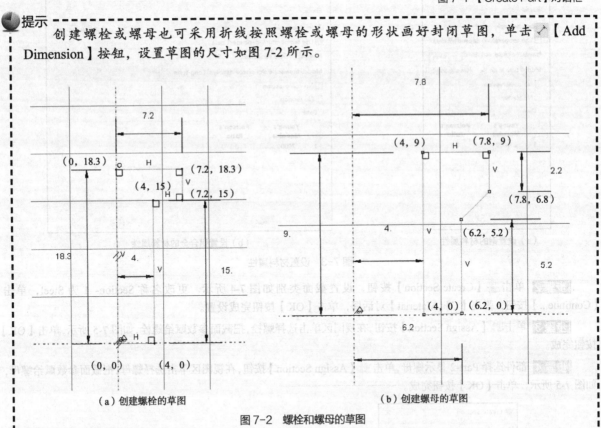

(a)创建螺栓的草图　　(b)创建螺母的草图

图 7-2 螺栓和螺母的草图

3. 创建连接结构。单击工具区的 【Create Part】按钮,弹出图 7-1 所示的对话框,采用默认设置,单击【Continue...】按钮,进入草图界面。

单击 【Create Lines:Rectangle(4 Lines)】按钮,输入两个角点坐标(-50,30)和(50,-30)建立一个矩形。单击 【Create Circle】按钮,输入原点坐标(0,0)和圆上一点坐标(4,0),建立半径为 4 的圆孔做出草图。单击鼠标中键,弹出【Edit Base Extrusion】对话框,输入厚度为 6,单击【OK】按钮,完成连接结构的创建。

7.1.3 定义材料属性

1. 螺栓和螺母的材料属性

|步骤1| 进入【Property】模块,部件选择 Part-1 显示螺栓,单击工具区中的【Create Material】按钮,创建一个名为 Steel(钢)的材料属性,选择【Mechanical】/【Elasticity】/【Elastic】,将弹性模量和泊松比分别设为 210000 和 0.3,如图 7-3(a)所示。

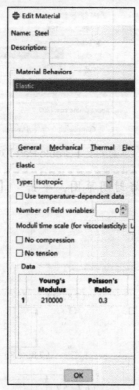
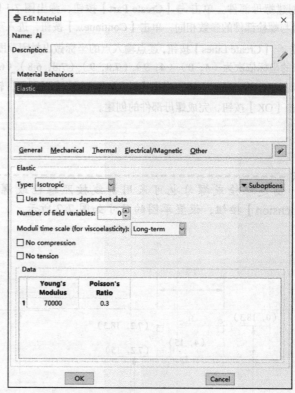

(a)设置钢的材料属性　　　　　　　　　　(b)设置铝合金的材料属性

图 7-3　设置材料属性

|步骤2| 单击【Create Section】按钮,设置截面类别如图 7-4 所示,更改名称 Section-1 为 Steel,单击【Continue...】按钮,弹出【Edit Material】对话框,单击【OK】按钮完成设置。

|步骤3| 单击【Assign Section】按钮,在视图区单击选择螺栓,把截面参数赋给螺栓,如图 7-5 所示,单击【OK】按钮完成。

|步骤4| 部件选择 Part-2 显示螺母,单击【Assign Section】按钮,在视图区单击选择螺母,把截面参数赋给螺母,如图 7-5 所示,单击【OK】按钮完成。

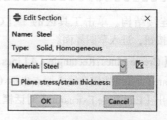

图 7-4　创建截面特性　　　　　　　　　　图 7-5　分配截面属性

2. 连接结构的材料属性

步骤1 部件选择 Part-3 显示连接结构，单击工具区中的【Create Material】按钮，创建一个名为 Al（铝合金）的材料属性，选择【Mechanical】/【Elasticity】/【Elastic】，将弹性模量和泊松比分别设为 70 000 和 0.3，如图 7-3（b）所示。

步骤2 单击工具区的【Create Section】按钮，截面类别的设置如图 7-4 所示，更改名称 Section-2 为 Al，单击【Continue...】按钮，弹出【Edit Material】对话框，选择材料为 Al，单击【OK】按钮完成设置。

步骤3 单击工具区的【Assign Section】按钮，在视图区单击选择连接结构，把名为 Al 的截面特性赋给部件，单击【OK】按钮完成。

7.1.4 装配部件

进入【Assembly】模块，单击工具区的【Instance Part】按钮，选择 Part-1 ~ Part-3，如图 7-6 所示，单击【OK】按钮完成部件装配，装配后的部件如图 7-7（a）所示。

然后对部件进行定位，旋转连接结构绕 X 轴 90°，单击工具区的【Rotate Instance】按钮，在视图区单击选择 Part-3，单击鼠标中键，提示区显示旋转轴起始点坐标（0.0, 0.0, 0.0），按【Enter】键，将旋转轴终点的坐标更改为（1.0, 0.0, 0.0），按【Enter】键，单击【OK】按钮完成。旋转后的部件如图 7-7（b）所示。平移连接结构，单击工具区的【Translate Instance】按钮，在视图区单击选择 Part-3，单击提示区中的【Done】按钮，提示区显示平移起始点坐标（0.0, 0.0, 0.0），按【Enter】键，将平移终点的坐标更改为（0.0, 15.0, 0.0），按【Enter】键，单击【OK】按钮完成设置，定位后的部件如图 7-7（c）所示。

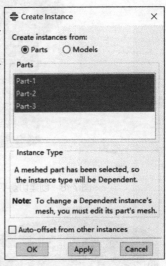

图 7-6 组装部件

（a）装配后的初始位置　　　　　（b）旋转后各部件的位置　　　　　（c）定位后各部件的位置

图 7-7 部件的装配和定位后的位置变化

7.1.5 网格划分

1. 螺栓的网格划分

步骤1 进入【Mesh】模块，选择螺栓 Part-1 进行网格划分，模型显示为橙色，不能进行六面体划分。对部件进行切割，先创建平面，单击【Create datum plane/Offset from plane】按钮，选择螺栓头内侧环形表面，如图 7-8 所示，单击提示区【Enter Value】，然后单击【OK】按钮，在【Offset】栏输入 0.0，按【Enter】键建立第一个平面。用与上述相同的方法在【Offset】处输入 6.0，按【Enter】键建立第二个平面。

步骤2 单击工具区的【Partition Cell : Use Datum Plane】按钮，选择第一个平面，单击提示区【Create Partition】，单击【Done】按钮完成，螺栓被切分成螺栓头和螺杆两个 Cell，此时螺栓已经变成黄色，可采用六面体划分网格。继续单击 【Partition Cell : Use Datum Plane】图标选择螺杆，单击【Done】按钮，选择第二个平面，单击提示区【Create Partition】，单击【Done】按钮完成，此次切割是分开螺杆分别与连接结构和螺母的接触区域。

步骤3 单击 【Seed Part】按钮，将全局种子的尺寸设置为0.5，其他参数采用默认设置，单击【OK】按钮。

步骤4 单击工具区的 【Mesh Part】按钮，选择模型，单击下方的【Yes】按钮，完成螺栓的网格划分，如图7-9所示。

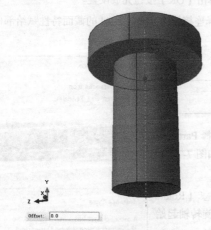

图7-8 创建切割平面

图7-9 螺栓的网格

2. 螺母的网格划分

选择螺母Part-2进行网格划分，单击 【Seed Part】按钮，将全局种子的尺寸设置为0.5，其他参数采用默认设置，单击【OK】按钮。单击工具区的 【Mesh Part】按钮，选择模型，单击下方的【Yes】按钮，完成螺母的网格划分，如图7-10所示。

3. 连接结构的网格划分

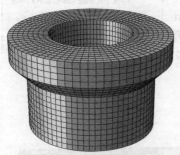

图7-10 螺母的网格

步骤1 选择连接结构Part-3进行网格划分。创建平面，单击工具区的 【Create datum plane/Offset from plane】按钮，选择有孔的平面，单击提示区【Enter Value】，然后单击【Flip】，在【Offset】（偏移量）栏中输入3.0，按【Enter】键建立平面。单击工具区的 【Partition Cell : Use Datum Plane】按钮，选择第一个平面，单击提示区【Create Partition】，单击【Done】按钮完成切割。

步骤2 局部网格细化。单击工具区的 【Partition Cell : Sketch Planar Partition】按钮在视图区把两个Cell同时框选，单击提示区的【Done】按钮，选择开孔的平面和该平面的一边，如图7-11（a）所示，进入草图区。单击 【Create Circle】按钮，输入原点坐标（0，0）和圆上一点坐标（10，0）建立半径为10的圆孔并做出草图，单击提示区中的【Done】按钮。单击 【Partition Cell : Extrude/Sweep Edges】按钮，在视图区把两个Cell同时框选，单击刚创建好的草图圆，单击鼠标中键，单击提示区【Extrude Along Direction】，然后单击【OK】按钮，单击提示区【Create Partition】，单击【Done】按钮完成，如图7-11（b）所示。

步骤3 单击工具区的 【Seed Part】按钮，将全局种子的尺寸设置为3，其他参数采用默认设置，单击【OK】按钮。单击 【Seed Edges】按钮，选择模型的4个短边，单击【Done】按钮，弹出【Local Seeds】对话框，在【Approximate element size】栏内输入1。继续选择中部两个环形Cell，单击【Done】按钮，弹出【Local Seeds】对话框，在【Approximate element size】栏内输入0.5，局部种子点如图7-12（a）所示。单击工具区的 【Mesh Part】按钮，选择模型，单击下方的【Yes】按钮，完成网格划分，如图7-12（b）所示。

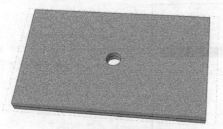
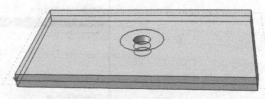

（a）草图绘制平面的选取　　　　　　　　　（b）Create Partition 的选取

图 7-11　连接结构局部加密网格区域的切割

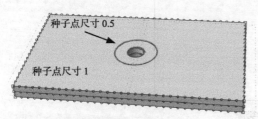
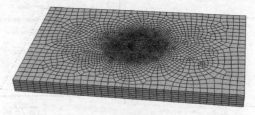

（a）全局和局部种子点显示　　　　　　　　　（b）有限元模型

图 7-12　连接结构的网格

> **提示**
> 本例子为简化计算，认为连接结构之间不发生相对的位移，模型简化为一个 Part，通过切割区分连接结构，材料不同也可以设置为不同材料属性。如果采用两个 Part，连接件可以根据具体的分析，接触面之间采用 Tie 或 Contact。

7.1.6　创建分析步

进入【Step】模块，单击工具区的【Create Step】按钮，选择默认的分析步【Static, General】，单击【Continue...】按钮，进入分析步设置界面【Edit Step】，采用默认设置，单击【OK】按钮，完成第一个分析步 Step-1。用同样的方法建立第二个分析步 Step-2。

7.1.7　定义相互作用

1. 设置螺栓和螺母为绑定

进入【Interaction】模块，单击工具区中的【Create Constraint】按钮，弹出对话框，采用默认选项 Tie，单击【Continue...】按钮，单击提示区【Surface】，选取螺栓杆上面为主面；单击提示区【Surface】，选取螺母内表面为从面，单击【Done】按钮，完成螺栓和螺母的绑定，如图 7-13 所示。

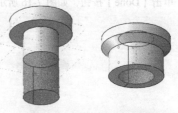

图 7-13　设置螺栓和螺母的绑定

2. 设置连接结构与螺栓和螺母的接触

步骤1　单击工具区中【Create Interaction Property】按钮，在弹出的对话框中设置接触属性，【Type】栏选择【Contact】，单击【Continue...】按钮，弹出【Edit Contact Property】对话框，选择【Mechanical】/【Tangential Behavior】，【Friction formulation】栏选择【Penalty】，定义摩擦系数为 0.15，如图 7-14 所示，单击【OK】按钮。选择【Mechanical】/【Normal Behavior】，单击【OK】按钮完成设置。

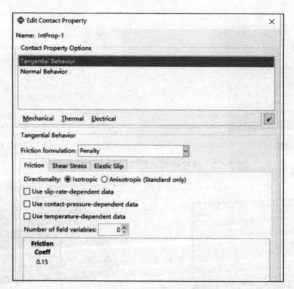

图 7-14 选择部件装配

步骤2 单击工具区的 【Create Interaction】按钮,弹出对话框,采用默认选项【Surface-to-surface contact (Standard)】,单击【Continue...】按钮,选取螺栓头和螺母的圆环面为主面;单击提示区【Surface】,选取连接结构两侧的圆环面为从面,单击【Done】按钮,完成接触设置,如图 7-15 所示。

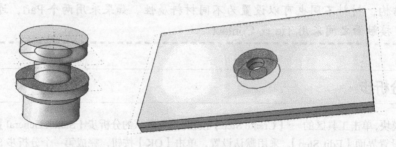

图 7-15 接触面设置

3. 设置螺杆和连接结构之间的干涉量(过盈量)

步骤1 单击工具区的 【Create Interaction】按钮,弹出对话框,采用默认选项【Surface-to-surface contact (Standard)】,单击【Continue...】按钮,选取中部螺杆为主面;再单击提示区【Surface】,选取连接结构孔壁为从面,单击【Done】按钮,如图 7-16 所示。

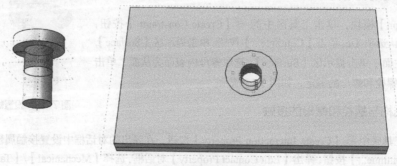

图 7-16 接触面的设置

步骤2 这里分两步设置干涉量,先在 Step-1 设置一个较小的值,在 Step-2 设置最终的干涉量。单击 【Interaction

Manager】按钮，鼠标指向 Int-2 和 Step-1 对应的【Propagated】，单击【Edit】按钮，弹出【Edit Interaction】对话框，单击【Interference Fit】弹出【Interference Fit Options】对话框，选择设置干涉的选项，在干涉量中输入 -0.01，如图 7-17 所示，单击【OK】按钮完成，此时的【Propagated】变为【Modified】。用同样的方法将 Step-2 的干涉量修改为 -0.07。

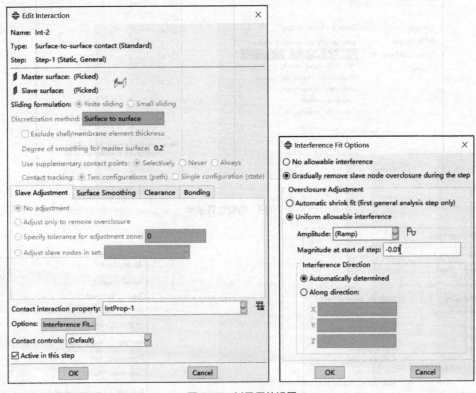

图 7-17 过盈量的设置

> 提示
> 干涉量（过盈量）设置为负。

7.1.8 创建载荷和边界条件

进入【Load】模块，单击工具区的【Create Boundary Condition】按钮设置边界约束，如图 7-18（a）所示，选择【Displacement】/【Rotation】，单击【Continue...】按钮进入编辑边界条件界面，选择平板边界两短边的平面，单击【Done】按钮弹出【Edit Boundary Condition】对话框，如图 7-18（b）所示，勾选 U1、U2 和 U3，单击【OK】按钮，从而约束板的 3 个方向的平动位移，完成边界条件设置。

这里分两步设置螺栓预紧力，先在 Step-1 设置一个较小的值，在 Step-2 设置最终的预紧力值。单击工具区的【Create Load】按钮，设置加载方式如图 7-19 所示，选择【Blot load】设置螺栓预紧力，单击【Continue...】按钮进入编辑载荷界面，选择螺栓头切开后的圆平面，单击【Done】按钮，选择【Brown】，然后选择 Y 轴为载荷轴线，弹出【Edit Load】对话框，如图 7-20 所示，在【Magnitude】栏输入 1000，即施加 1000N 的载荷。施加载荷和边界条件后的有限元模型如图 7-21 所示。

更改 Step-2 的载荷，打开【Load Manager】中 Step-2 选择【Propagated】，单击右侧的【Edit】按钮，弹出【Edit Load】对话框，如图 7-20 所示，将【Magnitude】栏修改为 10000，施加最终的螺栓载荷 10000N。

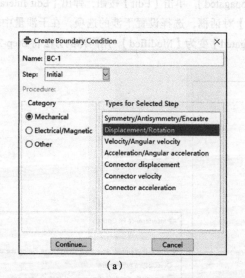
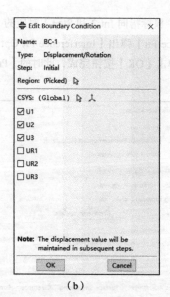

(a)　　　　　　　　　　　　　　　　(b)

图 7-18　编辑边界条件

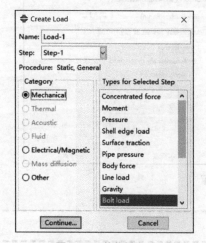
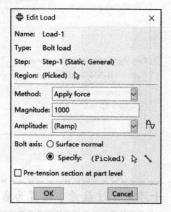

图 7-19　载荷创建　　　　　　　　　图 7-20　编辑载荷

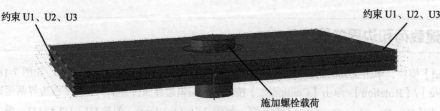

图 7-21　有限元模型的边界约束和载荷显示

> **提示**
> 本例输入载荷值为正时如图 7-21 所示，连接结构的平板受到螺栓的挤压载荷（比如螺栓安装后用预紧力扳手拧紧螺母）；输入载荷值为负，连接结构的两个平板有分离的趋势。

7.1.9　提交分析作业

进入【Job】模块，单击工具区的 【Create Job】按钮，设置分析作业名称为 Blot Analysis，单击【Continue...】

按钮，进入详细设置对话框，采用默认设置，单击【OK】按钮完成。

单击工具区的 【Job Manager】按钮，进入提交计算界面，单击右侧的【Submit】按钮提交运算，可同时单击【Monitor】按钮进行计算监控，如图 7-22 所示。

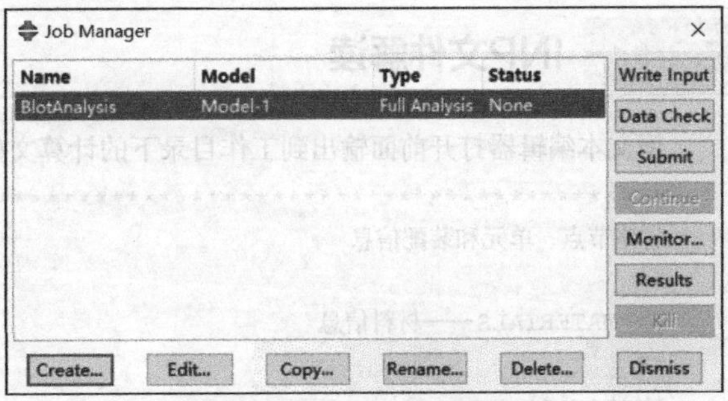

图 7-22 分析作业管理器

7.1.10 结果后处理

计算完成后，单击图 7-22 中的【Results】按钮查看结果。单击 【Plot Contours on Undeformed Shape】按钮，显示 Mises 应力图；单击工具区的 【Active/Deactive View Cut】按钮显示剖面应力，如图 7-23 所示。

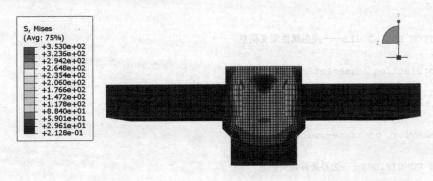

图 7-23 应力分布图

在【Instances】中只选择 PART-1-1（螺栓），用鼠标右键单击【Replace】选项，再单击工具区的 【Common Options】按钮，在弹出对话框中的【Deformation Scale Factor】栏选择【Uniform】，输入 100（将变形放大 100 倍）。单击工具区的 【Plot Contours on Deformed Shape】按钮，变形放大 100 倍后的应力云图如图 7-24 所示。可以看出螺栓头有较大的变形，可以通过设置倒角来减小根部的应力集中。

图 7-24 螺栓应力分布图

7.1.11 INP文件解读

用文本编辑器打开前面输出到工作目录下的计算文件 BlotAnalysis.inp,下面对该文件进行说明。

```
*****************************************************
省略节点、单元和装配信息
**
** MATERIALS——材料信息
**
*Material, name=Al
*Elastic
70000., 0.3
*Material, name=Steel
*Elastic
210000., 0.3
**
** INTERACTION PROPERTIES——接触属性定义信息
**
*Surface Interaction, name=IntProp-1
1.,
*Friction, slip tolerance=0.005
 0.15,
*Surface Behavior, pressure-overclosure=HARD
**
** BOUNDARY CONDITIONS——边界条件定义信息
**
** Name: BC-1 Type: Displacement/Rotation
*Boundary
_PickedSet22, 1, 1
_PickedSet22, 2, 2
_PickedSet22, 3, 3
**
** INTERACTIONS——接触定义信息
**
** Interaction: Int-1
*Contact Pair, interaction=IntProp-1, type=SURFACE TO SURFACE
_PickedSurf19, _PickedSurf18
** Interaction: Int-2
*Contact Pair, interaction=IntProp-1, type=SURFACE TO SURFACE
_PickedSurf21, _PickedSurf20
** ----------------------------------------------------------------
**
** STEP: Step-1——分析步定义信息
**
*Step, name=Step-1, nlgeom=NO
*Static
1., 1., 1e-05, 1.
**
** LOADS——载荷信息
**
** Name: Load-1    Type: Bolt load
*Cload
_Load-1_blrn_, 1, 1000.
```

```
**
** INTERACTIONS——接触定义信息
**
** Interaction: Int-2
*Contact Interference
_PickedSurf21, _PickedSurf20, -0.01,
**
** OUTPUT REQUESTS——输出定义信息
**
*Restart, write, frequency=0
*Print, solve=NO
**
** FIELD OUTPUT: F-Output-1
**
*Output, field, variable=PRESELECT
**
** HISTORY OUTPUT: H-Output-1
**
*Output, history, variable=PRESELECT
*End Step
** ----------------------------------------------------------------
**
** STEP: Step-2——分析步定义信息
**
*Step, name=Step-2, nlgeom=NO
*Static
1., 1., 1e-05, 1.
**
** BOUNDARY CONDITIONS——边界条件定义信息
**
** Name: BC-1 Type: Displacement/Rotation
*Boundary, op=NEW
_PickedSet22, 1, 1
_PickedSet22, 2, 2
_PickedSet22, 3, 3
** Name: Load-1 Type: Bolt load
*Boundary, op=NEW
**
** LOADS——载荷信息
**
** Name: Load-1    Type: Bolt load
*Cload, op=NEW
_Load-1_blrn_, 1, 10000.
**
** INTERACTIONS——接触定义信息
**
** Interaction: Int-2
*Contact Interference
_PickedSurf21, _PickedSurf20, -0.07,
**
** OUTPUT REQUESTS——输出定义信息
**
*Restart, write, frequency=0
```

```
** 
** FIELD OUTPUT: F-Output-1
** 
*Output, field, variable=PRESELECT
** 
** HISTORY OUTPUT: H-Output-1
** 
*Output, history, variable=PRESELECT
*End Step
```

7.2 多齿轮的啮合

7.2.1 问题描述

齿轮传动效率高，传动比准确，功率范围大，在工业产品中有着广泛运用。本案例模拟 3 个齿轮相互啮合并转动的问题。3 个齿轮压力角为 20°，模数为 2，齿宽为 30mm，分度圆半径分别为 30mm、40mm、60mm，齿数分别为 15、20、30，中心距分别为 35mm 和 50mm，如图 7-25 所示。为便于描述，分别将其称为小齿轮、中齿轮和大齿轮。

图 7-25　啮合齿轮

7.2.2 CATIA 创建齿轮模型

因为齿轮结构比较复杂，使用 ABAQUS 软件创建齿轮模型比较麻烦，所以选择使用 CAD 软件 CATIA 来创建齿轮模型。打开 CATIA 后，在【Formula】对话框中输入齿轮参数，然后创建相关公式，根据公式画出齿轮的轮廓线，最后画出齿轮。

画出齿轮后，切除齿轮的中部，并将 3 个齿轮模型组装成装配体模型，将装配体模型保存为 Gear.igs。

7.2.3 HyperMesh 划分网格

本例中使用 HyperMesh 划分模型的网格，接下来讲一下具体方法。

步骤 1 启动 HyperMesh，执行【File】/【Import】/【Geometry】命令，在【File type】中选择【IGES】，选择之前保存的 Gear.igs 文件，然后单击【Import】按钮导入。保存文件为 Gear.hm。

> **提示**
> 将文件导入到 HyperMesh 中，其存储目录中不能有中文，一旦出现中文，文件将不能导入。

步骤2 导入到 HyperMesh 中的模型如图 7-26 所示，看起来并非实体，但这只是显示问题。单击【Shaded Geometry and Surface Edges】按钮，如图 7-27 所示，齿轮的实体结构将显示出来。

图 7-26　导入 HyperMesh 中的齿轮模型

图 7-27　【Shaded Geometry and Surface Edges】按钮

步骤3 划分网格前要对齿轮做一些切割，此时，需要找到齿轮的圆心（齿轮上任意一个圆的圆心）。选择【Geom】选项，在面板中单击【distance】按钮（快捷键为F4），如图 7-28 所示。在【distance】工具中，选择【three nodes】，此时不能直接选择点，需要对点所在的线长按鼠标左键，直到所选线段颜色变白，然后再在变白的线段上选择 3 个点，如图 7-29 所示。再单击【circle center】按钮，生成圆心。

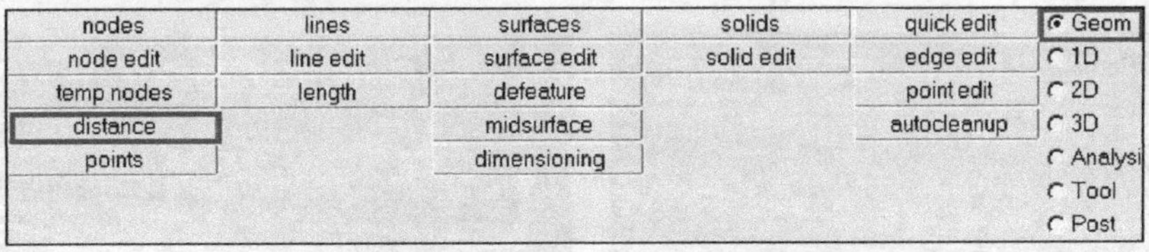

图 7-28　【Geom】面板

图 7-29　选择圆柱上的任意 3 个点

步骤4 3个齿轮的圆心都生成后，就可以切割齿轮了。在【Geom】面板中单击【solid edit】按钮，选择【trim with plane/surf】，选中1个齿轮，齿轮变白，单击【N1】按钮，齿轮变黑，然后选择圆心和其他2个点（如图7-30所示），单击【trim】按钮，将齿轮切开，如图7-31所示。用同样的方法对其余2个齿轮进行切割。

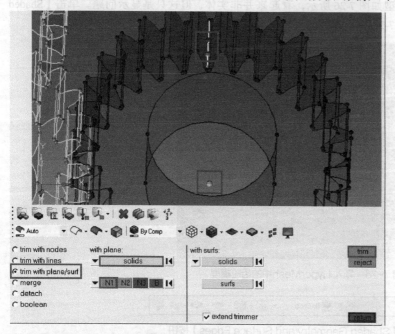

图 7-30 切割齿轮

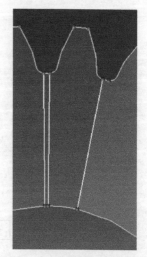

图 7-31 单独切割出的部分齿轮

步骤5 单击【3D】面板中的【solid map】，选择【multi solids】，再选择被切割出的两小块，单击【mesh】按钮，划分出了表面网格，如图7-32（a）所示，单击左侧短边，出现一个数字2，单击这个数字2，数字变成3，短边上的节点也增加一个，网格变得很规则，如图7-32（b）所示，再单击【mesh】按钮，完成网格的绘制。单击【Shaped Elements and Mesh Lines】按钮，如图7-33所示，改变网格的显示方式。

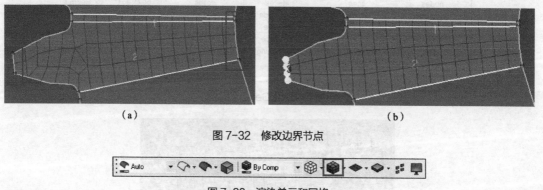

图 7-32 修改边界节点

图 7-33 渲染单元和网格

步骤6 隐藏实体模型，仅保留网格，如图7-34所示。然后将3个组件（Component）的名字改为gear15、gear20、gear30（去掉冒号和前面的数字，如果不去掉冒号，将不能导出INP文件）。划分好的网格如图7-35所示。

步骤7 剩余部分的网格与已经画好的网格一样，并不需要一一重画，只需要将已经画好的部分复制并旋转即可。单击【Tool】面板中的【rotate】按钮，如图7-36所示。

如图7-37所示，单击标注①的下三角，选择【elems】，按住【Shift】键的同时用鼠标框选已划分好的网格，单击标注②的【elems】，选择【duplicate】，选择【original comp】，单击标注③的下三角，选择【z-axis】，单击标注④的【B】，选择圆心，在标注⑤的文本框中输入【12】，即将角度改为12（360°，30个齿，每个齿12°），单击标注⑥的【rotate+】，复制出第2个齿的网格，再操作一次得到3个齿，将3个齿复制并旋转36°得6个齿，将6个齿复制并旋转72°,执行4次,完成整个大齿轮的网格划分。

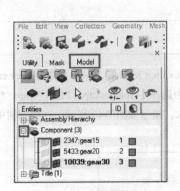

图7-34 隐藏实体

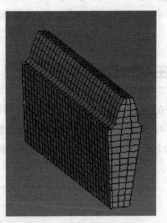

图7-35 划好部分的网格

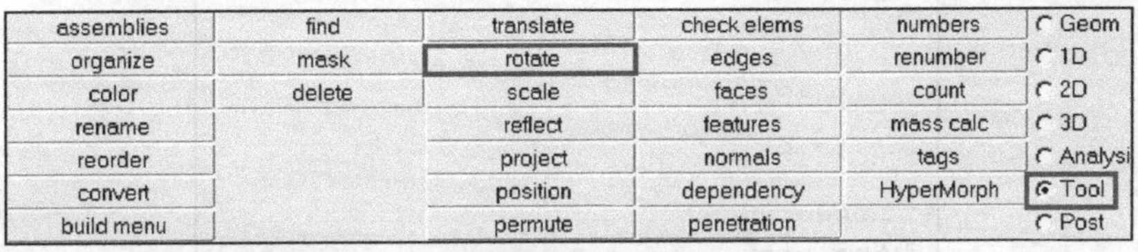

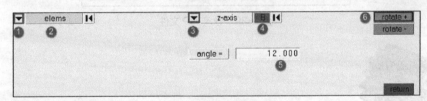

图7-36 旋转

图7-37 旋转并复制网格

步骤8 划分完网格后需要检查网格是否为连续的,通过检查边界实现。单击【Tool】面板中的【edges】按钮(快捷键为【Shift+F3】),选择网格,单击【find edges】,生成的边界如图7-38(a)所示。很明显,网格是有问题的,如果网格是连续的,那么生成的网格仅会在内外存在边界,现在的网格是30个齿的独立网格,而不是一个包含30个齿的网格。单击【delete edges】按钮删除边界,然后重新选中网格,单击【preview equiv】,出现许多棕色的点,单击【save preview equiv】,再单击【equivalence】,网格变成一个整体,此时单击【find edges】,生成的边界如图7-38(b)所示。

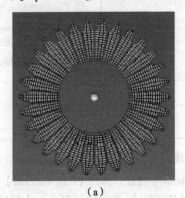

图7-38 网格边界

步骤9 用同样的方式可以划分另外两个齿轮的网格。

步骤10 执行【File】/【Export】/【Solver Deck】命令，在【File type】中选择【Abaqus】，在【File】中填写导出文件的文件名 gear.inp，单击【Export】按钮导出 INP 文件。

7.2.4 在ABAQUS中导入模型

启动 ABAQUS/CAE，创建一个新的模型数据库（With Standard/Explicit Model），保存文件为 Gear.cae。

执行【File】/【Import】/【Model】命令操作，在【File Filter】中选择【Abaqus Input File（*.inp，*.pes）】，选中模型文件 gear.inp，如图 7-39 所示，单击【OK】按钮完成模型的导入，模型如图 7-40 所示。在模型树中删除默认的模型 Model-1，仅保留 gear，如图 7-41 所示。

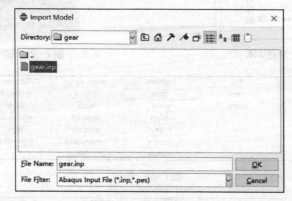

图 7-39 导入 INP 文件

图 7-40 导入 ABAQUS 的齿轮模型

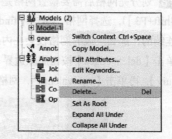

图 7-41 删除 Model-1

7.2.5 设置材料属性

从【Module】列表中选择【Property】，进入特性功能模块。

步骤1 创建材料属性。单击工具区的 【Create Material】按钮，弹出【Edit Material】对话框。在【Name】栏输入 Steel。在【Material Behaviors】栏选择【General】/【Density】，在【Mass Density】栏输入钢的密度 7.8e-9。之所以输入 7.8e-9，是因为在 CATIA 中建模时使用了默认长度单位毫米（mm），为了使单位闭合，质量单位应该使用吨（t），弹性模量单位为兆帕（MPa），密度单位为吨/立方毫米（t/mm^3）。然后选择【Mechanical】/【Elasticity】/

【Elastic】,将【Young's Modulus】(杨氏弹性模量)和【Poisson's Ratio】(泊松比)分别设置为 210000 和 0.3,单击【OK】按钮。

步骤2 创建截面特性。单击工具区的 ![icon] 【Create Section】按钮,保持默认参数不变,单击【Continue...】按钮,由于只有一种材料属性,因此弹出的【Edit Section】对话框中的【Material】已经选择了【Steel】,单击【OK】按钮。

步骤3 分配截面特性。单击工具区的 ![icon]【Assign Section】按钮,用鼠标框选 3 个齿轮,单击【Done】按钮,弹出【Edit Section Assignment】对话框,单击【OK】按钮完成截面特性的分配。分配完成后视图区的模型颜色变化为浅绿色。

7.2.6 创建分析步

导入的模型已经完成了装配,不用再进入【Assembly】模块,从【Module】模块选中【Step】,进入分析步功能模块。

单击工具区的 ![icon] 按钮,弹出【Create Step】对话框,选择【Dynamic, Explicit】,如图 7-42 所示,单击【Continue...】按钮,弹出【Edit Step】对话框,将【Time period】改为 0.001,单击【OK】按钮完成分析步的创建。

单击工具区的 ![icon]【Field Output Manager】按钮,在弹出的【Field Output Requests Manager】对话框中单击【Edit】按钮,弹出【Edit Field Output Request】对话框,将【Interval】由 20 改为 40,使场变量输出 40 次,如图 7-43 所示。

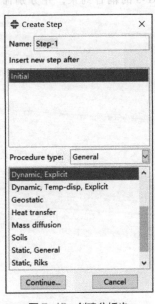

图 7-42 创建分析步

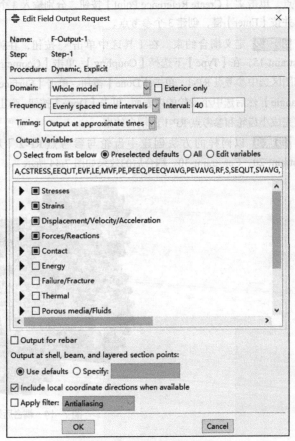

图 7-43 场变量输出频率

7.2.7 定义相互作用

在【Module】中选择【Interaction】,进入相互作用功能模块。

1. 定义接触关系

步骤1 创建接触属性。在工具区中单击 按钮，在弹出的【Create Interaction Property】对话框中单击【Continue...】按钮，在【Mechanical】下拉列表中选择【Normal Behavior】并保持默认参数不变。然后再在【Mechanical】下拉列表中选择【Tangential Behavior】，在【Friction formulation】下拉列表中选择【Penalty】，并将【Friction Coeff】设置为 0.1，其他参数保持不变，单击【OK】按钮完成接触属性的定义。

步骤2 创建通用接触。在工具区中单击 按钮，弹出【Create Interaction】对话框，将【Step】设置为【Initial】，将【Types for Selected Step】选择为【General contact（Explicit）】，单击【Continue...】按钮，弹出【Edit Interaction】对话框，在【Global property assignment】后选择之前创建的接触属性【IntProp-1】，然后单击【OK】按钮。

2. 定义耦合约束（Coupling）

在 ABAQUS 中，实体单元有 6 个自由度，这 6 个自由度中并不包含旋转。想让实体单元绕轴旋转，一种方法是在预定义场（Predefined Field）中定义角速度；另一种方法就是将实体单元与一个点耦合，然后让这个点旋转。本例采用第 2 种方法。

步骤1 创建参考点。齿轮绕轴旋转，所以耦合点应该在圆心。而本例中的齿轮圆心处并无节点，所以要先创建参考点。单击 【Create Reference Point】按钮，分别输入 3 个齿轮的中心坐标（0，35，15）、（0，0，15）、（50，0，15）并按【Enter】键，创建 3 个参考点。

步骤2 定义耦合约束。在工具区中单击 按钮，在弹出的【Create Constraint】对话框中将【Name】改为 Constraint-15，在【Type】下选择【Coupling】，单击【Geometry】，保持对【Create set】的勾选，用以自动创建集合，在视图区选中参考点 RP-1，单击【Done】按钮，单击【Surface】，在【Select Regions for the Surface】下拉列表中选择【by angle】，然后选中小齿轮的内表面，单击【Done】按钮，弹出【Edit Constraint】对话框，保持默认设置，单击【OK】按钮完成小齿轮和参考点 RP-1 的耦合约束。

步骤3 以同样的方法创建中齿轮与参考点 RP-2、大齿轮与参考点 RP-3 的耦合约束，并分别命名为 Constraint-20、Constraint-30。耦合后的效果如图 7-44 所示。

图 7-44 耦合后效果展示

7.2.8 创建载荷和边界条件

在【Module】中选中【Load】，进入载荷功能模块。

步骤1 在工具区中单击 按钮，弹出【Create Boundary Condition】对话框，将【Name】改为 BC-15，将【Step】设置为【Initial】，将【Type for Selected Step】设置为【Displacement/Rotation】，单击【Continue】按钮，单击【Sets...】

按钮，选中集合【m_Set-4】，即小齿轮的参考点 RP-1，单击【Continue...】按钮，勾选 U1、U2、U3、UR1、UR2，参考点 RP-1 将只有绕 Z 轴旋转的自由度，如图 7-45 所示。

|步骤 2| 以同样的方式创建参考点 RP-2 和 RP-3 的边界条件。

|步骤 3| 在工具区单击 ⌐ 按钮，在弹出的【Create Boundary Condition】对话框中将【Name】改为 BC-Angvel-15,【Step】设为【Step-1】，选择【Velocity/Angular velocity】（速度 / 角速度），单击【Continue...】按钮，在【Region Selection】对话框中选中小齿轮的参考点 RP-1 的集合【m_Set-4】，单击【Continue...】按钮，勾选 VR3 并赋值为 628，单击【OK】按钮完成对小齿轮角速度的定义。创建好的模型如图 7-46 所示。

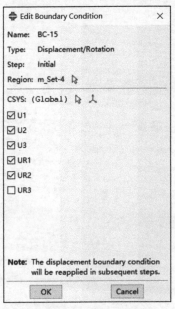

图 7-45　参考点 RP-1 的边界条件

图 7-46　创建好的模型

7.2.9 提交分析作业

在 Module 中选中【Job】，进入作业功能模块。

|步骤 1| 在工具区中单击 ▇【Create Job】按钮，将 Job 名字改为 Job-15，单击【Continue...】按钮，采用默认设置，直接单击【OK】按钮。

|步骤 2| 在工具区中单击 ▤【Job Manager】按钮，在作业管理器中单击【Submit】按钮提交作业。

7.2.10 模型的INP文件

```
**节点、单元、装配体等信息已被省略
**定义材料属性
** MATERIALS
**
*Material, name=Steel
*Density
 7.8e-09,
*Elastic
210000., 0.3
```

```
**
**定义接触属性
** INTERACTION PROPERTIES
**
**
*Surface Interaction, name=IntProp-1
*Friction
 0.1,
*Surface Behavior, pressure-overclosure=HARD
**
** BOUNDARY CONDITIONS
**
**在初始步中约束小齿轮在U1、U2、U3、UR1、UR2上的自由度
** Name: BC-15 Type: Displacement/Rotation
*Boundary
m_Set-4, 1, 1
m_Set-4, 2, 2
m_Set-4, 3, 3
m_Set-4, 4, 4
m_Set-4, 5, 5
**在初始步中约束中齿轮在U1、U2、U3、UR1、UR2上的自由度
** Name: BC-20 Type: Displacement/Rotation
*Boundary
m_Set-5, 1, 1
m_Set-5, 2, 2
m_Set-5, 3, 3
m_Set-5, 4, 4
m_Set-5, 5, 5
**在初始步中约束大齿轮在U1、U2、U3、UR1、UR2上的自由度
** Name: BC-30 Type: Displacement/Rotation
*Boundary
m_Set-6, 1, 1
m_Set-6, 2, 2
m_Set-6, 3, 3
m_Set-6, 4, 4
m_Set-6, 5, 5
**定义接触
** INTERACTIONS
**
** Interaction: Int-1
*Contact, op=NEW
*Contact Inclusions, ALL EXTERIOR
*Contact Property Assignment
, , IntProp-1
** ----------------------------------------------------------------
**
** STEP: Step-1
**
**显示动态分析步,打开几何非线性
*Step, name=Step-1, nlgeom=YES
*Dynamic, Explicit
, 0.001
*Bulk Viscosity
```

```
0.06, 1.2
**
** BOUNDARY CONDITIONS
**
**小齿轮绕z轴的速度为628
** Name: BC-Ang-vel-15   Type: Velocity/Angular velocity
*Boundary, type=VELOCITY
m_Set-4, 6, 6, 628.
**
** OUTPUT REQUESTS
**
*Restart, write, number interval=1, time marks=NO
**
** FIELD OUTPUT: F-Output-1
**
*Output, field, variable=PRESELECT, number interval=40
**
** HISTORY OUTPUT: H-Output-1
**
*Output, history, variable=PRESELECT
*End Step
```

7.2.11 设置加速齿轮

以小齿轮为主动齿轮时，整个齿轮组为减速齿轮，而以大齿轮为主动齿轮时，整个齿轮组为加速齿轮。

完成减速齿轮的模拟后，只需要在【Load】模块中修改一下边界条件即可模拟加速齿轮。

步骤1 进入【Load】模块后，单击 【Create Boundary Condition】按钮，弹出【Create Boundary Condition】对话框，单击第4个边界条件BC-Ang-vel-15前面的√，使之变成✗，此时边界条件BC-Ang-vel-15不再起作用。

步骤2 重新创建边界条件BC-Ang-vel-30，如图7-47所示，此边界条件与BC-Ang-vel-15的不同之处仅在于作用区域由m_set-4变成了m_set-6（小齿轮的参考点RP-1变成了大齿轮的参考点RP-3）。

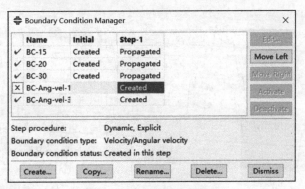

图7-47 关闭和新建边界条件

7.2.12 结果后处理

计算完成后，单击【Job Manager】对话框中的【Results】按钮进入【Visualization】（可视化）模块。

步骤1 单击 【Plot Contours on Deformed Shape】按钮可以显示变形后的云图，如图7-48所示。

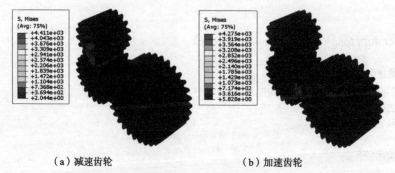

（a）减速齿轮　　　　　　　　　（b）加速齿轮

图 7-48　减速齿轮和加速齿轮的 Mises 应力云图

步骤2 在工具栏 Primary　U　Magnitude 选择【U】，可以查看模型位移云图，如图 7-49 所示。

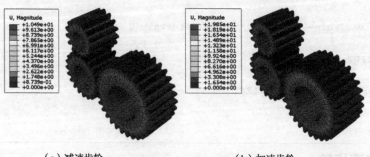

（a）减速齿轮　　　　　　　　　（b）加速齿轮

图 7-49　减速齿轮和加速齿轮的位移云图

步骤3 在菜单栏选择【Result】/【History Output】，弹出【History Output】对话框，可以查看历史变量输出，如图 7-50 所示。其中，ALLWK 为外力功，ALLFD 为摩擦耗散能，ALLIE 为内能，ALLKE 为动能，ALLVD 为黏性耗散能。

步骤4 单击【Animate：Time History】可以显示变形动画。执行【Animate】/【Save as】命令，弹出【Save Image Animation】对话框，可以将动画导出。

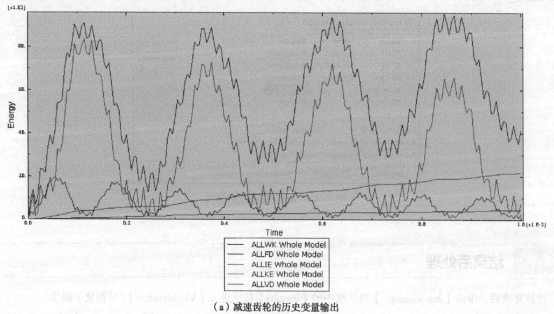

（a）减速齿轮的历史变量输出

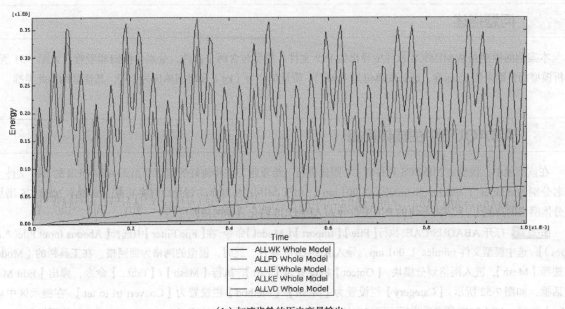

（b）加速齿轮的历史变量输出

图 7-50　历史变量输出

7.3　髋关节的接触分析

7.3.1　案例背景

随着计算机数值建模的发展，人体仿真技术已逐渐深入到医学领域。近几年，生物医学工程学科得到了快速发展，基于医学影像进行快速建模的软件（如 MIMICS）和有限元分析软件（如 ABAQUS）的联合使用已广泛应用于生物力学领域。本章将采用生物医学工程方面的一个实例来进行接触分析的实例讲解。

本例中引入人体髋关节模型，如图 7-51 所示，来引导读者快速了解 ABAQUS 软件的接触分析模块，并可初步了解生物力学仿真。

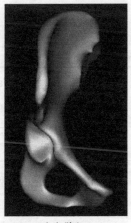 

（a）髋白　　　　　　　　　（b）股骨

图 7-51　MIMICS 中的模型

7.3.2 问题描述

本案例的模型是从 MIMICS 软件中导出的 INP 文件。模型包含两个部件，分别为髋臼和股骨，如图 7-51 所示。分析模型的量纲采用 SI 标准，即长度单位为（mm）、质量单位为（kg）和时间单位为（s），其他量纲由此类推。

7.3.3 ABAQUS中生成体网格

在该案例中，模型由 MIMICS 软件对 CT 图像进行三维重建，并将建好的模型导出为 ABAQUS 的 INP 文件（文件名分别为 mimics_1_001.inp 和 mimics_2_001.inp）。由于 MIMICS 有自动划分面网格功能（高版本 MIMICS 增加了划分体网格的功能），只需将导出的 INP 文件导入 ABAQUS 转化为体网格即可。

步骤1 打开 ABAQUS/CAE，执行【File】/【Import】/【Model】命令，在【File Filter】中选择【Abaqus Input File(*.inp, *.pes)】，选中模型文件 mimics_1_001.inp，导入 ABAQUS 软件，此时，模型的网格为面网格。在工具栏的【Module】栏选择【Mesh】，进入网格划分模块，【Object】栏设置为【Part】。执行【Mesh】/【Edit...】命令，弹出【Edit Mesh】对话框，如图 7-52 所示。【Category】栏设置为【Mesh】，【Method】栏设置为【Convert tri to tet】。在提示区中单击【Yes】按钮，ABAQUS 便自动进行面网格向体网格的转化。用同样的方法完成 mimics_2_001.inp 的体网格划分。

步骤2 在【Module】栏选择【Job】，进入分析作业功能模块。单击工具区中的 【Job Manager】按钮，在弹出的【Job Manager】对话框中单击【Create...】按钮，如图 7-53 所示。在弹出的对话框中选择 mimics_1_001 模型，采用默认设置，单击【Continue...】按钮，在弹出的对话框中直接单击【OK】按钮。单击【Job Manager】对话框中的【Write Input】按钮，将模型输出为 Job-1.inp 文件。同样对 mimics_2_001 模型进行写出操作，生成 Job-2.inp 文件。

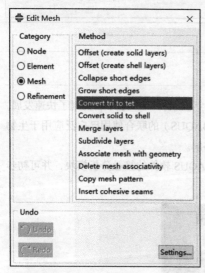

图 7-52 编辑网格

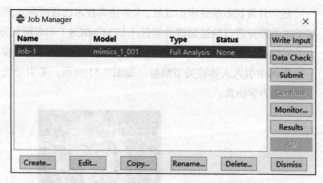

图 7-53 【Job Manager】对话框

7.3.4 MIMICS中赋予单元的材料参数

在生物医学工程领域，人体骨骼材料属性并不是均一的材料，MIMICS 软件中模型的 CT 灰度值与单元材料属性具有一定的关系。根据相关文献，本例采用如下的关系。

① 密度与 CT 灰度的关系：

$$P = 1.6*HU + 47 (g/mm^3)$$

② 弹性模量和密度的关系：

$$E = 0.09882*P1.56（MPa）$$

③ 泊松比：

$$V = 0.3$$

将上步导出的 Job-1.inp 和 Job-2.inp 文件导入 MIMICS 软件赋予材质，MIMICS 软件属于生物医学工程专业软件，这里不介绍其使用方法。

将这两个模型导出为 Job-4-24a001.inp 和 Job-4-24b001.inp，再导入 ABAQUS 中。此时，模型已经赋好材料属性和划分好网格，在模型求解过程中无需再进行这些步骤。接下来模型的求解均在 ABAQUS 中进行。

7.3.5 模型的整合

|步骤 1| 将 Job-4-24a001.inp 和 Job-4-24b001.inp 导入 ABAQUS 后，生成两个独立的 model，如图 7-54 所示。随后要将两个不同 model 中的 Parts 和 Instances 导入到同一个模型中进行计算。

|步骤 2| 在模型树中，展开 Job-4-24b001，用鼠标右键单击【Part】，在弹出的菜单中选择【Rename】命令，将文件名改为 Part-1；再选择【Instance】，并用鼠标右键单击，在弹出的菜单中选择【Rename】命令，将文件名改为 Part-1-2。

|步骤 3| 执行【Model】/【Copy Objects】命令，弹出图 7-55 所示的【Objects to Copy】对话框。在【From model】下拉列表中分别选择 Job-4-24a001 和 Job-4-24b001，在【To model】下拉列表中选择【Model-1】，单击【OK】按钮。导入同一个模型后，在【Module】栏选择【Assembly】，两个模型将会组装到一起，如图 7-56 所示，因此无需再进行模型装配。

> **注意**
> 在执行 Step 3 之前，必须将两个 model 文件里的 Parts 和 Instances 改为不同的名称，否则，相同名称的部件会被覆盖掉。

> **提示**
> 由于导入的模型已经是实体单元，故此时得到的 Model-1 模型不需要再进行网格划分，只需要进行接触和分析步的设置，以及边界条件和载荷的施加，即可完成前处理过程。

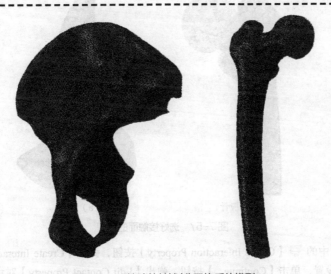

图 7-54 赋好材料并划分网格后的模型

图 7-55 【Copy Objects】对话框　　　　图 7-56 复制到同一个 model 下的模型

7.3.6 定义接触

步骤1 进入【Interaction】模块。执行【Tools】/【Surface】/【Create...】命令，进行接触面的选择，默认面集合的命名为 Surface-n，在弹出的对话框中将其改为 Surf-KX，单击【Continue...】按钮，提示栏中将会弹出 Select the regions for the surface Individually Done，其中【Individually】表示每次只能选择一个三角形面，为了提高速率，建议在下拉列表中选择【by angle】，即 Select the regions for the surface by angle 20.0 Done，之后选择合适的面与面之间的角度，ABAQUS 可以同时选择小于该角度的所有面。这样选择出两个要做接触的区域。

由于选择面时，面会被另一个模型遮住，因此需要将另一个模型进行抑制（Suppress）。在模型树中，选择【Model 1】/【Assembly】/【Instances】，选择 PART-1-1，并右键单击，在弹出的菜单中选择【Suppress】命令，这样实体 PART-1-1 将不会显示。如果选择【Resume】命令，则该模型在视图区中显示。选好面后的模型如图 7-57（a）所示。

采用同样的方法创建另一个模型的面集合 Surf-KX1，如图 7-57（b）所示。

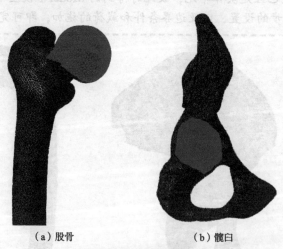

（a）股骨　　　　（b）髋臼

图 7-57 选好接触面的模型

步骤2 单击工具区中的 【Create Interaction Property】按钮，弹出【Create Interaction Property】对话框，如图 7-58 所示。采用默认设置，单击【Continue...】按钮，弹出【Edit Contact Property】对话框。选择【Mechanical】/

【Tangential Behavior】,在【Friction Formulation】栏选择【Penalty】,其值设为 0.001。选择【Mechanical】/【Normal Behavior】,定义法向接触属性为【"Hard" Contact】(硬接触),如图 7-59 所示。单击【OK】按钮,即可设置好接触属性。

步骤 3 单击工具区中的 【Create Interaction】按钮,弹出【Create Interaction】对话框,如图 7-60 所示。选择【Surface-to-Surface contact (Standard)】,单击【Continue...】按钮,单击命令提示栏右面的【Surface...】,弹出【Region Selection】对话框,如图 7-61 所示,选择 Surf-KX 为主面,单击【Continue...】按钮,再选择 Surf-KX1 为从面,单击【Continue...】按钮,弹出【Edit Interaction】对话框,如图 7-62 所示。在【Contact interaction property】下拉列表内选择【Int-Prop-1】,单击【OK】按钮。至此,已经完成了接触的设置。

图 7-58 【Create Interaction Property】对话框

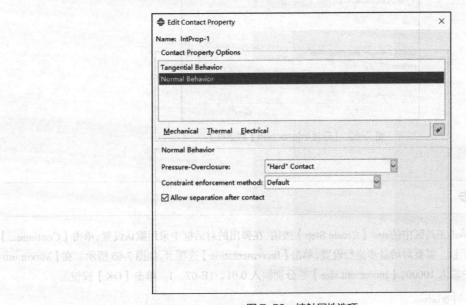

图 7-59 接触属性选项

图 7-60 【Create Interaction】对话框

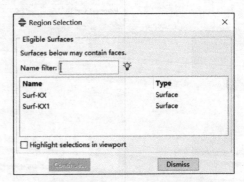

图 7-61 【Region Selection】对话框

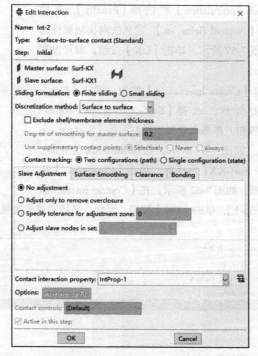

图 7-62 【Edit Interaction】对话框

7.3.7 设置分析步

进入【Step】模块。单击工具区中的 【Create Step】按钮，在弹出的对话框中采用默认设置，单击【Continue...】按钮，弹出【Edit Step】对话框。需要对增量步进行设置，单击【Incrementation】选项卡，如图 7-63 所示。在【Maximum number of increments】栏中输入 10000，【Increment size】栏分别输入 0.01、1E-07、1，单击【OK】按钮。

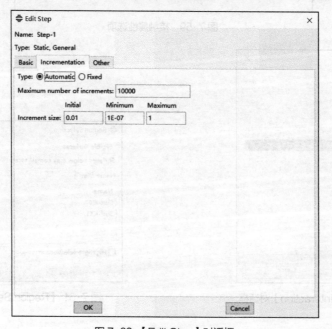

图 7-63 【Edit Step】对话框

> **提示**
> 如果模型有多个分析步，可以根据需要改变分析步的名称，这样创建荷载和边界条件时不至于混乱。

7.3.8 定义载荷和边界条件

进入【Load】模块，下面先对模型施加载荷。采用双脚站立的载荷工况，根据其髋关节的受力情况，考虑上体总重量为784N，则载荷大小应为392N。同时，对髋关节上侧和股骨下侧进行固定约束，而髋臼右侧具有一个水平方向的自由度，需要对其余5个自由度进行约束。

步骤1 单击工具区中的 【Create Load】按钮，在弹出的对话框中采用默认设置。单击【Continue...】按钮，按住键盘的【Shift】键单击所要加载的节点，力的加载区域如图7-64所示，总共10个节点。选取完成后，单击提示区的【Done】按钮，将会弹出图7-65所示的对话框，编辑力的大小，CF1=39.2，CF2=CF3=0。

 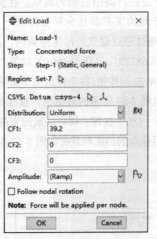

图7-64 力加载区域　　　　　　图7-65 【Edit Load】对话框

由于此力的坐标方向未与全局坐标系的坐标轴平行，因此需要创建局部坐标系。局部坐标系的X轴方向在全局坐标系的X-Z平面内且与Z轴成15°夹角，如图7-66所示。采用三点方式建立局部坐标，第一点为局部坐标的原点，第二点为X轴上的一点，第三点为Y轴上的一点，坐标默认为右手系（当然也可以在提示区输入三点坐标）。在工具栏中单击 【Query Information】按钮，选择【Point/Node】，在模型上随便选择一点，单击提示区的【Done】按钮，【Message Area】区域显示 Coordinates of node 6512：110.1763，139.559296，-368.084106，即为所选点的坐标。根据数学理论，局部坐标要满足上述要求，选取的其余两点坐标分别为（84.2944，139.559296，464.6766689），（110.1763，400，-368.084106）。单击图7-65的 按钮，弹出图7-67所示的对话框，采用默认设置，单击【Continue...】按钮，根据提示依次输入上述三点的坐标，完成后，又会弹出图7-67所示的对话框，直接单击【Cancel】按钮。回到图7-65所示的载荷设置对话框，【CSYS】栏选择刚才建立的局部坐标，单击图7-65所示的【OK】按钮，即可完成局部坐标系下力的加载。

步骤2 单击工具区中的 【Create Boundary Condition】按钮，弹出【Create Boundary Condition】对话框，如图7-68所示。先对股骨下端进行固定，【Name】栏采取默认的BC-1，【Step】设置为【Initial】，【Type for Selected Step】设置为【Displacement/Rotation】（如选择第一种边界条件类型，进入后选择最后一个约束6个自由度即可），单击【Continue...】按钮，则需要对约束区域进行选取。按住键盘【Shift】键，单击鼠标选取需要约束的节点，如图7-69所示，单击提示栏的【Done】按钮，将会弹出图7-70所示的对话框，勾选U1、U2、U3、UR1、UR2、UR3，即对股骨下端的6个自由度进行约束。最后单击【OK】按钮即完成此约束的设置。用同样的方法约束髋臼上侧部位，如图7-69所示。

图 7-66 力的加载方向

图 7-67 创建局部坐标系

步骤 3 下面进行髋臼右侧的约束。在弹出图 7-70 所示的对话框时，勾选 U1、U2、UR1、UR2、UR3，不约束 Z 方向。由于此约束并非在全局坐标系下，需要建立局部坐标系，这里局部坐标系的 Z 轴是全局坐标的 X 轴，X、Y 轴任意，通过三点建立局部坐标系时，按照 Step 1 中查找点的方式，得到髋臼右侧施加约束区域某点坐标为（173.359894,118.683701,-418.254608），故第二点坐标为（173.359894,118.683701,0），第三点坐标为（173.359894,0,-418.254608）。单击 按钮，将会弹出图 7-67 所示的对话框，单击【Continue...】按钮，根据提示依次输入上述三点坐标，完成后又会弹出图 7-67 所示的对话框，直接单击【Cancel】按钮。最后在编辑边界条件的对话框中选择刚才建立的局部坐标，单击【OK】按钮，即可完成约束的建立。

该步骤最后建立的约束和载荷如图 7-69 所示。

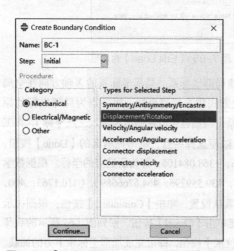

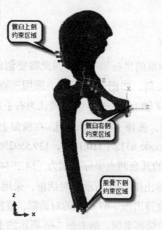

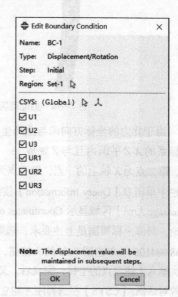

图 7-68 【Create Boundary Condition】对话框   图 7-69 约束加载区域   图 7-70 【Edit Boundary Condition】对话框

7.3.9 提交分析作业

进入【Job】模块。单击工具区中的 按钮，选择【Model-1】，将【Name】栏改为 Job-kj2，单击【Continue...】按钮，弹出【Edit Job】对话框，选择【Parallelization】选项卡，如图 7-71 所示，勾选【Use multiple processors】，设置为 8（采

用 8 个核运算）。单击【OK】按钮。打开作业管理器，选择【Job-kj2】行，单击【Submit】按钮。此时，可以单击【Monitor】按钮对分析过程进行监控，如图 7-72 所示。

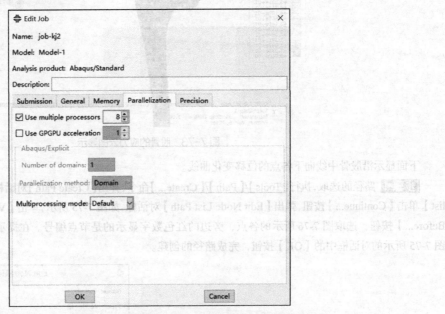

图 7-71 【Parallelization】选项卡

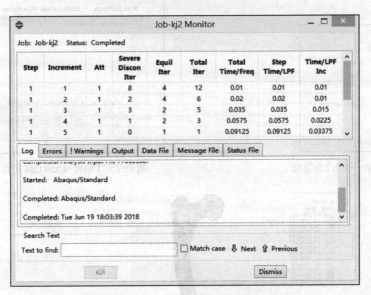

图 7-72 Monitor 模型监控器

7.3.10 结果后处理

计算完成后，【Status】栏将会变为【Completed】。单击作业管理器中的【Results】按钮或在工具栏的【Module】栏选择【Visualization】，即可进入后处理模块。

单击工具区的【Plot Contours on Both Shape】按钮，显示模型变形前后的 Mises 应力云图，如图 7-73 所示。再单击工具区的【Common Options】按钮，弹出的对话框中【Deformation Scale Factor】栏显示股骨的变形被放大 35.3803 倍。也可以执行【Display Group】功能分别查看髋关节和股骨的应力云图。

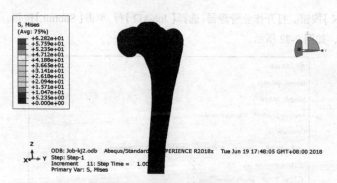

图7-73 股骨的应力云图显示

下面显示沿股骨中线向下各点的位移变化曲线。

步骤1 路径的选取，执行【Tools】/【Path】/【Create...】命令，弹出【Create Path】对话框，如图7-74所示，选取【Node list】，单击【Continue...】按钮，弹出【Edit Node List Path】对话框，如图7-75所示，单击【Viewport selections】后的【Add Before...】按钮，选取图7-76所示的各点，旁边的红色数字显示的是节点编号。在提示区单击【Done】按钮，单击图7-75所示的对话框中的【OK】按钮，完成路径的创建。

图7-74 【Create Path】对话框

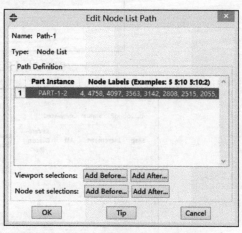

图7-75 【Edit Node List Path】对话框

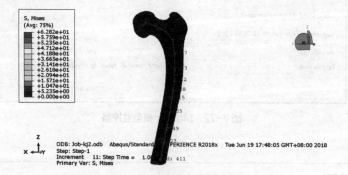

图7-76 节点路径的选取

步骤2 单击工具区中的【Create XY Data】按钮，弹出【Create XY Data】对话框，选择【Path】，单击【Continue...】按钮，弹出图7-77所示的【XY Data from Path】对话框，单击【Field Output...】按钮，弹出图7-78所示的【Field Output】对话框，输出变量选取位移【U】，单击【OK】按钮。返回到【XY Data from Path】对话框，单击【Save As...】按钮，在弹出的对话框中直接单击【OK】按钮，最后单击【Plot】按钮，得到图7-79所示的位移沿路径变化的曲线图，可以看出越靠近股骨下端位移值越小。

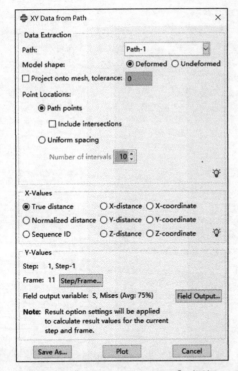

图 7-77 【XY Data from Path】对话框

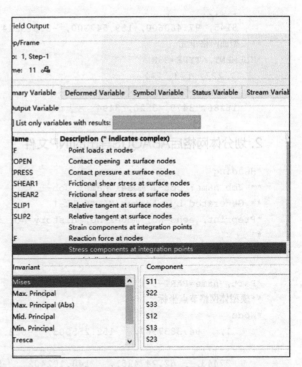

图 7-78 【Field Output】对话框

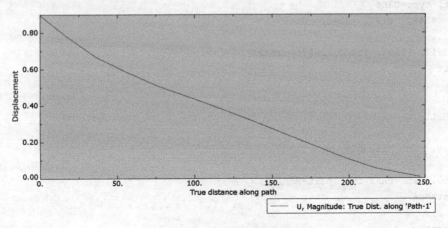

图 7-79 位移沿路径变化的曲线图

7.3.11 INP文件说明

由于模型分为两个实体，因此在第二次导入ABAQUS前具有两组INP文件，选择股骨的INP文件进行说明。

1. 第一次从MIMICS导出的INP文件

```
*HEADING
Written by Materialise Abaqus export filter
**模型面节点坐标
*NODE
    1, 84.383800, 152.255000, -622.890039
```

```
    ......
     8145, 97.480600, 159.547300, -370.322439
**模型面网格单元
*ELEMENT, TYPE=S3R
   1, 227, 173, 242
    ......
   16286, 3479, 3520, 3494
```

2. 划分体网格后ABAQUS导出的INP文件

```
*Heading
** Job name: Job-1 Model name: Job-1
** Generated by: Abaqus/CAE 6.13-1
*Preprint, echo=NO, model=NO, history=NO, contact=NO
**
** PARTS
**
*Part, name=PART-1
**模型体网格节点坐标
*Node
     1,   84.3837967,   152.255005,   -622.890015
    ......
   27443,   62.2474251,   148.102402,   -550.923462
**模型体网格单元编号
*Element, type=C3D4
     1,  8146,  8147,  8148,  8149
    ......
   139817, 15123, 15129, 26530, 15122
*End Part
**
**
** ASSEMBLY
**
*Assembly, name=Assembly
**
*Instance, name=PART-1-1, part=PART-1
*End Instance
**
*End Assembly
```

3. MIMICS中赋材料后导出的INP文件

```
*HEADING
Written by Materialise Abaqus export filter 04/30/14 - 22:54:10
**模型体网格节点坐标
*NODE
     1, 8.438380000E+001, 1.522550000E+002, -6.228900000E+002
    ......
   27443, 6.224740000E+001, 1.481024000E+002, -5.509235000E+002
**模型的体网格单元编号
*ELEMENT, TYPE=C3D4, ELSET=SET1
     1,    8146,    8147,    8148,    8149
    ......
```

```
            139817,      16511,        112,      14326,      16524
**模型的材料属性
*SOLID SECTION, ELSET=SET1, MATERIAL=MAT21
……
*SOLID SECTION, ELSET=SET100, MATERIAL=MAT100
**
*MATERIAL, NAME=MAT21
*DENSITY
4.796310266E+002
*ELASTIC
1.503350303E+003, 3.000000000E-001
……
*MATERIAL, NAME=MAT100
*DENSITY
2.544464185E+003
*ELASTIC
2.030369793E+004, 3.000000000E-001
```

4. 提交计算的INP文件

```
**********************************************************************
*Heading
** Job name: Job-kj2 Model name: Model-1
** Generated by: Abaqus/CAE 6.13
**定义输出*.dat文件的内容
*Preprint, echo=NO, model=NO, history=NO, contact=NO
**********************************************************************
**定义分析模型的各个部件
** PARTS
**
*Part, name=PART-1
**定义PART-1的节点编号和坐标
*Node
       ……
    1168,    113.369301,    179.306702,   -433.847504
       ……
   42547,    80.9421005,    164.742706,   -327.841095

**定义PART-1单元类型、单元编号和节点编号
*Element, type=C3D4
    1, 15021, 15022, 15023, 15024
       ……
    208837, 20507, 35155, 35156, 22853
**
**定义名称为SETn的节点集合（系统自动产生）
*Elset, elset=SET1, generate
    1,   5544,     1

*Elset, elset=SET100
 209819,
**
**定义单元截面的属性
** Section: Section-1-SET1
```

```
*Solid Section, elset=SET1, material=MAT21
,
    ......
*End Part
**结束PART-1的定义
*****************************************************************
**定义PART-2的属性
*Part, name=PART-2
**定义PART-2的节点编号和坐标
*Node
    ......
       1,   84.3837967,   152.255005,   -622.890015
    ......
    27443,   62.2473984,   148.102402,   -550.923523
**
**定义单元类型、单元编号和节点编号
*Element, type=C3D4
    ......
       1,   8146,   8147,   8148,   8149
    ......
   139817,   16511,   112,   14326,   16524
**
**定义名称为SETn的节点集合（系统自动产生）
*Elset, elset=SET1, generate
    1,   2335,   1
    ......
*Elset, elset=SET100, generate
 139798,   139817,        1
**
**定义名称为Section-n-SETn的截面属性
** Section: Section-1-SET1
*Solid Section, elset=SET1, material=MAT21
......

*End Part
**结束PART-2部件的定义
*****************************************************************
**定义模型装配件
** ASSEMBLY
**
*Assembly, name=Assembly
**
**定义PART-1的装配实体
*Instance, name=PART-1-1, part=PART-1
*End Instance
**定义PART-2的装配实体
*Instance, name=PART-1-2, part=PART-2
    2.775601,    0.374084,    0.785828
*End Instance
**
**定义名称为Set-n的节点的集合
*Nset, nset=Set-1, instance=PART-1-1
  7620,   7674,   7715,   7741,   7770,   7792,   7867,   7888,
```

```
       7893,    7927,    7937,    7944,    7952,    8014,    8022,    8043
     ......
*Nset, nset=Set-2, instance=PART-1-2
     ......
*Nset, nset=Set-3, instance=PART-1-2
     ......
*Nset, nset=Set-3, instance=PART-1-1
     ......
*Nset, nset=Set-4, instance=PART-1-1
     ......
*Nset, nset=Set-5, instance=PART-1-1
     ......
*Nset, nset=Set-6, instance=PART-1-1
     ......
*Nset, nset=Set-7, instance=PART-1-1
     ......
*Nset, nset=Set-8, instance=PART-1-1
     ......
*Nset, nset=Set-9, instance=PART-1-1
     ......
*Nset,nset=Set-10, instance=PART-1-1
     ......
*Nset, nset=Set-11, instance=PART-1-1
     ......
**
**定义各种单元的集合（系统自动产，便于定义接触面和定义约束等）
*Elset, elset=_Surf-KX_S1, internal, instance=PART-1-2
   319,    1799,    1814,    2264,    3419,    4071,    6614,    6626,
 ......
 98589, 99117, 99785
*Elset, elset=_Surf-KX_S2, internal, instance=PART-1-2
     ......
*Elset, elset=_Surf-KX_S3, internal, instance=PART-1-2
     ......
*Elset, elset=_Surf-KX_S4, internal, instance=PART-1-2
     ......
**
*Surface, type=ELEMENT, name=Surf-KX
_Surf-KX_S1, S1
_Surf-KX_S2, S2
_Surf-KX_S4, S4
_Surf-KX_S3, S3
**接触面所包含的单元集合
*Elset, elset=_Surf-KX1_S1, internal, instance=PART-1-1
  3498,    4016,    8916,   17803,   24023,   25626,   27944,   39381,
 ......
 157238, 165151, 165547, 167216, 168015, 169850, 172248, 187921
*Elset, elset=_Surf-KX1_S2, internal, instance=PART-1-1
     ......
*Elset, elset=_Surf-KX1_S3, internal, instance=PART-1-1
     ......
*Elset, elset=_Surf-KX1_S4, internal, instance=PART-1-1
     ......
```

```
*Surface, type=ELEMENT, name=Surf-KX1
_Surf-KX1_S1, S1
_Surf-KX1_S2, S2
_Surf-KX1_S4, S4
_Surf-KX1_S3, S3
**
**建立局部坐标
*Nset, nset="_T-Datum csys-1", internal
Set-10,
*Transform, nset="_T-Datum csys-1"
0.0205137625477662, 0.00833693545637065, 0.999754810467712,
 0.0208498426859996, -0.999751334237793, 0.00790909285071894
*Nset, nset="_T-Datum csys-2", internal
Set-11,
*Transform, nset="_T-Datum csys-2"
-0.252816165969645, 0.00812660208651887, -0.967480203705965,
 -0.799136335942063, -0.565450389714566, 0.204075900950456
*End Assembly
**结束装配件设定
************************************************************************
**材料属性定义
** MATERIALS
**
*Material, name=MAT1
*Density
10.,
*Elastic
 3.58794, 0.3
     ......
************************************************************************
**定义接触属性、切向接触和法向接触
**
** INTERACTION PROPERTIES
**
*Surface Interaction, name=IntProp-1
1.,
*Friction, slip tolerance=0.005
 0.5,
*Surface Behavior, pressure-overclosure=HARD
**
** INTERACTIONS
**
** Interaction: Int-1
*Contact Pair, interaction=IntProp-1, type=SURFACE TO SURFACE
Surf-KX, Surf-KX1
** ----------------------------------------------------------------
** 定义分析步
** STEP: Step-1
**
*Step, name=Step-1, nlgeom=NO, inc=100000
*Static
0.01, 1., 1e-06, 1.
**
```

```
**定义边界条件（三个边界条件）
** BOUNDARY CONDITIONS
**
** Name: BC-1 Type: Displacement/Rotation
*Boundary
Set-1, 1, 1
Set-1, 2, 2
Set-1, 3, 3
Set-1, 4, 4
Set-1, 5, 5
Set-1, 6, 6
** Name: BC-2 Type: Displacement/Rotation
*Boundary
Set-2, 1, 1
Set-2, 2, 2
Set-2, 3, 3
Set-2, 4, 4
Set-2, 5, 5
Set-2, 6, 6
** Name: BC-3 Type: Displacement/Rotation
*Boundary
Set-10, 1, 1
Set-10, 2, 2
Set-10, 4, 4
Set-10, 5, 5
Set-10, 6, 6
**
**定义载荷
** LOADS
**
** Name: Load-1    Type: Concentrated force
*Cload
Set-11, 1, 39.2
** 定义分析步Step-1的结果输出数据
** OUTPUT REQUESTS
**
*Restart, write, frequency=0
**
** FIELD OUTPUT: F-Output-1
**
*Output, field, variable=PRESELECT
**
** HISTORY OUTPUT: H-Output-1
**
*Output, history, variable=PRESELECT
*End Step
```

> **提示**
> ……表示数据存在，可能是节点标号或坐标，或上下相似量的省略。

第8章 材料力学特性分析

材料力学性能反映的是材料的宏观力学性能,是进行工程设计的重要依据,主要是指材料的应力-应变关系。本章通过4个实例介绍 ABAQUS 中的弹塑性分析、超弹性材料的大变形分析、复合材料的设置与分析及 UMAT 的初步使用。

8.1 弹塑性分析

塑性是指物体在受外力时产生变形,而在外力解除后只有一部分变形可恢复。对于大多数材料来说,当应力低于其比例极限时,应力-应变关系是线性的,当应力达到屈服点时,产生塑性变形,当施加的外力解除或消失后变形不能完全恢复,而残留一部分变形,这种残留的变形是不可逆的塑性变形。而完全弹性材料表现为产生的变形在外力解除后全部消除,材料恢复原状,没有应力屈服现象。本节以圆板的大变形为例分析材料的弹塑性行为。

8.1.1 问题描述

半球与一薄圆板组合结构如图 8-1 所示,圆板四周固定,半径为 $R=25m$,厚度为 $0.2m$;半球半径 $R=10m$。在半球结构上施加 $0.4m$ 的竖直向下的位移。材料均为钢(弹性模量 2×10^5MPa,泊松比0.3)。

图 8-1 半球与圆板组合结构

8.1.2 创建部件

打开 ABAQUS/CAE 启动界面,在出现的【Start Session】对话框中单击【Create Model Database】下的【With Standard/Explicit Model】按钮,启动【ABAQUS/CAE】。因为此问题为轴对称问题,故可按平面问题进行计算,计算结果采用三维显示。

步骤1 创建圆板模型。进入【Part】功能模块,单击工具区中的【Create Part】按钮,弹出【Create Part】对话框,在【Name】栏中输入 disk,【Modeling Space】栏选择【Axisymmetric】,其他设置如图 8-2 所示。单击【Continue...】按钮,进入草图绘制界面,单击工具区中的【Create Lines:Rectangle】按钮,在草图绘制区的左下角提示区输入坐标"0,0",单击鼠标中键,然后再输入"25,-0.2",单击两次鼠标中键,完成圆板几何模型的创建。

步骤2 创建半球模型。单击工具区中的 【Create Part】按钮，弹出【Create Part】对话框，在【Name】栏中输入 ball，其他设置仍如图 8-2 所示，单击【Continue...】按钮，进入草图绘制界面，单击工具区的 【Create Arc：Centre and 2 Endpoints】按钮，在提示区输入坐标"0，10"，单击鼠标中键，然后再输入坐标"10，10"，单击鼠标中键，继续输入坐标"0，0"，单击鼠标中键。单击 【Create Lines：Connected】按钮，将点（0，0）与点（0，10），点（0，10）与点（10，10）用直线连接起来，如图 8-3 所示。单击提示区的【Done】按钮，完成半球几何模型的创建。

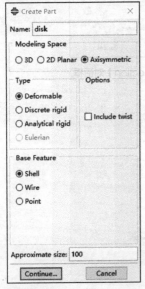

图 8-2 【Create Part】对话框

图 8-3 半球模型草图

8.1.3 创建材料属性

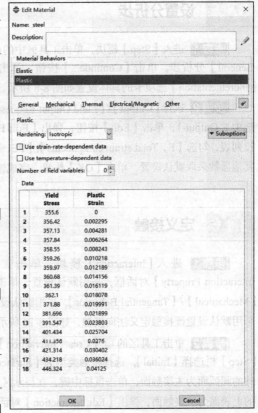

步骤1 进入【Property】模块，单击工具区中的 【Create Material】按钮，弹出【Edit Material】对话框。在【Name】框输入 steel，选择【Mechanical】/【Elasticity】/【Elastic】，在【Material Behaviors】中的【Data】栏输入杨氏弹性模量为 2E5，泊松比为 0.3。选择【Mechanical】/【Plasticity】/【Plastic】，在【Material Behaviors】中的【Data】栏输入图 8-4 所示的材料塑性属性。

步骤2 单击工具区中的 【Create Section】按钮，弹出【Create Section】对话框，采用默认设置，如图 8-5 所示，单击【Continue...】按钮，弹出【Edit Section】对话框，采用默认设置，如图 8-6 所示，单击【OK】按钮，完成截面特性的设置。

步骤3 单击工具区中的 【Assign Section】按钮，在视图区单击 disk 部件，弹出【Edit Section Assignment】对话框，单击【OK】按钮，完成 disk 部件截面特性的设置。同理，设置 ball 的截面特性。

8.1.4 装配部件

进入【Assembly】模块，单击工具区中的 【Create Instance】

图 8-4 材料属性设置

按钮，在【Parts】栏中选择 disk 和 ball 两个部件，单击【OK】按钮，视图区显示这两个实体部件，如图 8-7 所示。

图 8-5 【Create Section】对话框

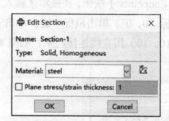

图 8-6 【Edit Section】对话框

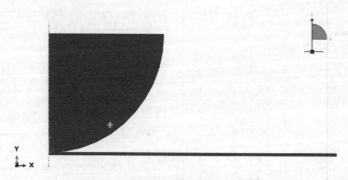

图 8-7 装配部件

8.1.5 设置分析步

步骤1 进入【Step】模块，单击工具区中的 【Create Step】按钮，弹出【Create Step】对话框，选择【Static, General】分析步，单击【Continue...】按钮，弹出【Edit Step】对话框，将几何非线性选项【Nlgeom】设置为 On，【Incrementation】选项卡的具体设置如图 8-8 所示。

步骤2 执行【Output】/【Field Output Requests】/【Manager】命令，弹出【Field Output Request Manager】对话框，选中 F-Output-1，单击【Edit】按钮，弹出【Edit Field Output Request】对话框，如图 8-9 所示。打开【Strains】的下拉列表，勾选【E, Total strain components】、【PE, Plastic strain components】和【EE, Elastic strain components】选项，其他参数采取默认设置，单击【OK】按钮，完成输出变量的设置。

8.1.6 定义接触

步骤1 进入【Interaction】模块，单击工具区中的 【Create Interaction Property】按钮，弹出【Create Interaction Property】对话框，采用默认设置，单击【Continue...】按钮，进入【Edit Contact Property】对话框。选择【Mechanical】/【Tangential Behavior】，采用默认设置定义切向无摩擦接触；选择【Mechanical】/【Normal Behavior】，采用默认设置硬接触定义法向接触，如图 8-10 所示。

步骤2 单击工具区的 【Create Interaction】按钮，弹出【Create Interaction】对话框，输入接触名称 ball-disk，【Step】栏选择【Initial】，选择接触类型为【Surface-to-surface contact（Standard）】，单击【Continue...】按钮，选择半球的圆弧面为主接触面，单击鼠标中键，在提示区中单击【Choose the slave type】栏中的【Surface】按钮，选择圆板的上表面为从接触面，弹出【Edit Interaction】对话框，采用默认设置，如图 8-11 所示，完成接触的定义。

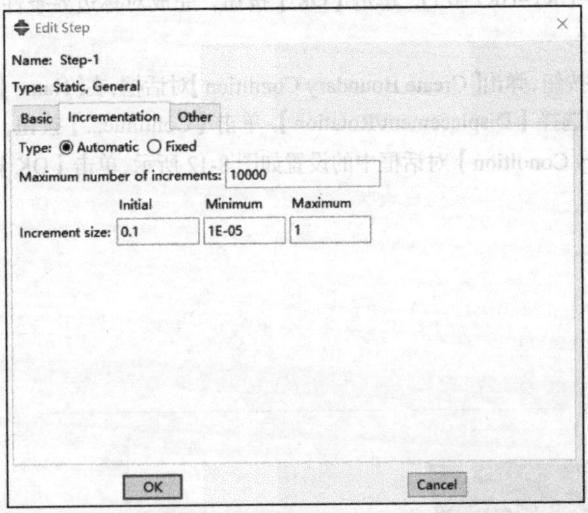

图 8-8 【Edit Step】对话框

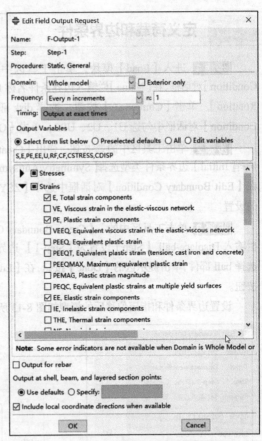

图 8-9 【Edit Field Output Request】对话框

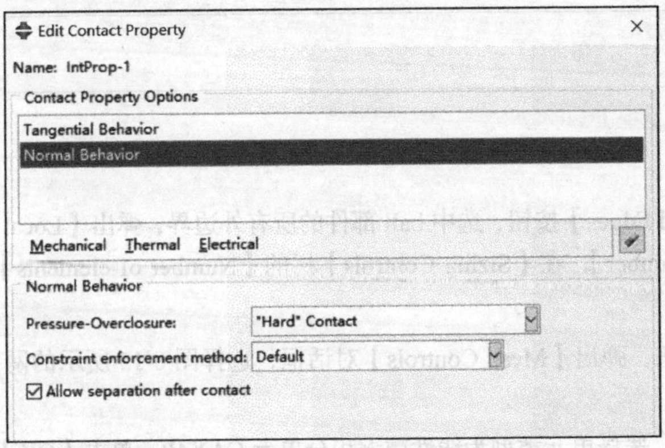

图 8-10 【Edit Contact Property】对话框

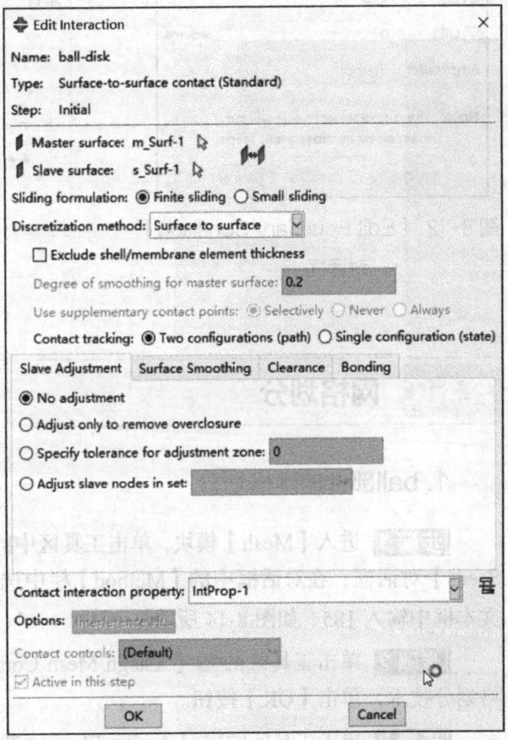

图 8-11 【Edit Interaction】对话框

8.1.7 定义荷载和边界条件

步骤1 进入【Load】模块，单击工具区中的【Create Boundary Condition】按钮，弹出【Create Boundary Condition】对话框，在【Name】栏输入边界条件名称 Fixed-disk，【Step】设置为【Initial】，边界条件类型选择【Displacement/Rotation】，单击【Continue...】按钮，选择 disk 部件的右边界，单击提示区的【Done】按钮，在【Edit Boundary Condition】对话框中勾选 U1、U2、UR3，单击【OK】按钮，约束 disk 部件右边界的所有自由度。

步骤2 单击工具区中的按钮，弹出【Create Boundary Condition】对话框，在【Name】栏输入 Symm，【Step】选择【Initial】，边界条件类型选择【Symmetry/Antisymmetry/Encastre】。选择 disk 部件和 ball 部件的左边界，单击鼠标中键，在【Edit Boundary Condition】对话框中选中【ZSYMM（U3=UR1=UR2=0）】，单击【OK】按钮，完成对称边界条件的设置。

步骤3 单击工具区中的【Create Boundary Condition】按钮，弹出【Create Boundary Condition】对话框，在【Name】栏输入 Displace-ball，【Step】设置为【Step-1】，边界条件类型选择【Displacement/Rotation】，单击【Continue...】按钮，选择 ball 部件，单击提示区的【Done】按钮，在【Edit Boundary Condition】对话框中的设置如图 8-12 所示，单击【OK】按钮。

设置边界条件和指定位移后的模型如图 8-13 所示。

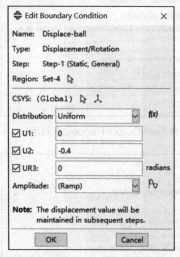

图 8-12 【Edit Boundary Condition】对话框

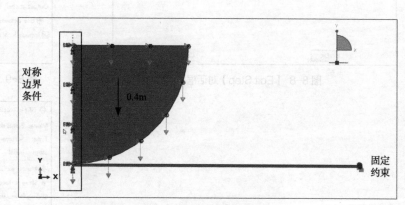

图 8-13 模型的边界约束和指定位移

8.1.8 网格划分

1. ball 部件的网格划分

步骤1 进入【Mesh】模块，单击工具区中的【Seed Edges】按钮，选中 ball 部件的所有外边界，弹出【Local Seeds】对话框，在对话框中的【Method】栏中选择【By number】，在【Sizing Controls】栏的【Number of elements】文本框中输入 185，如图 8-14 所示。

步骤2 单击工具区的【Assign Mesh Controls】按钮，弹出【Mesh Controls】对话框，选择图 8-15 所示的网格划分技术，单击【OK】按钮。

步骤3 单击工具区的【Assign Element Type】按钮，选择单元类型为线性减缩积分单元 CAX4R，单击【OK】按钮。

步骤 4 单击工具区的 【Mesh Part】按钮，选择模型，单击下方的【Yes】按钮，完成 ball 部件的网格划分。

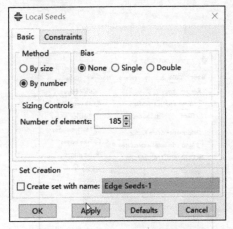

图 8-14 【Local Seeds】对话框

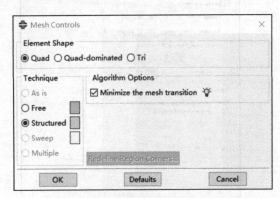

图 8-15 【Mesh Controls】对话框

2. disk 部件的网格划分

步骤 1 单击工具区的 【Seed Edges】按钮，选中 disk 部件的上下表面边界，弹出【Local Seeds】对话框，在对话框的【Method】栏中选择【By number】，在【Sizing Controls】栏的【Number of elements】文本框中输入 300。

步骤 2 单击工具区的 【Seed Edges】按钮，选中 disk 部件的左右表面边界，在【Local Seeds】对话框的【Method】栏中选择【By number】，在【Sizing Controls】栏的【Number of elements】文本框中输入 4。

步骤 3 单击工具区的 【Assign Mesh Controls】按钮，弹出【Mesh Controls】对话框，选择图 8-15 所示的网格划分技术，单击【OK】按钮。

步骤 4 单击工具区的 【Assign Element Type】按钮，选择单元类型为 CAX4R，单击【OK】按钮。

步骤 5 单击工具区的 【Mesh Part】按钮，选择模型，单击下方的【Yes】按钮，完成 disk 部件的网格划分。

8.1.9 分析及后处理

步骤 1 进入【Job】模块，单击工具区中的 【Create Job】按钮，弹出【Create Job】对话框，在【Name】栏中输入 ball-disk，单击【Contiune...】按钮，弹出【Edit Job】对话框，采用默认参数设置，单击【OK】按钮。单击工具区的 【Job Manager】按钮，单击对话框右侧的【Submit】按钮，提交分析作业。

步骤 2 当【Status】栏显示为【Completed】时，单击【Results】按钮进入【Visualization】模块。

步骤 3 执行【View】/【ODB Display Options】命令，弹出【ODB Display Options】对话框，选择【Sweep/Extrude】选项卡，具体参数设置如图 8-16 所示，单击【OK】按钮。

步骤 4 执行【Result】/【Field Output...】命令，弹出【Field Output】对话框，选择位移【U:Spatial displacement at nodes】，选择【U2】，单击【OK】按钮。单击工具区中的 【Common Options】按钮，弹出【Common Plot Options】对话框，调整模型的变形放大系数为 10，如图 8-17 所示，单击【OK】按钮。

步骤 5 单击工具区中的 【Plot Contours on Deformed Shape】按钮，得到圆板 U2 方向的位移云图，如图 8-18 所示。

步骤 6 在视图区上部的工具栏 Primary LE Max. In-Plane 依次选择 LE、PE、EE，分别得到圆板的总应变图、塑性应变和弹性应变图，如图 8-19～图 8-21 所示。可以看出，圆板的总应变 = 塑性应变 + 弹性应变。

步骤 7 在工具栏选择【S】/【Mises】，得到圆板的 Mises 应力云图，如图 8-22 所示。

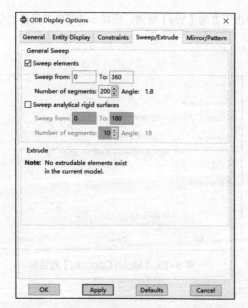

图 8-16 【ODB Display Options】对话框

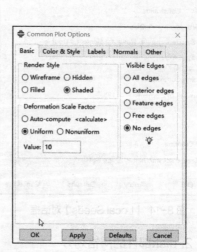

图 8-17 【Common Plot Options】对话框

图 8-18 圆板 U2 方向位移云图

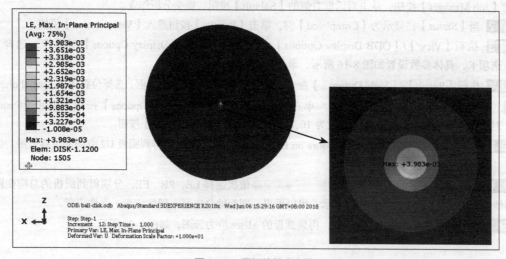

图 8-19 圆板的总应变图

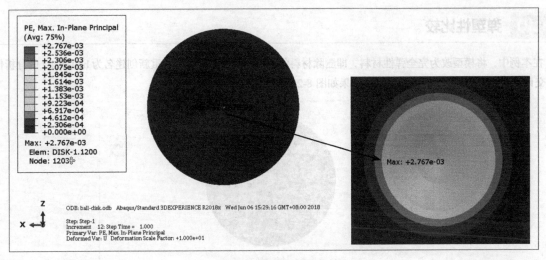

图 8-20　圆板的塑性应变图

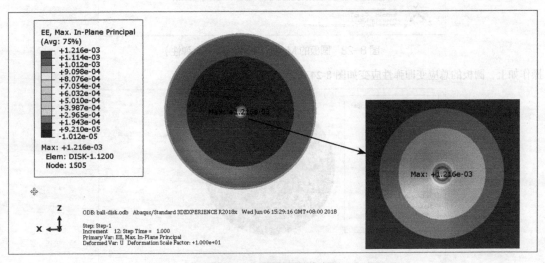

图 8-21　圆板的弹性应变图

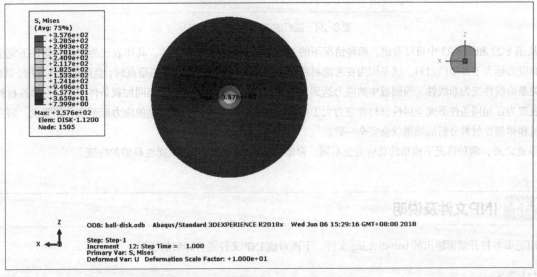

图 8-22　圆板 Mises 应力云图（弹塑性）

8.1.10 弹塑性比较

在本例中，将模型改为完全弹性材料，即删除材料的塑性，其他条件不变，重新创建名为 ball-disk2 的分析作业，并提交计算。圆板的 Mises 应力云图对比结果如图 8-23 所示。

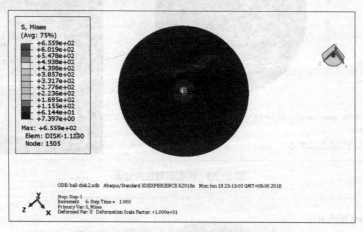

图 8-23　圆板的 Mises 应力云图（完全弹性）

操作如上，圆板的总应变即弹性应变如图 8-24 所示。

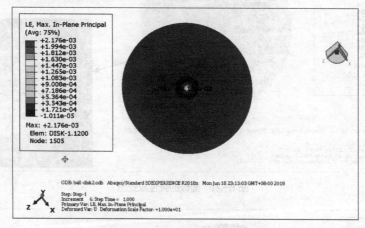

图 8-24　圆板的总应变（完全弹性）

从图 8-22 和图 8-23 中可以看出，两种情况下的 Mises 应力幅值是不相同的，具体表现为在相同条件下完全弹性材料的应力远大于弹塑性材料。这是因为在考虑材料塑性的情况下，当应力达到屈服点时，会产生塑性变形，其应力-应变关系由线性变为非线性，当圆板中的应力达到屈服应力时，其应力增量小于相同加载条件下的完全弹性材料，故最终表现为在相同条件下完全弹性材料的应力大于弹塑性材料。如果外部荷载产生的应力低于应力屈服点，则完全弹性材料和弹塑性材料分析的结果就会完全一致。

除此之外，两种情况下模型的总应变也不同，弹塑性模型的应变大于完全弹性模型的应变。

8.1.11　INP文件及说明

用记事本打开前面输出的 ball-disk.inp 文件，下面对该 INP 文件进行详细的说明。

```
**标题区
*Heading
```

```
** Job name: ball-disk Model name: Model-1    注释行：显示分析作业名称和模型名称
** Generated by: Abaqus/CAE 6.13-1
**设置DAT文件中打印输出的选项
*Preprint, echo=NO, model=NO, history=NO, contact=NO
**创建ball部件
** PART
*Part, name=ball
**创建节点
*Node
**节点编号，X、Y坐标
     1, 7.04098463, 2.89897656
......
  26040, 6.9539299, 2.86691332
**创建单元，设定单元类型
*Element, type=CAX4R
**单元编号
    1, 1, 8, 833, 375
......
25761, 26040, 832, 1, 375
**定义节点集
*Nset, nset=Set-1, generate
**开始节点编号，结束节点编号，间隔节点数
    1, 26040, 1
**定义单元集
*Elset, elset=Set-1, generate
**开始单元编号，结束单元编号，间隔单元数
    1, 25761, 1
** Section: Section-1
**定义单元集的截面属性，材料
*Solid Section, elset=Set-1, material=steel
,
**结束部件定义
*End Part
**创建disk部件
*Part, name=disk
**创建节点
*Node
**节点编号，X、Y坐标
     1, 25., 0.
......
     1505, 0., -0.200000003
**创建单元，设定单元类型
*Element, type=CAX4R
**单元编号
    1, 1, 2, 303, 302
......
1200, 1203, 1204, 1505, 1504
**定义节点集
*Nset, nset=Set-1, generate
**开始节点编号，结束节点编号，间隔节点数
    1, 1505, 1
**定义单元集
*Elset, elset=Set-1, generate
```

```
**开始单元编号，结束单元编号，间隔单元数
    1, 1200, 1
** Section: Section-1
**定义单元集的截面属性，材料
*Solid Section, elset=Set-1, material=steel,
*End Part
**
** ASSEMBLY    注释行：提示下面将创建装配件
**创建装配件
*Assembly, name=Assembly
** 定义装配件实体
*Instance, name=ball-1, part=ball
**创建实体完毕
*End Instance
**
*Instance, name=disk-1, part=disk
*End Instance
**
*Node
     1, 0., 0., 0.
*Nset, nset=Set-3, instance=disk-1, generate
1, 1205, 301
*Elset, elset=Set-3, instance=disk-1, generate
1, 901, 300
*Nset, nset=Set-4, instance=ball-1
5, 6, 7, 467, 468, 469, 470, 471, 472, 473, 474, 475, 476, 477, 478, 479
……
731, 732, 733, 734, 735, 736, 737, 738, 739, 740, 741
*Nset, nset=Set-4, instance=disk-1, generate
301, 1505, 301
*Elset, elset=Set-4, instance=ball-1
8741, 8833, 8925, 9017, 9109, 9201, 9293, 9385, 9477, 9569, 9661, 9753, 9845, 9937, 10029, 10121
……
17289, 17290, 17291, 17292, 17293, 17294, 17295, 17296, 17297, 17298
*Elset, elset=Set-4, instance=disk-1, generate
300, 1200, 300
*Nset, nset=Set-5, instance=ball-1
5,
*Nset, nset=Set-6, instance=ball-1, generate
    1, 26040, 1
*Elset, elset=Set-6, instance=ball-1, generate
    1, 25761, 1
*Nset, nset=b_Set-1, instance=ball-1, generate
    1, 26040, 1
*Elset, elset=b_Set-1, instance=ball-1, generate
    1, 25761, 1
*Nset, nset=_PickedSet8, internal
1,
*Elset, elset=_m_Surf-1_S1, internal, instance=ball-1, generate
1, 93, 1
*Elset, elset=_m_Surf-1_S2, internal, instance=ball-1, generate
17298, 25761, 93
*Surface, type=ELEMENT, name=m_Surf-1
```

```
_m_Surf-1_S1, S1
_m_Surf-1_S2, S2
*Elset, elset=_s_Surf-1_S1, internal, instance=disk-1, generate
    1, 300, 1
**定义单元的表面集
*Surface, type=ELEMENT, name=s_Surf-1
**单元集合名，表面的方向
_s_Surf-1_S1, S1
** Constraint: Constraint-1
*Rigid Body, ref node=_PickedSet8, elset=b_Set-1
*End Assembly
**
** MATERIALS    注释行：提示下面将定义材料参数
** 定义材料名称
*Material, name=steel
**定义弹性性质
*Elastic
200000., 0.3
**定义塑性性质
*Plastic
**屈服应力，塑性应变
355.6, 0.
......
446.324, 0.04125
**
** INTERACTION PROPERTIES 注释行：提示下面将定义接触
** 定义接触属性
*Surface Interaction, name=IntProp-1
1.,
*Friction
0.,
*Surface Behavior, pressure-overclosure=HARD
**
** BOUNDARY CONDITIONS    注释行：提示下面将定义边界条件
** 定义边界条件
** Name: Fixed-disk Type: Displacement/Rotation
*Boundary
Set-3, 1, 1
Set-3, 2, 2
Set-3, 6, 6
** Name: Symm Type: Symmetry/Antisymmetry/Encastre
*Boundary
Set-4, ZSYMM
**
** INTERACTIONS
**
** Interaction: ball-disk
*Contact Pair, interaction=IntProp-1, type=SURFACE TO SURFACE
s_Surf-1, m_Surf-1
** ----------------------------------------------------------
**
** STEP: Step-1    注释行：提示下面将定义分析步
*Step, name=Step-1, nlgeom=YES, inc=10000
```

```
** 定义通用静力计算
*Static
初始增量大小，结束时增量大小，最小增量，最大增量
0.1, 1., 1e-05, 1.
**
** BOUNDARY CONDITIONS 注释行：提示下面将定义边界条件
**
** Name: BC-3 Type: Displacement/Rotation
*Boundary
Set-6, 1, 1
Set-6, 2, 2, -0.4
Set-6, 6, 6
**
** OUTPUT REQUESTS 注释行：提示下面将定义输出请求
** 设置写入重启动分析数据的频率，本例不写入
*Restart, write, frequency=0
**
** FIELD OUTPUT: F-Output-1 注释行：提示下面将定义场变量输出要求
** 设置写入输出数据库的场变量
*Output, field, variable=PRESELECT
**
** HISTORY OUTPUT: H-Output-1 注释行：提示下面将定义时间历程变量的输出要求
** 设置写入输出数据库的时间历程变量
*Output, history, variable=PRESELECT
**结束分析步定义
*End Step
```

8.2 超弹性材料

8.2.1 问题描述

本案例模拟的是橡胶圈在重物的作用下发生大变形，然后自接触的问题，橡胶圈内径为 10mm、外径为 15mm，重物为是宽 2.5mm、高为 5mm 的矩形钢块，橡胶圈放于钢质基座上，如图 8-25 所示。案例中各材料参数见表 8-1。

图 8-25 完整模型

表8-1 材料参数

部件	材料	弹性模量/MPa	泊松比	穆尼常数 C10	穆尼常数 C01	不可压缩比 D1
橡胶圈	橡胶	—	—	0.84	0.21	0
重物	钢	206000	0.3	—	—	—
基座	钢	206000	0.3	—	—	—

8.2.2 创建部件

1. 启动软件

启动 ABAQUS/CAE，在弹出的【Start Session】对话框中单击【Create Model Database】下的【With Standard/Explicit Model】按钮，保存文件为 rubber.cae。

2. 创建橡胶圈部件

步骤1 从【Module】列表中选择【Part】，进入部件功能模块。在工具区单击【Create Part】按钮，在【Name】栏输入 Rubber，将【Modeling Space】设为【2D Planar】（二维平面），其余参数保持默认的设置，如图 8-26 所示。单击【Continue...】按钮，进入草图模块。

步骤2 单击左侧工具区的【Create Circle : Center and Perimeter】按钮，以（0，0）为圆心，分别以 10 和 15 为半径作同心圆，如图 8-27 所示，然后在视图区连续单击鼠标中键完成操作。

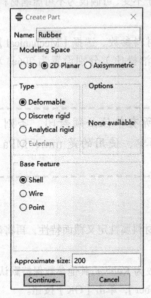

图 8-26 创建部件

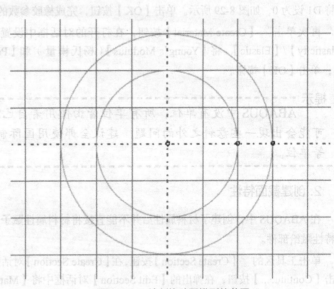

图 8-27 绘制橡胶圈模型的草图

3. 创建基座部件

步骤1 单击工具区的【Create Part】按钮，在打开的对话框的【Name】栏中输入 Foundation，其他参数保持默认设置，单击【Continue...】按钮，进入草图模块。

步骤2 单击工具区的【Create Lines:Rectangle（4 Lines）】按钮，以（-15，10）和（15，0）为两个顶点绘制矩形。再单击【Create Circle:Center and Perimeter】按钮，以（0，20）为圆心，15 为半径绘制圆。单击【Delete】按钮，

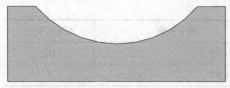

图 8-28 基座模型

选中矩形的上边,单击鼠标中键删除这条边。单击 【Create Lines:Connected】按钮,分别以点(-15,10)、(15,10)为起点绘制水平直线使之与圆相交,交点分别为(-11.18,10)和(11.18,10)。删除之前绘制的圆,单击 【Create Arc:Center and 2 Endpoints】按钮,以(0,20)为圆心、(-11.18,10)为起点、(11.18,10)为终点绘制圆弧,完成后连续单击鼠标中键退出绘图界面。绘制的基座如图 8-28 所示。

4. 创建重物部件

单击工具区的 【Create Part】按钮,在打开的对话框的【Name】栏中输入 Weight,其余参数保持默认值,单击【Continue...】按钮,进入草图模块。单击 【Create Lines:Rectangle(4 Lines)】按钮,以(0,0)、(2.5,5)为矩形的两个顶点绘制矩形,连续单击鼠标中键完成绘图操作。

8.2.3 设置材料属性

从【Module】列表中选择【Property】,进入特性功能模块。

1. 创建材料属性

单击 【Create Material】按钮,弹出【Edit Material】对话框,在【Name】栏输入 Rubber。对橡胶进行模拟时,本构模型一般采用超弹性中的【Mooney-Rivlin】。选择【Mechanical】/【Elasticity】/【Hyperelastic】,在【Strain energy potential】栏选择【Mooney-Rivlin】,【Input source】栏选择【Coefficients】,对话框中将出现一个参数列表。C10 和 C01 为穆尼常数,分别设为 0.84、0.21;D1 为不可压缩比,橡胶变形后体积近似于不变,可假设为不可压缩材料,故将 D1 设为 0,如图 8-29 所示。单击【OK】按钮,完成橡胶参数的设置。

再次单击 【Create Material】按钮,在打开的对话框中设置名称为 Steel 的材料参数。选择【Mechanical】/【Elasticity】/【Elastic】,将【Young's Modulus】(杨氏模量)和【Poisson's Ratio】(泊松比)分别设置为 206e3 和 0.3,单击【OK】按钮。

> **提示**
> ABAQUS 中没有单位,所有单位皆由使用者自己决定。不过,所有单位必须封闭,否则可能会出现一些意料之外的问题。建议全部使用国际制单位,此案例中,使用的是 mm、MPa 等单位。

2. 创建截面特性

在 ABAQUS 中,创建了材料属性后并不能直接将材料属性赋予部件,必须先用材料属性定义截面特性,再将截面特性赋给部件。

单击工具区的 【Create Section】按钮,在【Create Section】对话框中将【Name】改为 Rubber,其他参数保持默认,单击【Continue...】按钮,在弹出的【Edit Section】对话框中将【Material】选为【Rubber】,单击【OK】按钮。

以同样的方式创建名为 Steel 的截面特性,材料选为【Steel】。

3. 分配截面特性

在环境栏的【Part】中选中【Rubber】,视图区显示的部件随之变为 Rubber。单击工具区的 【Assign Section】按钮,将 Create set:复选框前的"√"去掉(此模型比较简单,不用单独设置 set,对于复杂的模型,创建 set 是很有必要的)。用鼠标选中模型,单击鼠标中键,弹出【Edit Section Assignment】对话框,在【Section】下拉列表中选中【rubber】,如图 8-30 所示。单击【OK】按钮完成截面特性的分配,分配完成后视图区的模型颜色变为浅绿色。

第8章 材料力学特性分析

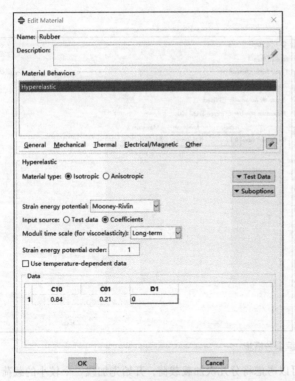

图 8-29 橡胶材料属性

图 8-30 分配截面属性

按同样的操作将截面属性【Steel】分配给部件 Foundation 和 Weight。

8.2.4 定义装配件

从【Module】列表中选中【Assembly】，进入装配功能模块。

步骤1 在【Assembly】模块中首先要完成实体的创建。单击工具区的【Create Instance】按钮，弹出【Create Instances】对话框，如图 8-31 所示。将【Parts】列表中的 3 个部件（Foundation、Rubber 和 Weight）全部选中，此时可以预览到部件加入装配件中的实际情况。可以看出，几个部件有明确的重叠，必须调整部件在装配件中的位置。单击【OK】按钮完成实体的创建。

步骤2 移动实体。单击工具区的【Translate Instance】按钮，选中 Rubber（被选中后实体的边界会变红），单击鼠标中键，平移向量的起点保持不变。继续单击鼠标中键，将平移向量的终点设为（0，20），单击鼠标中键，实体 Rubber 向上移动 20，由预览可知已经移动到预期位置，单击鼠标中键完成实体 Rubber 的移动。实体 Weight 的移动方式类似，平移向量的起始坐标为（0.0，0.0），终点坐标为（-1.25，35）。调整后的装配件如图 8-25 所示。

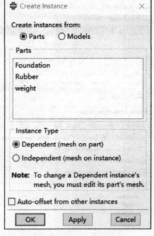

图 8-31 创建实体

8.2.5 创建分析步

从【Module】模块选中【Step】，进入分析步功能模块。

单击工具区的【Create Step】按钮，弹出【Create Step】对话框，采用默认设置，单击【Continue...】按钮，弹出【Edit Step】对话框，由于此例涉及大变形，因此将【Nlgeom】设置为【On】。选择【Incrementation】选项卡，设置如

图 8-32 所示。单击【OK】按钮，完成分析步的设置。

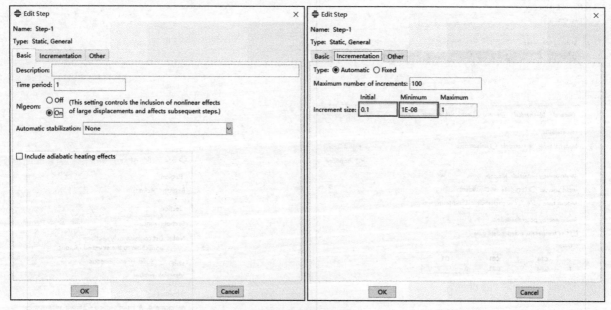

图 8-32 编辑分析步

因为此例涉及大变形，收敛可能会比较困难，所以可以考虑将分几次加载载荷，开始先加载一个较小的载荷，在下一个分析步再将全部载荷加载上去。因此，以同样的方法再建立一个分析步 Step-2，设置如图 8-32 所示。

8.2.6 定义相互作用

在【Module】中选中【Interaction】，进入相互作用功能模块。

1. 建立接触属性

步骤1 单击工具区的【Create Interaction Property】按钮，在弹出的【Create Interaction Property】对话框中将【Name】改为 Rubber_self，【Type】栏保持默认的【Contact】。单击【Continue...】按钮，弹出【Edit Contact Property】对话框。在【Mechanical】下拉列表中选择【Tangential Behavior】，在【Friction formulation】栏选择【Penalty】，将【Friction Coeff】设置为 0.3，其他参数保持不变，如图 8-33 所示。完成设置后单击【OK】按钮。

步骤2 以同样的方法建立第 2 个接触属性，命名为 Steel_Rubber，将【Friction Coeff】设置为 0.2。

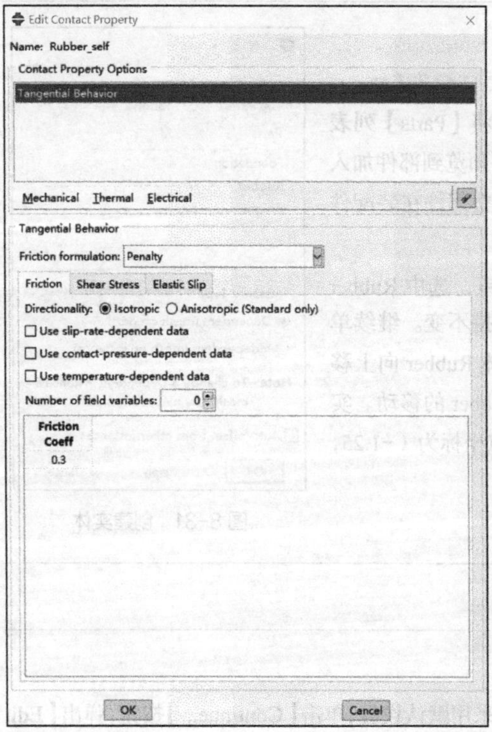

2. 创建接触面

本例中有 3 个部件、3 个接触对和 4 个接触面。为了方便操作，先创建接触面的 Surface。在主菜单中执行【Tool】/【Surface】/【Manager】命令，弹出【Surface Manager】对话框，单击【Create】按钮，分别创建以下接触面。

（1）橡胶外圈，命名为 Rubber_outside。
（2）橡胶内圈，命名为 Rubber_inside。

图 8-33 接触属性

(3)重物左、右、下三边，命名为 Weight（选择多条边时按住【Shift】键）。

(4)基座上部两条短边以及圆弧，命名为 Foundation。创建这个接触面时，基座的圆弧与橡胶的外圈重合，不易选到，在工具栏中找到 并单击【Replace Selected】按钮，再选中基座，单击鼠标中键，此时将只有基座显示在视图区。操作完成后单击【Replace All】按钮显示全部实体。

操作完成后关闭【Surface Manager】对话框。

3. 定义接触关系

(1)基座与橡胶的接触。单击工具区的【Create Interaction】按钮，弹出【Create Interaction】对话框，将【Name】改为 Foundation_Rubber，【Step】栏选为【Initial】，【Type for Selected Step】保持默认设置，然后单击【Continue...】按钮。在视图区下方的右侧单击【Surfaces】按钮，在弹出的【Region Selection】对话框中选择 Foundation（此时可以勾选对话框下部的【Highlight selection in viewport】，以便在视图区查看选中的面），单击【Continue...】按钮，再单击【Surface】，选择 Rubber_outside，弹出【Edit Interaction】对话框，在【Contact interaction property】下拉列表中选择【Steel_Rubber】，其他设置保持不变，单击【OK】按钮完成操作。

(2)重物与橡胶的接触。方法与定义基座和橡胶的接触一样，分别选择 Surface 集合 Weight 和 Rubber_outside，此处不再赘述。

(3)橡胶自接触。单击工具区的【Create Interaction】按钮，相互关系命名为 Rubber_Self，【Step】栏选择【Initial】，【Types for Selected Step】栏选择【Self-contact（Standard）】，单击【Continue...】按钮，接触面选择 Rubber_inside，在【Contact interaction property】下拉列表中选择【Rubber_Self】，单击【OK】按钮完成操作。

8.2.7 定义载荷和边界条件

在【Module】中选中【Load】，进入载荷功能模块。

步骤1 基座完全固定。单击工具区的【Create Boundary Condition】按钮，弹出【Create Boundary Condition】对话框，【Name】栏改为 Foundation，其他选项保持默认，单击【Continue...】按钮。选中基座的底部，单击鼠标中键，弹出【Edit Boundary Condition】对话框，选择【ENCASTRE（U1=U2=U3=UR1=UR2=UR3=0）】，如图 8-34（a）所示，单击【OK】按钮完成基座边界条件的定义。

步骤2 重物向下移动。单击工具区的【Create Boundary Condition】按钮，在打开的对话框中将边界条件命名为 Weight，【Step】栏选择【Step-1】（若选择初始分析步，将不能定义位移大小，只能选择约束或放开某个自由度），分析步类型选择【Displacement/Rotation】，单击【Continue...】按钮。选中重物的上边，单击鼠标中键，弹出【Edit Boundary Condition】对话框，分别将 U1、U2、UR3 设为 0、-1、0，如图 8-34（b）所示，单击【OK】按钮完成操作。

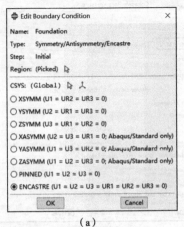
(a)

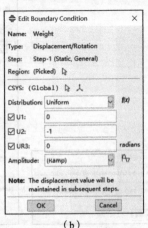
(b)

图 8-34 编辑边界条件

步骤3 单击工具区的 【Boundary Condition Manager】按钮，弹出【Boundary Condition Manager】对话框，双击边界条件【Weight】的【Step-2】，如图8-35所示，将U2改为-22，单击【OK】按钮。

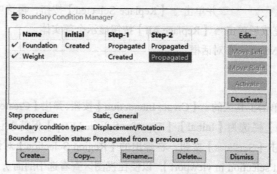

图8-35 边界条件管理器

8.2.8 网格划分

在【Module】中选中【Mesh】，进入网格功能模块。

（1）在环境栏将【Object】选为【Part】，在下拉列表中选择Foundation。若在默认的Assembly情况下执行网格划分操作，将弹出错误提示，如图8-36所示。

步骤1 单击工具区的 【Assign Mesh Controls】按钮，在打开的对话框中将【Element Shape】选为【Quad】（四边形单元），以默认的【Free】（自由）网格划分技术划分网格。

步骤2 单击工具区的 【Seed Part】按钮，在打开的对话框中将【Approximate global size】设置为1。接触面的网格一般要密一些，因此，单击 【Seed Edges】按钮，选中基座的弧线和两条短边，单击鼠标中键，将【Approximate element size】设置成0.5。

步骤3 单击工具区的 【Element Type】按钮，弹出【Element Type】对话框，取消勾选【Quad】下面的【Reduced integration】，使网格类型由"CPS4R"变为"CPS4"，如图8-37所示，单击【OK】按钮。

步骤4 单击工具区的 【Mesh Part】按钮，然后单击提示区的【Yes】按钮或鼠标中键，完成网格划分。

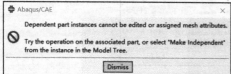

图8-36 Assembly情况下的错误提示

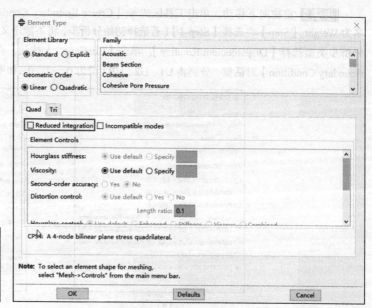

图8-37 取消对减缩积分的勾选

（2）重物的网格划分方法类似，可将全局尺寸设为0.5。

（3）划分橡胶圈的网格时，本案例采用了控制网格总数的方式，以自由网格划分技术划分，将【Element Shape】选为【Quad】。然后单击【Seed Edges】按钮，选中橡胶圈的外边和内边，单击鼠标中键，【Method】选择【By number】，【Number of elements】设置为100，如图8-38所示，单击【OK】按钮。同样的，取消对减缩积分选项的勾选，然后单击【Mesh Part】按钮，单击鼠标中键，完成网格划分。

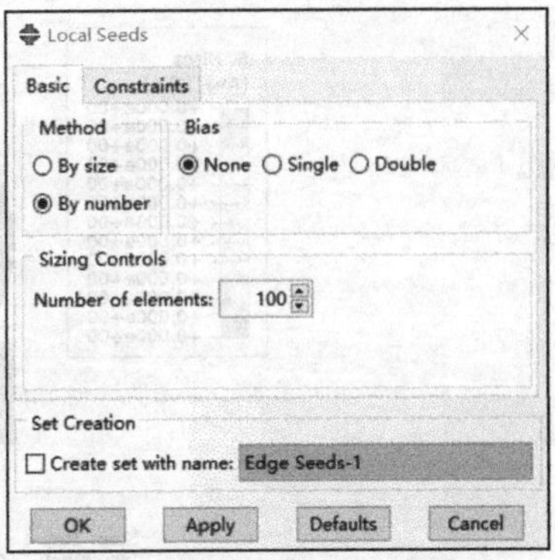

8.2.9 提交作业

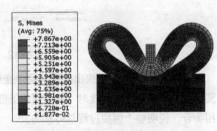

图8-38 局部种子的设置

在【Module】中选中【Job】，进入作业功能模块。

步骤1 单击【Create Job】按钮，在打开的对话框中将名字改为Rubber，单击【Continue...】按钮，单击【OK】按钮。

步骤2 单击【Job Manager】按钮，在对话框中单击【Submit】按钮提交作业。

8.2.10 后处理

计算完成后，单击【Job Manager】对话框中的【Results】按钮进入【Visualization】（可视化）模块，即后处理模块。

（1）单击工具区的【Plot Deformed Shape】按钮，显示模型变形情况。

（2）单击工具区的【Plot Contours on Deformed Shape】按钮，将显示变形后的von Mises应力云图，如图8-39所示。

（3）在查看应力、应变等信息时，有时需要隐藏网格。单击工具区的【Common Options】按钮，在【Visible Edges】下面选中【Free edges】，如图8-40所示，单击【OK】按钮后的Mises应力云图如图8-41所示。

图8-39 变形后的von Mises应力云图

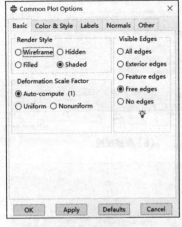

图8-40 隐藏网格

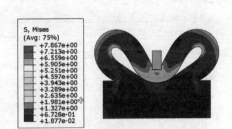

图8-41 隐藏网格后的Mises应力图

（4）如果想要查看特定分析步、增量步的变形和应力应变云图等信息，可以通过环境栏右侧的按钮来实现。这4个按钮的作用分别是显示当前分析步的第一个增量步、显示上一个增量步、显示下一个增量步、显示当前分析步的最后一个增量步。图8-42所示为不同分析步、增量步时的Mises应力云图。

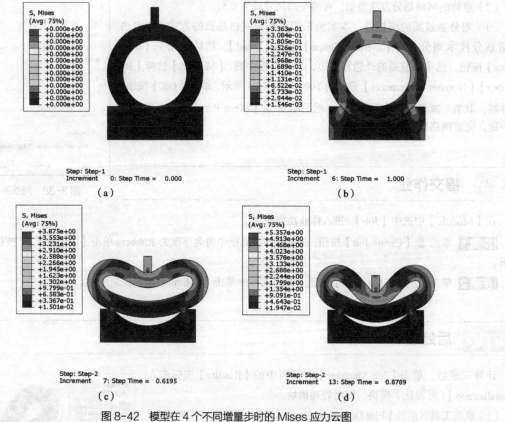

图 8-42 模型在 4 个不同增量步时的 Mises 应力云图

这 4 幅云图可以反映出橡胶的整个变形过程。重物刚作用于橡胶圈时,橡胶圈的上部开始变形、下沉,当橡胶圈的变形增大到一定程度时,橡胶圈的下部开始上扬并与基座脱离,仅剩两个支撑点还与基座接触。整个过程与经验相吻合,说明整个模拟过程是可靠的。

(5) 执行【Result】/【History Output】命令,弹出【History Output】(历史变量输出) 对话框,可以查看历史变量输出。本例没在分析步中单独设置【History Output Request】,只能查看默认输出。图 8-43 所示为单独显示的几种能量曲线图。

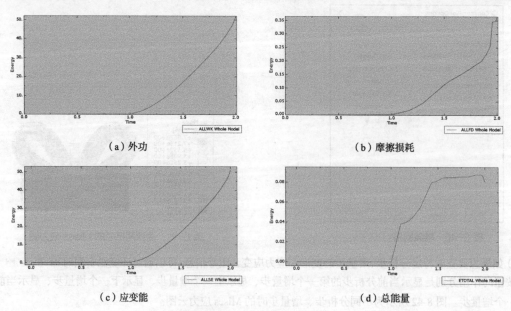

图 8-43 历史变量输出结果

（6）单击工具区的【Common Options】按钮，在打开的对话框中单击【Defaults】按钮恢复默认设置，显示模型的外边界。在视图区上方的工具栏中选择 Primary CPRESS ，模型的接触压力 CPRESS 如图 8-44 所示。

（7）单击工具区的【Animate：Time History】按钮，可以按增量步显示整个变形过程的动画；单击【Animate：Scale Factor】按钮同样显示动画，但仅显示从分析开始到选定分析步、增量步的变形动画。单击【Animation Options】按钮，可以在弹出的对话框中调整动画的相关参数，例如动画播放次数、播放速度等。执行【Animate】/【Save As...】命令，弹出【Save Image Animation】对话框，输入保存的文件名即可，动画默认格式为 .avi。

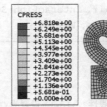
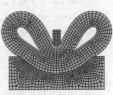

图 8-44 接触压力

8.2.11 模型的INP文件

下面解释一下本案例所对应的 INP 文件 Rubber.inp。

```
**节点、单元和装配件部分被省略
** 定义材料属性
**
** MATERIALS
**
*Material, name=Rubber
*Hyperelastic, mooney-rivlin           ⎫ 橡胶的超弹性材料属性
0.84, 0.21, 0.                         ⎭
*Material, name=Steel
*Elastic                               ⎫ 钢的弹性模量和泊松比
206000., 0.3                           ⎭
** 定义接触属性
**
** INTERACTION PROPERTIES
**
**
*Surface Interaction, name=Rubber_Self ⎫
1.,                                    ⎬ 面的厚度默认为1，允许滑移量默认为
*Friction, slip tolerance=0.005        ⎪ 0.005，摩擦系数设为 0.3
0.3,                                   ⎭
*Surface Interaction, name=Steel_Rubber⎫
1.,                                    ⎬ 面的厚度默认为1，允许滑移量默认为
*Friction, slip tolerance=0.005        ⎪ 0.005，摩擦系数设为 0.2
0.2,                                   ⎭
**定义接触
**
** INTERACTIONS
**
** Interaction: Foundation_Rubber
*Contact Pair, interaction=Steel_Rubber, type=SURFACE TO SURFACE
Rubber_outside, Foundation
** Interaction: Rubber_Self
*Contact Pair, interaction=Rubber_Self, type=SURFACE TO SURFACE
Rubber_inside,
** Interaction: Weight_Rubber
```

```
*Contact Pair, interaction=Steel_Rubber, type=SURFACE TO SURFACE
Rubber_outside, Weight
** ----------------------------------------------------------------
**
** STEP: Step-1
**
**考虑几何非线性，nlgeom设置为YES，允许大变形
*Step, name=Step-1, nlgeom=YES
*Static
1., 1., 1e-05, 1.
** 设置边界条件
**
** BOUNDARY CONDITIONS
**
**集合_PickedSet13为固定约束
** Name: Foundation Type: Symmetry/Antisymmetry/Encastre
*Boundary
_PickedSet13, ENCASTRE
**集合_PickedSet14向Y轴负方向移动1
** Name: Weight Type: Displacement/Rotation
*Boundary
_PickedSet14, 1, 1
_PickedSet14, 2, 2, -1.
_PickedSet14, 6, 6
**
** OUTPUT REQUESTS
**
*Restart, write, frequency=0
**
** FIELD OUTPUT: F-Output-1
**
*Output, field, variable=PRESELECT
**
** HISTORY OUTPUT: H-Output-1
**
*Output, history, variable=PRESELECT
*End Step
** ----------------------------------------------------------------
**
** STEP: Step-2
**
*Step, name=Step-2, nlgeom=YES
*Static
1., 1., 1e-05, 1.
**
** BOUNDARY CONDITIONS
**
** Name: Weight Type: Displacement/Rotation
*Boundary
_PickedSet14, 2, 2, -22.
**
** OUTPUT REQUESTS
**
```

```
*Restart, write, frequency=0
**
** FIELD OUTPUT: F-Output-1
**
*Output, field, variable=PRESELECT
**
** HISTORY OUTPUT: H-Output-1
**
*Output, history, variable=PRESELECT
*End Step
```

8.2.12 Uhyper子程序

橡胶是超弹性材料，超弹性材料的属性是比较复杂的。在模拟超弹性材料的力学行为时，有时候需要编写子程序（Uhyper）。本案例仅仅编写子程序描述之前设置的超弹性属性，说明子程序的使用方式，并对比两种方式的计算结果。

ABAQUS 的 Uhyper 子程序是用 Fortran 语言所写的，使用子程序前需要安装 Microsoft Visual Studio 和 Intel Visual Fortran，这两者还需要与 ABAQUS 关联起来。

编写的子程序如下：

```
      SUBROUTINE UHYPER(BI1, BI2, AJ, U, UI1, UI2, UI3, TEMP, NOEL,
     1 CMNAME, INCMPFLAG, NUMSTATEV, STATEV, NUMFIELDV, FIELDV,
     2 FIELDVINC, NUMPROPS, PROPS)
C     INCLUDE 'ABA_PARAM.INC'
C     声明实参
      CHARACTER*16 CMNAME
      real(8)::U(2), UI1(3), UI2(6), UI3(6), STATEV(NUMSTATEV),
     1 FIELDV(NUMFIELDV), FIELDVINC(NUMFIELDV), PROPS(NUMPROPS)
C     !U=C10*(I1-3)+C01*(I2-3)+((Jel-1)^2)/D1
      !此处由于不考虑温度效应，J=Jel
      real(8) C01, C10, D1
      C10=0.84
      C01=0.21
      D1=1.0
      !D1不可为0，当Abaqus自带Mooney模型D1为0时，表示不可压缩，
      !即U=C10*(I1-3)+C01*(I2-3)
      !这种情况下直接在定义材料时勾选"不可压缩"即可
C     Update U(2), UI1(3), UI2(6), UI3(6)
      U(1)=C10*(BI1-3)+C01*(BI2-3)+(AJ-1)*(AJ-1)/D1
      U(2)=0
      UI1(1)=C10
      UI1(2)=C01
      UI1(3)=2.0*(AJ-1)/D1
      UI2(1)=0
      UI2(2)=0
      UI2(3)=2.0/D1
      UI2(4)=0
      UI2(5)=0
      UI2(6)=0
      UI3(1)=0
      UI3(2)=0
      UI3(3)=0
```

```
        UI3(4)=0
        UI3(5)=0
        UI3(6)=0
C    结束子程序
      RETURN
      END SUBROUTINE UHYPER
```

这段子程序定义的是橡胶的超弹性属性，与之前的设置完全一样。为了使用它，需要将之前定义的橡胶材料属性去掉，再赋予这段材料属性。

步骤1 在【Module】中选择【Property】，单击工具区的【Create Material】按钮，在弹出的【Edit Material】对话框中，将名字改为 rubber_uhyper，选择【Mechanical】/【Elasticity】/【Hyperelastic】，在【Strain energy potential】下拉列表中选择【User-defined】，其他参数选择默认值，如图 8-45 所示。

步骤2 设置相应的截面特性，并将其赋予部件 Rubber，删除或关闭之前的截面特性。

步骤3 在【Module】中选择【Job】，单击工具区的【Create Job】按钮，在打开的对话框中将名字改为 Rubber_uhyper，单击【Continue...】按钮，选择【General】选项卡，在【User subroutine file】下选择子程序文件 UHYPER_P.for，单击【OK】按钮。

步骤4 单击工具区的【Job Manager】按钮，在对话框中单击【Submit】按钮提交作业。

步骤5 计算完成后，单击【Job Manager】对话框中的【Results】按钮进入后处理模块。

两者的计算结果完全相同，如图 8-46 所示。

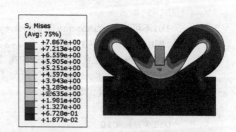

图 8-45 使用自定义的准则　　　　　　　　图 8-46 通过子程序计算出的 Mises 应力

8.3 复合材料平板稳定性计算

复合材料具有比强度和比模量高、性能可设计和易于整体成形等诸多优异特性，因此被广泛应用于航天、航空和航海等领域。下面以碳纤维树脂基复合材料的层压板为例介绍复合材料结构的建模分析方法。

8.3.1 问题描述

本例以复合材料层压板为例，该平板尺寸为 600mm×400mm，四边简支，在一短边受 100N/mm 压缩载荷作用下，进行平板稳定性分析。板的铺层顺序为 [45/-45/90/0]s（共 8 层，对称铺层），每层的厚度为 0.125mm，材料属性见表 8-2。

表 8-2　复合材料的材料参数表

E_1	E_2	E_3	v_{12}	v_{13}	v_{23}	G_{12}	G_{13}	G_{23}
144.7GPa	9.65GPa	9.65GPa	0.30	0.30	0.45	5.2GPa	5.2GPa	3.4GPa

8.3.2 创建几何部件

首先，打开【ABAQUS/CAE】启动界面，在弹出的【Start Session】对话框中单击【Create Model Database】下的【With Standard/Explicit Model】按钮，启动【ABAQUS/CAE】。

步骤 1　进入【Part】模块，单击工具区的 【Create Part】按钮，弹出图 8-47 所示的对话框，【Modeling Space】栏选择【3D】，【Type】栏选择【Deformable】，设置【Base Feature】/【Shape】/【Shell】，设置【Base Feature】/【Type】/【Planar】，【Approximate size】栏中输入 1000（草图界面大小，根据所画草图的大小确定），单击【Continue...】按钮，进入草图界面。

步骤 2　长按 【Create Construction：Oblique Line Thru 2 Points】按钮，选择弹出的 【Create Construction：Horizontal Line Thru Point】按钮，选中原点或在界面下方输入坐标"0，0"，建立水平横轴；继续长按 【Create Construction：Horizontal Line Thru Point】按钮，选择弹出的 【Create Construction：Vertical Line Thru Point】按钮，同理建立竖轴；单击 【Add Constraint】按钮，弹出【Constraints】对话框，单击其中的【Fixed】项，按住【Shift】键，然后选中刚建立的横轴和竖轴，单击提示区的【Done】按钮，完成对横轴和竖轴的约束。

步骤 3　单击工具区的 【Create Lines：Rectangle（4 Lines）】按钮，在对话框的左下角和右上角分别单击一下，建立一个任意大小的四边形。然后单击 【Add Constraint】按钮，弹出【Constraints】对话框，单击其中的【Symmetry】项，按顺序选中竖轴、四边形左右两边，设置四边形左右两边关于竖轴对称。同理设置四边形上下两边关于横轴对称。单击 【Add Dimension】按钮，选择四边形左边和竖轴，在下面的文本框内输入 300，即定义四边形长为 600mm。同理，定义四边形的宽为 400mm，则完成在草图中建立 600mm×400mm 的四边形，如图 8-48 所示，单击【Done】按钮完成草图，生成平板。

图 8-47　【Create Part】对话框

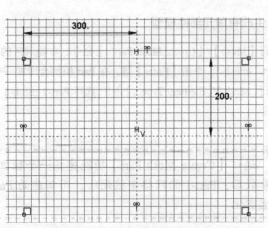

图 8-48　复合材料平板模型的草图

修改平板尺寸提示：打开草图界面，单击【Edit Dimension Value】按钮，选择想要修改的尺寸，在下方输入数值，完成对草图的修改，平板仍是关于横轴、竖轴对称。若已经生成平板，则须要在左边模型树下选择【Parts】/【Part-1】/【Features】，单击鼠标右键，在弹出的菜单中选择【Regenerate】命令，完成实体平板尺寸的更新。

简易方法：选择□【Create Lines : Rectangle（4 Lines）】按钮，输入两个角点坐标（-300，200）和（300，-200），直接建立 600mm×400mm 的长方形。

8.3.3 网格划分和生成有限元部件模型

1. 平板网格划分

进入【Mesh】模块，单击工具区的 ■ 【Assign Mesh Control】按钮，设置网格划分技术，如图 8-49 所示，选择四边形结构单元划分网格。单击 ■ 【Seed Edges】按钮，选择模型四边。单击【Done】按钮，弹出【Local Seeds】对话框，如图 8-50 所示，在【Approximate element size】栏内输入 10，即单元尺寸为 10mm×10mm。单击 ■ 【Mesh Part】按钮，选择模型，单击提示区的【Yes】按钮，完成网格划分。

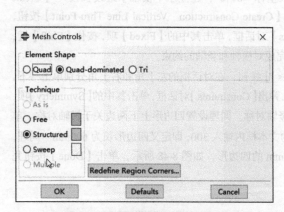

图 8-49 设置模型的网格控制参数

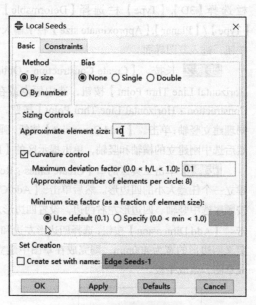

图 8-50 设置网格密度

2. 生成有限元部件模型

执行【Mesh】/【Create Mesh Part...】命令，在提示区的【Mesh part name】栏设置有限元模型名称，这里采用默认的 Part-1-mesh-1，单击【Enter】键，在 Part 模型会增加一个名为 Part-1-mesh-1 的部件。

执行【Mesh】/【Element Type...】命令，选择 Part-1-mesh-1 中的全部单元，设置单元类型，如图 8-51 所示，单击【OK】按钮完成。

> 提示
> 通过【Create Mesh Part】功能建立一个独立的只包含有限元的新 Part，修改 Part-1 模型草图参数后，Part-1 的网格会被删除，而新建的 Part-1-mesh-1 中的单元不会因为 Part-1 的修改而发生变化。

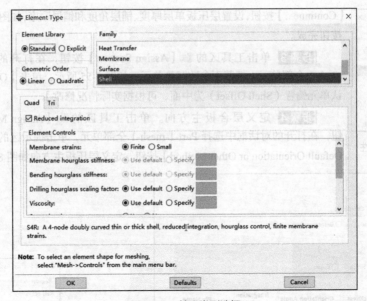

图 8-51 单元类型选择

8.3.4 定义复合材料属性和铺层查询

|步骤1| 定义复合材料属性。进入【Property】模块，单击工具区的【Create Material】按钮，进入【Edit Material】对话框，选择【Mechanical】/【Elasticity】/【Elastic】进入材料弹性参数设置界面，【Type】栏选择【Lamina】，设置表 8-2 列出的层压板单层性能，如图 8-52 所示，单击【OK】按钮完成。

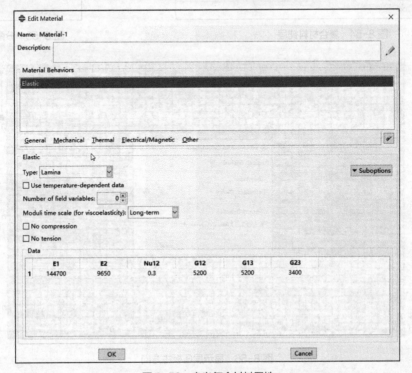

图 8-52 定义复合材料属性

|步骤2| 单击工具区的【Create Section】按钮，在打开的对话框中设置截面类别，如图 8-53 所示，单击

【Continue...】按钮，设置层压板单层厚度、铺层角度和铺层顺序，如图 8-54 所示，单击【OK】按钮完成。

步骤3 单击工具区的【Assign Section】按钮，在打开的对话框中选择 Part-1-mesh-1 全部单元，把截面参数赋给单元，如图 8-55 所示，单击【OK】按钮完成设置【默认单元偏置（Shell Offset）为中面，可根据实际情况修改】。

步骤4 定义层合板主方向。单击工具区的【Assign Material Orientation】按钮，在打开的对话框中选择 Part-1-mesh-1 全部单元，单击提示区的【Select a CSYS : Use Default Orientation or Other Method】按钮，定义层压板主方向如图 8-56 所示。

图 8-53 创建截面特性

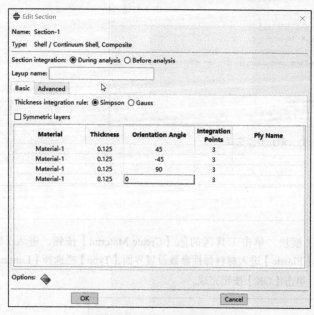

图 8-54 复合材料铺层

图 8-55 分配截面属性

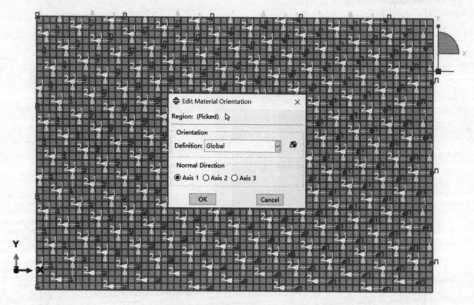

图 8-56 显示层压板主方向

步骤5 查询材料铺叠顺序。执行【Tools】/【Query...】命令进入查询界面，如图 8-57 所示，在【Property Module Queries】栏选择【Ply stack plot】，弹出【Ply stack plot】窗口，任意选择一个单元，查询结果如图 8-58 所示（左

下角坐标系 1 方向为层压板主方向，每层的红色平行线为单层的纤维方向）。

图 8-57 单元铺层查询

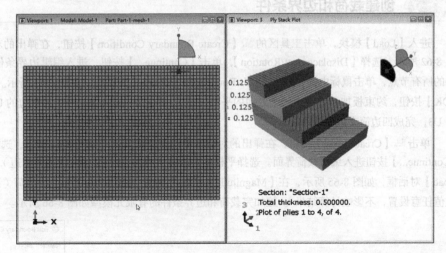

图 8-58 单元铺叠顺序查询

8.3.5 装配部件

进入【Assembly】模块，单击工具区的【Instance Part】按钮，选择 Part-1-mesh-1，单击【OK】按钮完成部件装配，具体信息如图 8-59 所示。

8.3.6 创建分析步

进入【Step】模块，单击工具区的【Create Step】按钮，在打开的对话框中的【Procedure type】栏选择【Linear perturbation】，然后选择【Buckle】，设置如图 8-60 所示。单击【Continue...】按钮进入【Edit Step】对话框，在【Number of eigenvalues requested】栏输入 6（表示结果输出为前 6 阶特征值和屈曲模态），如图 8-61 所示，单击【OK】按钮完成设置。

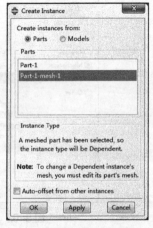

图 8-59 选择部件装配

图 8-60 建立分析步

图 8-61 编辑分析步

8.3.7 创建载荷和边界条件

进入【Load】模块,单击工具区的 【Create Boundary Condition】按钮,在弹出的对话框中设置边界约束,如图 8-62 所示,选择【Displacement/Rotation】,单击【Continue...】按钮,进入编辑边界条件界面,框选平板加载边对边的所有节点,单击鼠标中键,弹出【Edit Boundary Condition】对话框,如图 8-63 所示。勾选 U1、U2 和 U3,单击【OK】按钮,约束板加载边对边三个方向的平动位移。用同样的方法设置约束加载边的 U2 和 U3,以及约束两侧边的 U3,完成四边简支边界条件设置。

单击 【Create Load】按钮,在弹出的对话框中设置加载方式,如图 8-64 所示,选择【Shell edge load】,单击【Continue...】按钮进入编辑载荷界面。选择平板的一短边(约束 U1、U2 和 U3 边的对边),单击鼠标中键,弹出【Edit Load】对话框,如图 8-65 所示,在【Magnitude】栏输入 100,即施加 100N/mm 的载荷(计算屈曲载荷时会用到,此数值任意设置,不影响计算结果)。施加完载荷和边界条件的有限元模型如图 8-66 所示。

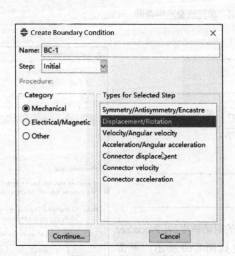

图 8-62 创建边界条件

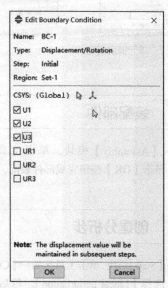

图 8-63 编辑边界条件

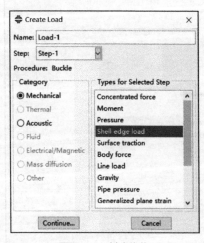

图 8-64 创建载荷

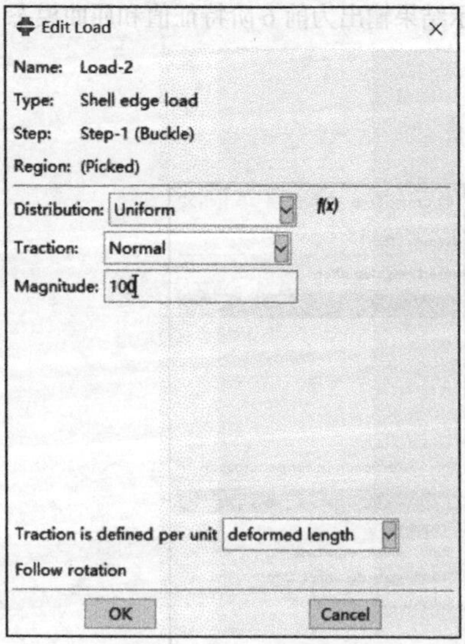

图 8-65 编辑载荷

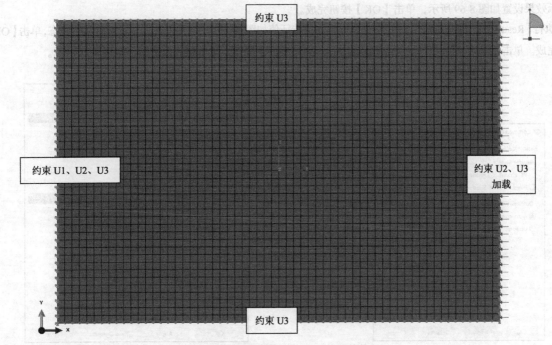

图 8-66　有限元模型的边界约束和载荷显示

8.3.8　提交分析作业

进入【Job】模块，单击工具区的【Create Job】按钮，在弹出对话框中设置分析作业名称为 Composite_Shell_Buckle，如图 8-67 所示，单击【Continue...】按钮，进入详细设置界面，采用默认值，单击【OK】按钮完成。

单击工具区的【Job Manager】按钮，进入图 8-68 所示的对话框，单击【Submit】按钮提交运算，可同时单击【Monitor】按钮进行计算监控。

图 8-67　创建分析作业

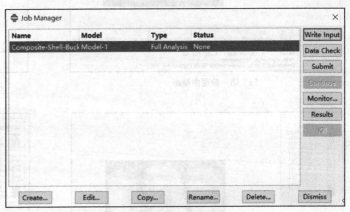

图 8-68　分析作业管理器

8.3.9　结果后处理

计算完成后，单击图 8-68 所示对话框中的【Results】按钮查看结果。执行【Options】/【Common...】命令，调整显示效果设置如图 8-69 所示，单击【OK】按钮完成。

执行【Result】/【Step/Frame...】命令，查询所有屈曲特征值如图 8-70 所示，并可选择显示各阶屈曲模态，单击【OK】按钮完成。单击工具区的 【Plot Contours on Deformed Shape】按钮，显示屈曲模态图，如图 8-71 所示。

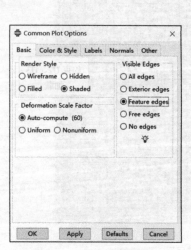

图 8-69　显示设置界面

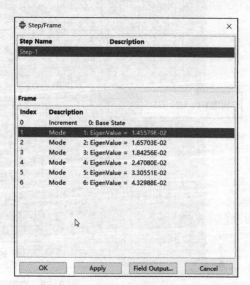

图 8-70　前 6 阶屈曲特征值

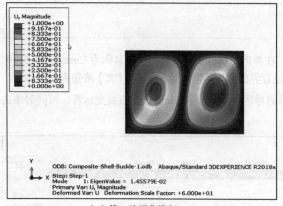

（a）第一阶屈曲模态

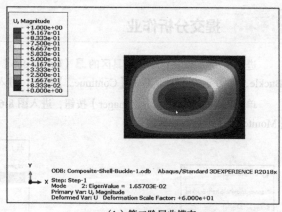

（b）第二阶屈曲模态

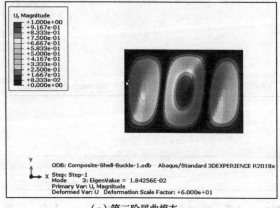

（c）第三阶屈曲模态

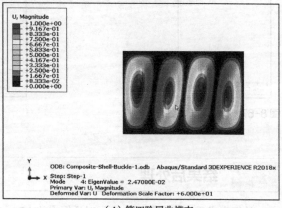

（d）第四阶屈曲模态

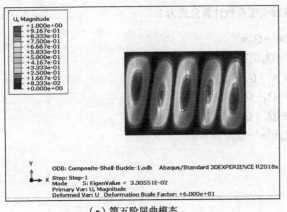
（e）第五阶屈曲模态

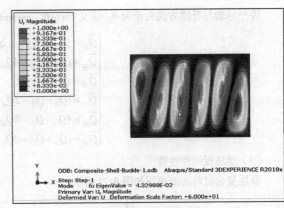
（f）第六阶屈曲模态

图8-71 前6阶屈曲模态

8.3.10 屈曲载荷计算

1. 屈曲载荷有限元结果计算

施加的线载荷为100N/mm，第一阶特征值为1.45579E-02，加载边长度为400mm，则第一阶屈曲载荷为F=（1.45579E-02）×100N/mm×400mm=582.3N。

复合材料板稳定性计算前6阶屈曲载荷见表8-3。

表8-3 复合材料板稳定性计算前6阶屈曲载荷

阶数	载荷方向屈曲半波数 m	特征值 f	$N_{x\text{有限元}}$/（N/mm）	屈曲载荷 F/N
1	2	1.45579E-02	1.45579	582
2	1	1.65703 E-02	1.65703	663
3	3	1.84256 E-02	1.84256	737
4	4	2.47080 E-02	2.47080	988
5	5	3.30551 E-02	3.30551	1322
6	6	4.32988 E-02	4.32988	1732

2. 屈曲载荷理论值计算

（1）单向复合材料主轴方向的弹性常数

平面应力假设 $\sigma_3=0$ 应力应变关系如下：

$$\begin{bmatrix} \sigma_1 \\ \sigma_2 \\ \tau_{12} \end{bmatrix} = \begin{bmatrix} Q_{11} & Q_{12} & 0 \\ Q_{12} & Q_{22} & 0 \\ 0 & 0 & Q_{66} \end{bmatrix} \begin{bmatrix} \varepsilon_1 \\ \varepsilon_2 \\ \gamma_{12} \end{bmatrix}$$

$$Q_{11}=\frac{E_1}{1-v_{12}v_{21}}, \quad Q_{12}=\frac{v_{21}E_1}{1-v_{12}v_{21}}, \quad Q_{22}=\frac{E_2}{1-v_{12}v_{21}}, \quad Q_{66}=G_{12}, \quad \frac{v_{12}}{E_1}=\frac{v_{21}}{E_2}$$

（2）单向复合材料偏轴方向的弹性常数

当坐标轴与纤维方向不一致时，则：

$$\begin{bmatrix} \sigma_x \\ \sigma_y \\ \tau_{xy} \end{bmatrix} = \begin{bmatrix} \overline{Q}_{11} & \overline{Q}_{12} & \overline{Q}_{16} \\ \overline{Q}_{12} & \overline{Q}_{22} & \overline{Q}_{26} \\ \overline{Q}_{16} & \overline{Q}_{26} & \overline{Q}_{66} \end{bmatrix} \begin{bmatrix} \varepsilon_x \\ \varepsilon_y \\ \gamma_{xy} \end{bmatrix}$$

设坐标轴与纤维方向夹角为 θ，定义 $l=\cos\theta$，$m=\sin\theta$，偏轴刚度系数计算公式为：

$$\begin{cases} \bar{Q}_{11} = Q_{11}l^4 + 2(Q_{12}+2Q_{66})l^2m^2 + Q_{22}m^4 \\ \bar{Q}_{12} = (Q_{11}+Q_{22}-4Q_{66})l^2m^2 + Q_{12}(l^4+m^4) \\ \bar{Q}_{22} = Q_{11}m^4 + 2(Q_{12}+2Q_{66})l^2m^2 + Q_{22}l^4 \\ \bar{Q}_{16} = (Q_{11}-Q_{12}-2Q_{66})l^3m + (Q_{12}-Q_{22}+2Q_{66})lm^3 \\ \bar{Q}_{26} = (Q_{11}-Q_{12}-2Q_{66})lm^3 + (Q_{12}-Q_{22}+2Q_{66})l^3m \\ \bar{Q}_{66} = (Q_{11}+Q_{22}-2Q_{12}-2Q_{66})l^2m^2 + Q_{66}(l^4+m^4) \end{cases}$$

（3）层压板弹性性能

叠层复合材料的剖面图如图 8-72 所示。

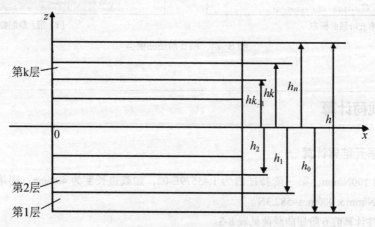

图 8-72 叠层复合材料的剖面图

$$\begin{bmatrix} N \\ M \end{bmatrix} = \begin{bmatrix} A & B \\ B & D \end{bmatrix} \begin{bmatrix} \varepsilon^0 \\ K \end{bmatrix}$$

式中，$[N]$ 为内力，$[N] = [N_x \ N_y \ N_{xy}]$；$[M]$ 为内力距，$[M] = [M_x \ M_y \ M_{xy}]$；$[\varepsilon^0]$ 为坐标面内的应变；$[\kappa]$ 为变形前后中面曲率及扭率的改变值；$[A]$ 为叠层复合材料的拉伸刚度矩阵；$[B]$ 为叠层复合材料的拉伸与弯曲耦合刚度矩阵；$[D]$ 为叠层复合材料的弯曲刚度矩阵。A、B、D 分别如下：

$$[A] = \begin{bmatrix} A_{11} & A_{12} & A_{16} \\ A_{12} & A_{22} & A_{26} \\ A_{16} & A_{26} & A_{66} \end{bmatrix}$$

$$[B] = \begin{bmatrix} B_{11} & B_{12} & B_{16} \\ B_{12} & B_{22} & B_{26} \\ B_{16} & B_{26} & B_{66} \end{bmatrix}$$

$$[D] = \begin{bmatrix} D_{11} & D_{12} & D_{16} \\ D_{12} & D_{22} & D_{26} \\ D_{16} & D_{26} & D_{66} \end{bmatrix}$$

其中：

$$\begin{cases} A_{ij} = \sum_{k=1}^{n} (\bar{Q}_{ij})_k (h_k - h_{k-1}) \\ B_{ij} = \frac{1}{2}\sum_{k=1}^{n} (\bar{Q}_{ij})_k (h_k^2 - h_{k-1}^2) \\ D_{ij} = \frac{1}{3}\sum_{k=1}^{n} (\bar{Q}_{ij})_k (h_k^3 - h_{k-1}^3) \end{cases}$$

计算得：

$$[A] = \begin{vmatrix} A_{11} & A_{12} & A_{16} \\ A_{12} & A_{22} & A_{26} \\ A_{16} & A_{26} & A_{66} \end{vmatrix} = \begin{bmatrix} 6.1559 & 1.8995 & 0 \\ 1.8995 & 6.1559 & 0 \\ 0 & 0 & 2.1282 \end{bmatrix} \times 10^4$$

$$[D] = \begin{bmatrix} D_{11} & D_{12} & D_{16} \\ D_{12} & D_{22} & D_{26} \\ D_{16} & D_{26} & D_{66} \end{bmatrix} = \begin{bmatrix} 3.5940 & 2.5880 & 0.7961 \\ 2.5880 & 4.6555 & 0.7961 \\ 0.7961 & 0.7961 & 2.7786 \end{bmatrix} \times 10^3$$

$$[B] = \begin{bmatrix} 0 & 0 & 0 \\ 0 & 0 & 0 \\ 0 & 0 & 0 \end{bmatrix}$$

四边简支，轴压屈曲载荷为

$$N_x = \frac{\pi^2 D_{22}}{b^2} \left[\frac{D_{11}}{D_{22}} \left(\frac{b}{a} \right)^2 m^2 + 2 \left(\frac{D_{12} + 2D_{66}}{D_{22}} \right) + \left(\frac{a}{b} \right)^2 \frac{1}{m^2} \right]$$

式中，N_x 为单位长度上轴压屈曲载荷；m 为沿板的方向屈曲半波数。

复合材料板的有限元结果与理论值对比见表 8-4。

表 8-4 复合材料板的有限元结果与理论值对比

阶数	载荷方向屈曲半波数 m	$N_{x理论}/$(N/mm)	$N_{x有限元}/$(N/mm)	$(N_{x有限元} - N_{x理论})/N_{x理论}$
1	2	1.5606	1.45579	-6.7%
2	1	1.7496	1.65703	-5.3%
3	3	1.9635	1.84256	-6.2%
4	4	2.6218	2.47080	-5.8%
5	5	3.4941	3.30551	-5.4%
6	6	4.5700	4.32988	-5.3%

可见，复合材料层压板前六阶的屈曲载荷有限元结果与理论值的最大误差为 6.7%，说明有限元计算结果准确，且比理论计算值小，更保守；引起误差的原因有网格疏密、截断误差等。

8.3.11 INP文件说明

用文本编辑器打开前面输出到工作目录下的计算文件 Composite_Shell_Buckle.inp，下面对该文件进行说明。

```
省略节点和单元信息
** Section: Composite-Section-1——截面铺层信息
*Shell Section, elset=_PickedSet2, composite, symmetric
0.125, 3, Material-1, 45.
0.125, 3, Material-1, -45.
0.125, 3, Material-1, 90.
0.125, 3, Material-1, 0.
省略装配信息
**
** MATERIALS——材料信息
**
*Material, name=Material-1
*Elastic, type=LAMINA
144700., 9650., 0.3, 5200., 5200., 3400.
```

```
** ----------------------------------------------------------
**
** STEP: Step-1——分析步设置信息
**
*Step, name=Step-1, perturbation
*Buckle
6, , 18, 30
**
** BOUNDARY CONDITIONS——边界条件定义信息
**
** Name: BC-1 Type: Displacement/Rotation
*Boundary, op=NEW, load case=1
_PickedSet9, 1, 1
_PickedSet9, 2, 2
_PickedSet9, 3, 3
*Boundary, op=NEW, load case=2
_PickedSet9, 1, 1
_PickedSet9, 2, 2
_PickedSet9, 3, 3
** Name: BC-2 Type: Displacement/Rotation
*Boundary, op=NEW, load case=1
_PickedSet5, 3, 3
*Boundary, op=NEW, load case=2
_PickedSet5, 3, 3
** Name: BC-3 Type: Displacement/Rotation
*Boundary, op=NEW, load case=1
_PickedSet6, 2, 2
_PickedSet6, 3, 3
*Boundary, op=NEW, load case=2
_PickedSet6, 2, 2
_PickedSet6, 3, 3
**
** LOADS——载荷信息
**
** Name: Load-1   Type: Shell edge load
*Dsload
_PickedSurf7, EDNOR, 100.
**
** OUTPUT REQUESTS——输出定义信息
**
*Restart, write, frequency=0
**
** FIELD OUTPUT: F-Output-1
**
*Output, field, variable=PRESELECT
*End Step
```

8.4 用户材料子程序UMAT

ABAQUS具有良好的开放性，为用户提供了强大且灵活的子程序接口（User Subroutine）和应用程序接口（Utility

Routine)。通过这些接口，用户可以代码的形式扩展主程序功能，以满足自己的特定需求。

本节以一个简单的例子对用户材料子程序（UMAT）进行介绍。

8.4.1 用户材料子程序（UMAT）

用户材料子程序（User-Defined Material Mechanical Behavior, UMAT）是 ABAQUS 提供给用户自定义材料属性的 Fortran 程序接口，使用户能够使用 ABAQUS 材料库中没有定义的材料模型。

因为子程序需要与主程序传递数据，所以子程序的编写必须严格遵守 UMAT 的书写格式。在 ABAQUS 帮助文档中，提供了子程序编写的通常格式：

```
SUBROUTINE UMAT (STRESS, STATEV, DDSDDE, SSE, SPD, SCD,
1 RPL, DDSDDT, DRPLDE, DRPLDT,
2 STRAN, DSTRAN, TIME, DTIME, TEMP, DTEMP, PREDEF, DPRED, CMNAME,
3 NDI, NSHR, NTENS, NSTATV, PROPS, NPROPS, COORDS, DROT, PNEWDT,
4 CELENT, DFGRD0, DFGRD1, NOEL, NPT, LAYER, KSPT, KSTEP, KINC)
C
INCLUDE 'ABA_PARAM.INC'
C
CHARACTER*80 CMNAME
DIMENSION STRESS (NTENS), STATEV (NSTATV),
1 DDSDDE (NTENS, NTENS), DDSDDT (NTENS), DRPLDE (NTENS),
2 STRAN (NTENS), DSTRAN (NTENS), TIME (2), PREDEF (1), DPRED (1),
3 PROPS (NPROPS), COORDS (3), DROT (3, 3), DFGRD0 (3, 3), DFGRD1 (3, 3)

user coding to define DDSDDE, STRESS, STATEV, SSE, SPD, SCD
and, if necessary, RPL, DDSDDT, DRPLDE, DRPLDT, PNEWDT

RETURN
END
```

ABAQUS 子程序使用 Fortran77 的固定格式编写，第 1～5 列为行号区；第 6 列为续行区，填入非零非空格的字符代表继续上一行；第 8～80 列为语句区。灰色标注区域为用户编写子程序的区域。

下面仅介绍一下即将使用的子程序所包含变量的含义。

- NTENS：雅可比矩阵的维数。
- DDSDDE：NTENS 阶的雅可比矩阵。
- NDI：直接应力分量的数目，与 NSHR（剪切应力分量）相对。
- STRESS：应力张量矩阵。
- DSTRAN：应变增量矩阵。
- STRAN：应变张量矩阵。
- SSE：弹性应变能，对结果无影响，仅作为结果输出。

子程序 UMAT_F90_R.for 中填写在灰色区域的部分如下：

```
REAL (8) rE !杨氏模量
REAL (8) rMu !泊松比
REAL (8) rG !剪切模量
REAL (8) rLambda !拉梅常数
rE= -0.4 * (0.5*COORDS (1)**2+3.0*COORDS (2)**2)+500
```

```
rMu= 0.25
rG=rE/(2.0*(1.0+rMu))
rLambda=(2.0*rMu*rG)/(1.0-2.0*rMu)
DO i=1, NTENS, 1
DO j=1, NTENS, 1
  DDSDDE(i, j)=0.0
END DO
END DO
DO i=1, NDI, 1
DO j=1, NDI, 1
  DDSDDE(i, j)=rLambda
END DO
  DDSDDE(i, i)=rLambda+2.0*rG
END DO
DO i=NDI+1, NTENS, 1
DDSDDE(i, i)=rG
END DO
DO i=1, NTENS, 1
DO j=1, NTENS, 1
  STRESS(i)=STRESS(i)+DDSDDE(i, j)*DSTRAN(j)
END DO
END DO
DO i=1, NTENS, 1
STRAN(i)=STRAN(i)+DSTRAN(i)
END DO
SSE=0
DO i=1, NTENS, 1
SSE=SSE+STRESS(i)*STRAN(i)
END DO
SSE=0.5*SSE
STATEV(1)=rE  !状态变量,显示弹性模量
```

上述子程序的作用是定义新的材料属性,其弹性模量由原点向四周按二次函数递减。

8.4.2 在ABAQUS中使用子程序

启动 ABAQUS/CAE,关闭【Start Session】对话框,保存文件为 UMAT_Exam.cae。

1. 创建部件

单击工具区的【Create Part】按钮,在弹出的对话框中单击【Continue...】按钮,进入草图环境。单击工具区的【Create Lines: Rectangle (4 Lines)】按钮,分别输入坐标(-25, 15)、(25, -15),按【Enter】键分隔,单击提示区的【Cancel Procedure】按钮,再单击【Done】按钮,在弹出的【Edit Base Extrusion】对话框中设置【Depth】的值为5,单击【OK】按钮完成部件的创建。

2. 设置材料属性

步骤1 进入【Property】模块,单击工具区的【Create Material】按钮,弹出【Edit Material】对话框,选择【General】/【User Material】,将【Mechanical Constants】设为1。选择【General】/【Depvar】,将【Number of solution-dependent state variables】设置为1,即状态变量为1个,如图8-73所示,单击【OK】按钮。

步骤2 单击工具区的【Create Section】按钮,在弹出的【Create Section】对话框中单击【Continue...】按钮,

弹出【Edit Section】对话框，单击【OK】按钮。

步骤3 单击工具区的 【Assign Section】按钮，在视图区选中部件，单击鼠标中键，弹出【Edit Section Assignment】对话框，单击【OK】按钮。

3. 创建装配体

进入【Assembly】模块，单击工具区的 【Create Instance】按钮，弹出【Create Instance】对话框，单击【OK】按钮。

4. 创建分析步

进入【Step】模块，单击工具区的 【Create Step】按钮，弹出【Create Step】对话框，单击【Continue...】按钮，弹出【Edit Step】对话框，采用默认值，单击【OK】按钮。

单击工具区的 【Field Output Manager】按钮，弹出【Field Output Requests Manager】对话框，单击【Edit...】按钮，在弹出的【Edit Field Output Request】对话框中勾选【State/Field/User/Time】下的【SDV，Solution dependent state variables】，如图8-74所示。

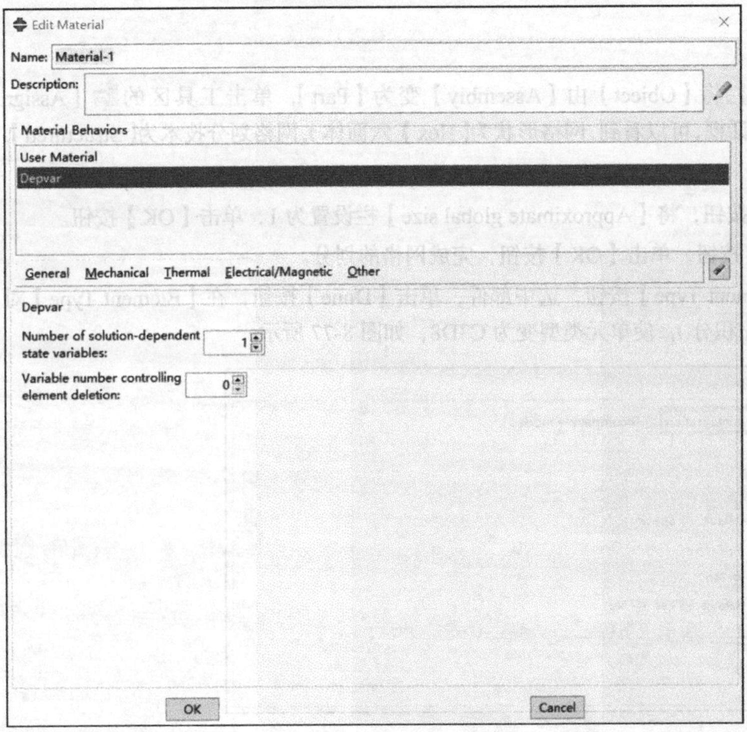

图8-73 编辑材料属性 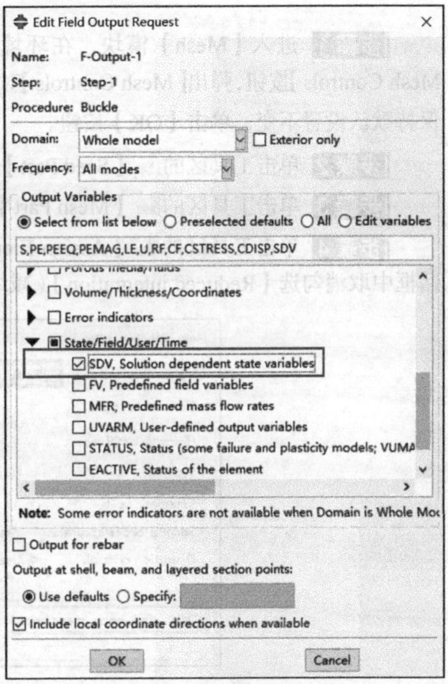　　　　　　图8-74 选择输出状态变量

5. 创建载荷

步骤1 进入【Load】模块，单击工具区的 【Create Boundary Condition】按钮，弹出【Create Boundary Condition】对话框，将【Step】选为【Initial】，【Types】选为【Displacement/Rotation】，单击【Continue...】按钮，选择部件的上表面，如图8-75所示，单击【Done】按钮，弹出【Edit Boundary Condition】对话框，勾选【U1】、【U2】、【U3】，然后单击【OK】按钮。

步骤2 单击工具区的 【Create Boundary Condition】按钮，弹出【Create Boundary Condition】对话框，将【Step】选为【Step-1】，将部件下表面的【U1】、【U2】、【U3】约束住。

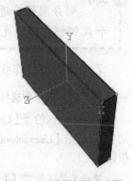

图8-75 选择部件上表面

步骤3 单击工具区的【Boundary Condition Manager】按钮,在弹出的对话框中双击【BC-1】在【Step-1】下的部分,如图8-76(a)所示,在弹出的【Edit Boundary Condition】中将【U3】改为0.5,使部件的上表面向Z轴正方向移动0.5,单击【OK】按钮。修改后【Propagated】变为【Modified】,如图8-76(b)所示。

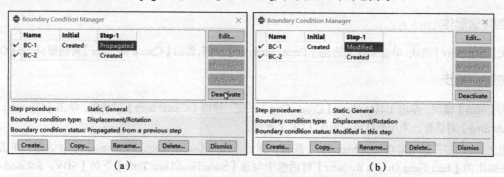

图8-76 修改边界条件

6. 划分网格

步骤1 进入【Mesh】模块,在环境栏将【Object】由【Assembly】变为【Part】,单击工具区的【Assign Mesh Controls】按钮,弹出【Mesh Controls】对话框,可以看到,网格形状为【Hex】(六面体),网格划分技术为【Structured】,保持默认设置不变,单击【OK】按钮。

步骤2 单击工具区的【Seed Part】按钮,将【Approximate global size】栏设置为1,单击【OK】按钮。

步骤3 单击工具区的【Mesh Part】按钮,单击【OK】按钮,完成网格的划分。

步骤4 单击工具区的【Assign Element Type】按钮,选中部件,单击【Done】按钮,在【Element Type】对话框中取消勾选【Reduced integration】(减缩积分),使单元类型变为C3D8,如图8-77所示。

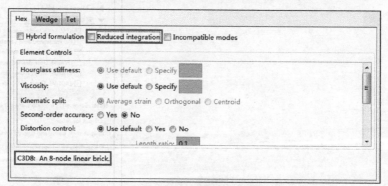

图8-77 取消减缩积分的勾选

> 提示
> 划分网格后进行单元类型的修改不会删除已划分的网格,但改变网格划分技术、种子分布和几何模型必须先删除已划分的网格。

7. 创建并提交作业

在【Module】中选择【Job】,进入作业功能模块。

单击工具区的【Create Job】按钮,在弹出的对话框中单击【Continue...】按钮,在【Edit Job】对话框中选择【General】选项卡,单击【User subroutine file】后的【Select】按钮,如图8-78所示,选中子程序 UMAT_F90_R.for,单击【OK】按钮。

单击工具区的【Job Manager】按钮,在弹出的对话框中单击【Submit】按钮提交作业。

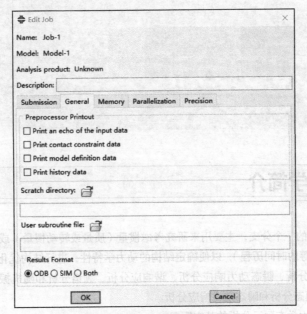

图 8-78 加载子程序

8. 后处理

计算结束后,在【Job Manager】对话框中单击【Results】按钮,进入【Visualization】模块。

单击 【Plot Contours on Deformed Shape】按钮,显示模型变形后的 Mises 应力云图,如图 8-79 所示。

在上方工具栏 中选择【SDV1】,显示子程序中设置的状态变量,即显示弹性模量,如图 8-80 所示。

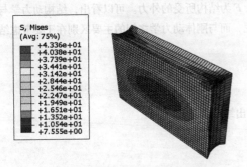

图 8-79 Mises 应力云图(变形放大 10 倍)

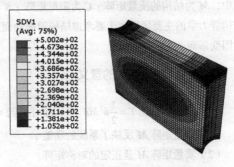

图 8-80 弹性模量云图

第9章 动力学分析

9.1 结构动力学简介

结构动力学是结构力学的一个分支,主要用来研究考虑惯量(质量或转动惯量)或阻尼的结构对于动载荷的响应(包括结构的位移、变形等的时间历程),以便确定结构的动力学特性,进行结构优化设计。在工程应用中,结构动力学分析主要包括:模态分析、瞬态动力响应分析、谐响应分析、频谱分析和随机振动分析。本章主要介绍利用ABAQUS/CAE进行结构的模态分析和瞬态动力响应分析。

首先,介绍一下结构动力学有限元分析的基本原理。

动力学主要研究的是力与运动的关系。在经典力学中,牛顿便给出了力与运动的定量关系,即牛顿第二定律:

$$F = Ma \tag{9-1}$$

按照达朗贝尔原理(即动静法)可写为:

$$F - Ma = 0 \tag{9-2}$$

在外加动载荷作用下,结构会发生振动。它的任一部分或者任意取出的一个微体将在外载荷、弹性力、惯性力和阻尼力的共同作用下处于达朗贝尔原理意义下的平衡状态。因此,可以将结构动力学方程写为:

$$M\ddot{u} + C\dot{u} + Ku - F = 0 \tag{9-3}$$

式中,M 为结构的质量矩阵;C 为阻尼矩阵;K 为结构的刚度矩阵;F 为结构所受的外力。可以看出,结构动力学与结构静力学的主要区别在于要考虑结构因振动而产生的惯性力和阻尼,而与刚体动力学之间的主要区别在于要考虑结构因变形而产生的弹性力。

1. 结构质量矩阵M的意义

因为系统的动能 $T = \frac{1}{2}\dot{u}^T M\dot{u} > 0$,便可得到 $m_{ij} = \frac{\partial^2 T}{\partial \dot{u}_i \partial \dot{u}_j} = m_{ji}$,得出结论:

(1)质量矩阵 M 反映了系统的动能;
(2)质量矩阵 M 是正定的对称矩阵。

2. 刚度矩阵K的物理意义

由系统的弹性势能 $U = \frac{1}{2}u^T Ku \geq 0$,便可得到 $k_{ij} = \frac{\partial^2 U}{\partial u_i \partial u_j} = k_{ji}$,得到结论

(1)刚度矩阵 K 反映了系统的势能;
(2)刚度矩阵 K 是对称矩阵并且是半正定的(对于刚体位移,$U=0$)。

3. 系统阻尼C

在式(9-3)中阻尼 C 一般假定为黏性阻尼,它的大小与速度成正比。但是在实际结构中,阻尼并非均与速度成正比,比如低黏度流体阻尼、Coulomb干摩擦阻尼和结构阻尼。然而在计算中,为了简便,常将其等效为黏性阻尼。等效原则为:等效黏性阻尼与其他类型的阻尼在一个简谐振动的周期内消耗的能量相等。

ABAQUS中对阻尼的定义是:在ABAQUS中,为了进行模态分析,可定义不同类型的阻尼,包括直接模态阻尼、瑞利(Rayleigh)阻尼和复合模态阻尼。模拟动力学过程要定义阻尼。

（1）直接模态阻尼：可以定义对应于每阶振型的临界阻尼比 ζ。ζ 的典型取值范围为 1% ~ 10%。直接模态阻尼允许确定每阶振型的阻尼。

瑞利阻尼：假设阻尼矩阵是质量和刚度的线性组合，即

$$C = \alpha M + \beta k \quad (9-4)$$

式中，α 和 β 为用户自定义的常数。

（2）复合模态阻尼：复合模态阻尼可以定义每种材料的临界阻尼比，并且复合阻尼是对应于整体结构的阻尼。

有关 ABAQUS 中关于阻尼的定义用户可以参考《ABAQUS Analysis User's Guide》Part V，Chapter 26，Other Material Properties。

4. 固有频率和模态

固有频率是结构动力学中最基础的求解问题。简谐振动是动力学中最简单的一类振动问题。它是由弹簧-质量系统组成的，不考虑外力作用，其振动方程为：

$$M\ddot{u} + Ku = 0 \quad (9-5)$$

求解该方程，得到

$$\omega = \sqrt{\frac{K}{M}} \quad (9-6)$$

式中，ω 为弹簧-质量系统的固有频率。从式（11-6）可以得出：

（1）系统的固有频率是系统的本质属性；

（2）系统的固有频率与系统的阻尼、外力因素无关。

由于上述的弹簧-质量系统是一个单自由度系统，因此只有一个固有频率。对于实际的物体，它的固有频率有多个。所以，在结构的设计过程中，必须考虑它的固有频率，必须使可能施加的外界频率远离结构的固有频率，否则将会产生共振现象，这会对结构造成损害。

在 ABAQUS 中，频率提取程序用来求解结构的振型和频率。该程序非常简单，用户只需要给出所需要求解的固有频率数目，便可得出每阶固有频率的大小和振型。

5. 振型处理

在线性问题中，可以采用线性叠加法对模态振型进行线性叠加。然而，在非线性系统中该方法将变得毫无意义，因此需要对动力平衡方程进行积分，来求得振型。

在下述情况下才可以对振型进行叠加：

（1）系统是线性的，即无接触条件、材料线性和无非线性几何效应；

（2）系统的阻尼不能过大；

（3）为确保载荷的描述足够精确，载荷的主要频率应该在所提取的频率范围内；

（4）响应受较少频率支配；

（5）任何突然加载所产生的初始加速度应该能用特征模态精确描述。

在线性系统中，结构的变形可以由每一阶的模态叠加得到，即

$$u = \sum_{i}^{\infty} b_i \phi_i \quad (9-7)$$

式中，u 为系统的位移；b_i 为 i 阶振型 ϕ_i 的标量因子。

6. 瞬态动力学的基本原理

式（9-3）即为瞬态动力学的基本方程，其中力 F 为时间的函数，它具有多种形式，可构成不同类型的瞬态动力学。在求解该方程时，ABAQUS 对该方程进行了半离散化。所谓的半离散化是指在导出方程中，每个时刻均满足平衡条件。

ABAQUS 中求解动态问题分为两类求解方法，即振型叠加法和直接积分法，分别用来求解线性问题和非线性问题，本节只考虑线性问题。所谓的振型叠加法分为求解系统的固有频率和固有振型，以及求解系统的动力学响应。在利用振型叠加法求解动态响应时，两步求解顺序不能颠倒，即必须先求解系统的固有频率和振型，之后求解系统的动力响应。直接积分法是指直接对运动学方程进行积分，该方法主要分为两种，即对应显式的中心差分法和对应隐式的纽马

克法。每种方法都有各自的特点，对于现实的工程问题需要具体分析才能决定选哪种方法求解。

读者若想进一步了解结构动力学的内容，可参考《ABAQUS 动力学有限元分析指南》和 *ABAQUS Analysis Users' Guide* 的 Part III：Analysis Procedures，Solution，and Control，Chapter 6，Analysis Procedure。

9.2 石拱桥的模态分析及动力响应

9.2.1 拱桥结构的模态分析

模态分析是研究结构动力特性的一种近代方法，是系统辨别方法在工程振动领域中的应用。通过模态分析方法，可以搞清楚结构物在某一易受影响的频率范围内的各阶主要模态的特性，从而可以预测结构在此频段内受外部或内部各种振源作用下产生的实际振动响应，并有效避免因共振所带来的结构损伤与破坏。例如美国塔科马海峡大桥在 1940 年 11 月 7 日，因受到风速为 42 英里/时（约 67.6 千米/时）的平稳风载荷而发生了坍塌。因此，结构的模态分析至关重要。

模态分析的最终目标是识别出系统的模态参数，为结构系统的振动特性分析、振动故障诊断和预报以及结构动力特性的优化设计提供依据。因此，模态分析技术的应用可归结为以下几个方面：

（1）评价现有结构系统的动态特性；
（2）对新产品设计进行结构动态特性的预估和优化设计；
（3）控制结构的辐射噪声；
（4）诊断及预报结构系统的故障。

1. 问题的描述

下面以一个石拱桥为例，对其进行模态分析，包括分析其固有频率和振型模态，这对拱桥的设计具有重要意义。在计算过程中，采用国际单位制：长度的单位为米（m），质量的单位为千克（kg），力的单位为牛顿（N），应力的单位为帕（Pa），时间的单位为秒（s）。石拱桥模型如图 9-1 所示。模型为密度 $\rho = 2430 \text{kg/m}^3$、弹性模量 $E = 52.3e6\text{Pa}$、泊松比 $\nu = 0.3$ 的线弹性各向同性材料。

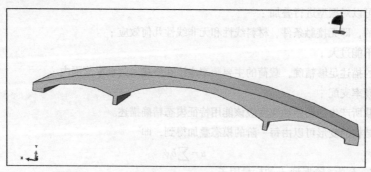

图 9-1 石拱桥模型

2. 模型的创建

对于模态分析，在 ABAQUS 中必须使用线性摄动分析步【Linear perturbatiion】，分析中可以采用二次四面体单元，即 C3D10 单元类型。

单击工具区中的【Create Part】按钮，创建一个名为 bridge 的三维可变拉伸实体，大概尺寸设置为 50，单击【Continue...】按钮进入草图绘制环境。

单击工具区的【Create Arc，Thru 3 Points】按钮，输入圆弧段的第 1 个坐标（-20，1），按【Enter】键；继续

输入第2个坐标（20,1），按【Enter】键；输入第3个坐标（0,4.5），按【Enter】键。从而完成了桥面的绘制。

接下来绘制桥墩。单击工具区中的【Create Lines,Connected】按钮，在提示区输入坐标(-20,1)，按【Enter】键。同理，接下来依次输入坐标(-20,0)、(-18.5,0)、(-18.5,0.5)，分别按【Enter】键，最后按鼠标中键，便绘制好左起第1个桥墩。第2个桥墩的坐标依次为(-9.5,1)、(-9.5,0)、(-9,0)、(-9,1)。第3个桥墩为(9.5,1)、(9.5,0)、(9,0)、(9,1)。第4个桥墩依次为(20,1)、(20,0)、(18.5,0)、(18.5,0.5)。这样便绘制好了石拱桥的桥墩。

最后绘制石拱桥的拱。单击工具区的【Create Arc，Thru 3 Points】按钮，依次输入圆弧段的第1个坐标(-18.5,0.5)，按【Enter】键；第2个坐标(-9.5,1)，按【Enter】键；第3个坐标(-14,1.75)，按【Enter】键。这样便完成了第1个拱的绘制。同理第2个拱的三点坐标为(-9.5,1)、(9.5,1)、(0,3.5)；第3个拱的三点坐标为(9.5,1)、(18.5,0.5)、(14,1.75)。至此，完成了3个拱的绘制，单击鼠标中键，提示区为 Sketch the section for the solid extrusion Done，单击【Done】按钮，弹出图9-2所示的对话框，编辑拉伸长度，【Depth】栏输入6。单击【OK】按钮完成了石拱桥的三维模型，如图9-2所示。

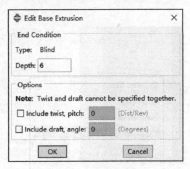

图9-2 编辑拉伸

3. 拱桥的材料属性

在环境栏的【Module】下拉列表中选择【Property】，即进入元素模块。

单击【Create Material】按钮，弹出【Edit Material】对话框。材料名字选择默认的Material-1，单击【General】按钮，在下拉列表中选择【density】，输入密度为2430kg/m³，单击【Mechanical】按钮，在下拉菜单中选择【Elasticity】/【Elastic】，输入弹性模量为52300000Pa，泊松比为0.3。单击【OK】按钮完成材料属性的编辑。

单击【Create Section】按钮，弹出【Create Section】对话框，种类【Category】选择实体【Solid】，【Type】选择各向同性【Homogeneous】，默认截面属性名字为Section-1。单击【Continue】按钮，弹出编辑截面的对话框，【Material】栏选择Material-1，单击【OK】按钮，完成截面的创建。

单击【Assign Section】按钮，提示栏提示选择需要赋截面属性的对象，框选石拱桥模型，单击提示区的【Done】按钮，在弹出的对话框的【Section】栏选择【Section-1】，单击【OK】按钮，则完成截面属性的赋予。模型由原来的灰色变为深绿色。

至此，完成了石拱桥的材料模块。

4. 模型的装配

在环境栏【Module】后面的下拉列表中选择【Assembly】，即进入模型的组装模块。单击【Create Instance】，弹出创建实体的按钮，【Pats】栏选择bridge，其他选项全部采用默认设置，单击【OK】按钮，完成模型的组装。

5. 创建分析步

在环境栏的【Module】下拉列表中选择【Step】，即进入模型的分析步模块。对于模态分析，在ABAQUS中必须使用线性摄动分析步【Linear perturbation】。

ABAQUS/Standard提供了【Lanczos】，【Subspace iteration】（子空间迭代）和【AMS】3种提取特征模态的方法。对于具有很多自由度的系统，要求设置许多固有频率时，一般来说【Lanczos】方法的速度更快。而仅需要少数几个（一般少于20）模态时，应用【Subspace】方法的速度更快。一般情况下，【AMS】（Automatic multi-level substructure）方法的求解速度比【Lanczos】求解速度快，尤其是在多自由度系统时表现得更为突出。但是，【AMS】方法有一定的局限性。用户若需进一步了解ABAQUS提供的模态特征值提取方法，可参考 *ABAQUS Analysis Users Guide* 的Part III : Analysis Procedures, Solution, and Control, Chapter 6 "Analysis Procedures"。

单击【Create Step】按钮，弹出创建分析步的对话框，如图9-3所示，名称默认为Step-1，分析类型选择为【Linear Perturbation】（线性摄动分析），【Frequency】（频率分析）。单击【Continue】按钮，弹出【Edit Step】对话框，如图9-4所示。选择【Lanczos】求解器，求解前30阶固有频率和振型，故选中【Value】并输入30。除了指定所要提取的模态数目,用户也可以指定最大/最小频率,此时,如果ABAQUS提取了在这个范围内的所有特征值,就会结束该分析。用户也可以指定一个变换点,距离这个变换点最近的特征值将被提取。默认情况下不使用最大最小频率或变换点。如果没有约束结构的刚体模态,必须设定变换值为一个小的负值,这样可以用来避免由于刚体运动产生的数值问题。本例石拱桥模型被约束,因此不需要考虑该问题。

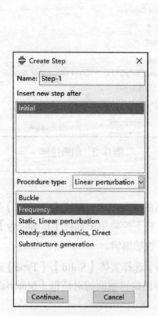

图9-3 创建分析步

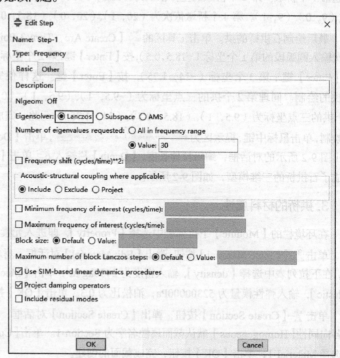

图9-4 编辑分析步

6. 创建边界条件

在环境栏的【Module】下拉列表中选择【Load】,即进入模型的载荷模块。

单击 【Create Boundary Condition】按钮,弹出创建边界条件的对话框,如图9-5所示。名称为BC-1,【Step】选择【Initial】,【Types for Selected Step】选择【Displacement/Rotation】(位移/转角约束),单击【Continue...】按钮,提示栏显示 Select regions for the boundary condition (☑ Create set: Set-1) Done 。对于模型边界区域选取,如图9-6所示,按住【Shift】键,选择区域,即桥墩与地面的接触面,选好后单击提示区的【Done】按钮,弹出编辑边界条件对话框,勾选6个自由度,单击【OK】按钮,完成边界条件的施加。

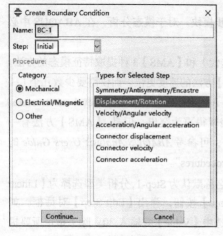

图9-5 创建边界条件

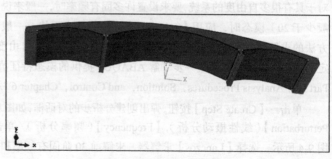

图9-6 模型边界条件选取区域

> **提示**
> 在模态分析中，只有边界条件起作用，载荷对模态分析结果毫无影响，即使施加了载荷，在分析步中也不起作用。

7. 网格划分

在环境栏中的【Module】下拉列表中选择【Mesh】，进入网格划分模块，在环境栏的【Object】后面选择【Part】，模型变为橙色，因此该部件不能使用当前的六面体单元形状进行网格划分。必须改变单元形状或者对部件进行剖分，使之能使用当前的单元形状进行网格划分。

执行【Mesh】/【Controls】命令，弹出【Mesh Controls】对话框，【Element Shape】栏中选择单元类型为【Tet】（四面体），其他选项为默认设置，单击【OK】按钮，图形窗口中的模型变为粉色，说明能使用四面体单元对模型进行自由网格划分。

> **提示**
> 因为组装模型是默认的非独立实体，如果不在环境栏的【Object】后面选择【Part】，执行【Mesh】/【Controls】命令时，ABAQUS 将会报错，弹出图 9-7 所示的对话框。

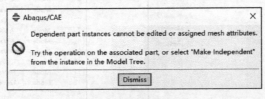

图 9-7 报错对话框

单击工具区的【Seed Part】按钮，弹出【Global Seeds】对话框，输入【Approximate global size】为 0.4，其他选项采取默认设置，单击【OK】按钮，在提示区单击【Done】按钮，完成种子的设置。

采取默认的单元类型，即 C3D10。单击工具区的【Mesh Part】按钮，单击提示区的【Yes】按钮，完成网格划分。系统提示【36951 elements have been generated on part : bridge】。划分好网格的模型如图 9-8 所示。

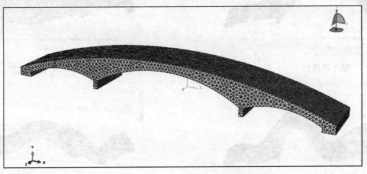

图 9-8 划分网格后的模型

8. 创建并提交分析作业

在环境栏的【Module】下拉列表中选择【Job】，即进入模型的分析作业模块。

单击工具区的【Create Job】按钮，弹出创建作业对话框，将【Name】栏改为【Job-bridge】，选择【Model-1】，单击【Continue】按钮，弹出编辑作业对话框。所有选项采用默认设置，直接单击【OK】按钮。

单击工具区的【Job Manager】按钮，弹出作业管理器对话框，如图 9-9 所示。单击【Submit】按钮，计算机将进行分析计算。

用户若需要对计算过程进行监测，单击【Monitor...】（监测）按钮，在弹出的对话框中便可进行过程监测。

9. 结果后处理

分析计算完成后，单击【Job Manager】对话框中的【Results】按钮，直接进入结果后处理模块。

（1）显示各模态振型图

执行【Results】的【Step/Frame...】命令，弹出【Step/Frame】（分析步/帧）对话框，如图 9-10 所示。图中显示了模型的各阶频率值，【Step Name】栏选择【Step-1】，【Frame】栏的【Index】选择 n，单击【Apply】按钮，显示第 n 阶模态。图 9-11 显示了石拱桥的前 6 阶以及第 15 阶、第 30 阶模态。

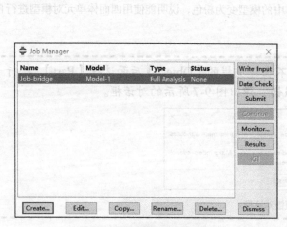

图 9-9　作用管理器对话框

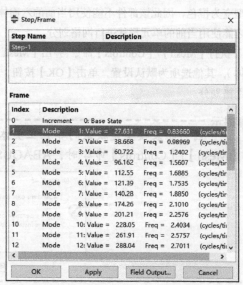

图 9-10　【Step/Frame】对话框

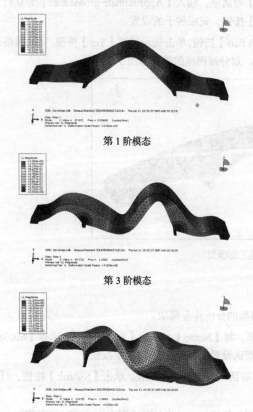

第 1 阶模态

第 3 阶模态

第 5 阶模态

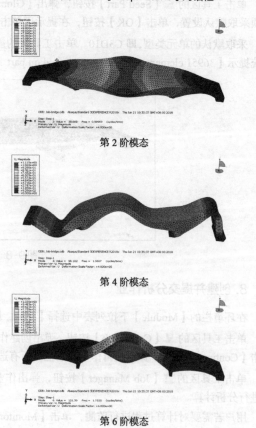

第 2 阶模态

第 4 阶模态

第 6 阶模态

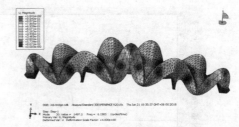

第 15 阶模态　　　　　　　　　　　　　　　第 30 阶模态

图 9-11　各阶模态图（变形放大倍数为 4）

（2）显示模态动画

单击云状图【Plot Contours on Deformed Shape】按钮，再单击按钮，便可显示模型的前 30 阶振型动画。用户执行【Animate】/【Save as】命令，弹出【Save Image Animation】对话框，如图 9-12 所示，在【File name】文本框中输入 Bridge-video，下面的选项可以对动画进行一些设置，用户可根据需要进行设置，这里不再赘述。单击【OK】按钮，保存 AVI 动画到 Bridge-video 文件中。

保存模型，退出 ABAQUS/CAE。

从模型的振型图可以看出，对于石拱桥模型来说，当其频率到达固有频率时，其振动幅度远远超过其允许的位移量，这将导致结构被破坏。所以对大型结构进行模态分析，可以有效地避免结构长期处于共振频率下，从而达到避免结构破坏的目的。

图 9-12　保存动画

9.2.2　石拱桥的动力响应分析

动力响应分析用于分析结构对随时间变化的载荷的响应。因此可以用来确定结构在稳态载荷、瞬态载荷和简谐载荷的任意组合作用下，随时间变化的位移、应变、应力和力。如果惯性力和阻尼作用不明显或可以忽略，那么就可以用静力学分析来代替瞬态动力学分析。

ABAQUS 提供的瞬态动力学分析方法包括：隐式动力学分析、子空间显示动力学分析、显式动力学分析以及模态瞬态动力学分析。隐式动力学分析通过对时间进行隐式积分求解动力学问题，适用于非线性瞬态响应分析。子空间显式动力学分析，通过对子空间下的动力学方程直接积分来求解系统瞬态响应，子空间基向量由系统的特征向量构成，这种方法能够非常有效地求解具有弱非线性系统的瞬态响应。显式动力学分析对结构的运动方程直接进行显式积分，进而求解动力学问题，该方法能够有效处理载荷作用时间较短的大规模模型。模态瞬态动力学分析应用模态叠加法求解线性系统的瞬态响应问题。模态瞬态分析是建立在线性系统的特征模态基础上，因此在应用该方法之前必须先提取系统的特征模态。

众所周知，桥梁结构的动力响应分析在桥梁结构设计过程中尤为重要。先进的计算机仿真技术可以有效预测桥梁结构在承受载荷作用下桥梁结构的动力响应，包括桥梁的位移、应力等。

1. 问题描述

下面对进行模态分析后的石拱桥进行风载荷作用分析，得到桥梁的动力响应，这对拱桥的设计具有重要意义。载荷设置如下：0～0.5s 作用大小为 10Pa 的恒定风力载荷；0.5～5s，由于天气变化，风力作用变为幅值为 10Pa、周期为 1s 的载荷。风力随时间变化曲线如图 9-13 所示。风载作用面为石拱桥的一个侧面。在该动载荷的作用下，分析石拱桥在振动过程中的能量变化，以及拱桥中央的应力随时间的变化情况。

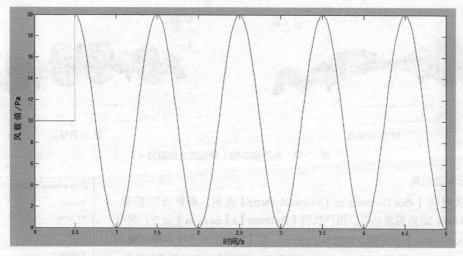

图 9-13 风力载荷随时间变化曲线

2. 石拱桥的动态分析过程

执行【File】/【Open】命令,在弹出的对话框中选择【bridge.cae】文件,单击【OK】按钮。

(1) 创建分析步

在环境栏的【Module】下拉列表中选择【Step】,即进入模型的分析步模块。单击【Create Step】按钮,弹出创建分析步的对话框,如图 9-14 所示,名称默认为 Step-2,分析类型选择为【Linear perturbation】(线性摄动分析)/【Modal dynamics】(模态动力学)分析,单击【Continue】按钮,弹出编辑分析步的对话框,如图 9-15 所示。在【Basic】(基本)选项卡的【Time period】(时间长度)栏输入 2,【Time increment】(时间增量)栏输入 0.001。单击【Damping】(阻尼)选项卡,选择【Rayleigh】阻尼,开始模态为 1,结束模态为 30,【Alpha】输入 2,【Beta】输入 0,如图 9-16 所示,单击【OK】按钮即可完成 Step-2 的创建。

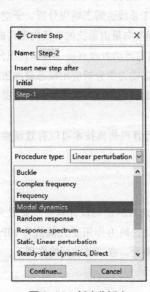

图 9-14 创建分析步

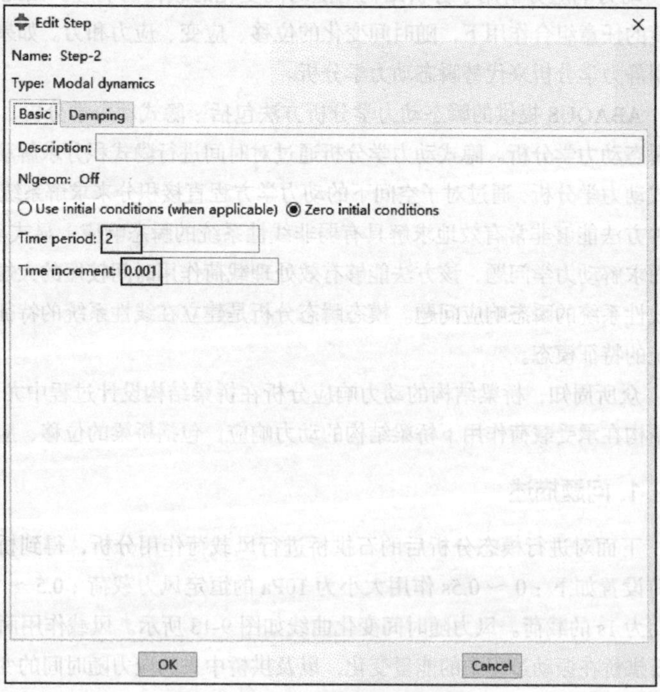

图 9-15 编辑分析步

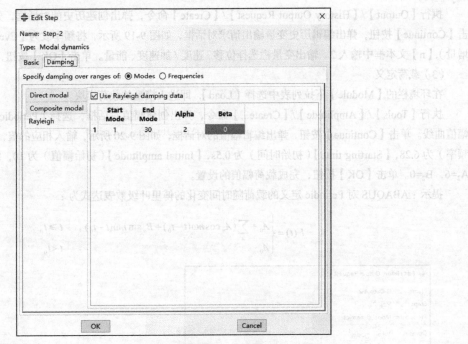

图 9-16 阻尼设定

(2) 变量输出设置

执行【Output】/【Field Output Request】/【Create】命令,弹出创建场的对话框,如图 9-17 所示,分析步选择【Step-2】,单击【Continue】按钮,弹出编辑场变量输出请求对话框,如图 9-18 所示,将频率改为【Every n increments】(每 n 个增量),【n】文本框中输入 10。输出变量栏选择应力、应变、位移 / 速度 / 加速度、作用力 / 反作用力。单击【OK】按钮,完成场变量输出设置。

图 9-17 创建场

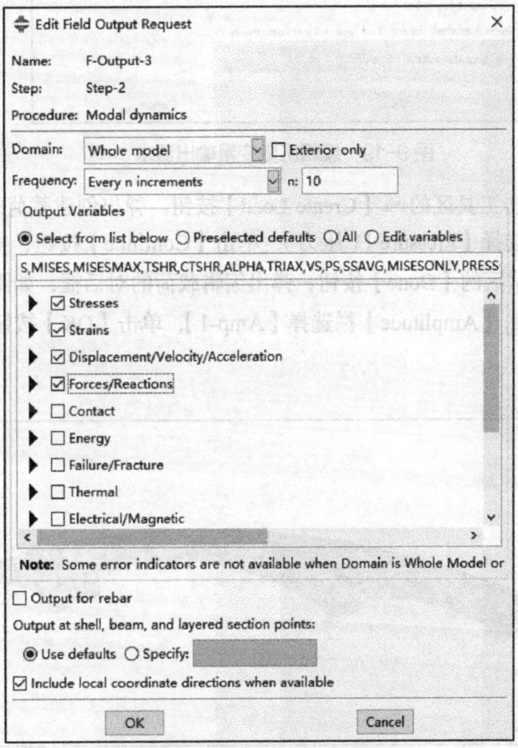

图 9-18 编辑场变量输出请求

执行【Output】/【History Output Request】/【Create】命令,弹出创建历史的对话框,分析步选择【Step-2】,单击【Continue】按钮,弹出编辑历史变量输出请求对话框,如图9-19所示,将频率改为【Every n increments】(每n个增量),【n】文本框中输入2。输出变量栏选择位移/速度/加速度、能量。单击【OK】按钮,完成历史变量输出设置。

(3)载荷定义

在环境栏的【Module】下拉列表中选择【Load】,即进入模型的载荷模块。

执行【Tools】/【Amplitude】/【Create...】命令,弹出创建幅值对话框,选择【Periodic】,即傅里叶级数形式的幅值曲线。单击【Continue】按钮,弹出编辑幅值的对话框,如图9-20所示,输入相应的值,【Circular frequency】(圆频率)为6.28,【Starting time】(初始时间)为0.5s,【Initial amplitude】(初始幅值)为10,级数的参数A_1=4,B_1=0,A_2=6,B_2=0。单击【OK】按钮,完成载荷幅值的设置。

提示:ABAQUS对Periodic定义的载荷随时间变化的傅里叶级数表达式为:

$$F(t) = \begin{cases} A_0 + \sum_{n}^{N}(A_n \cos n\omega(t-t_0) + B_n \sin n\omega(t-t_0)), & t \geq t_0 \\ A_0, & t < t_0 \end{cases}$$

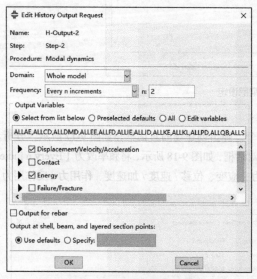

图9-19 编辑历史变量输出请求

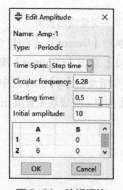

图9-20 编辑幅值

单击工具区的【Create Load】按钮,弹出创建载荷的对话框,默认名称为Load-1,分析步选择【Step-2】,载荷类型选择【Pressure】(压力),单击【Continue】按钮,提示区提示选择施加载荷的面,选择的面如图9-21所示。单击提示区的【Done】按钮,弹出编辑载荷的对话框,如图9-22所示,选择【Uniform】(均匀)分布,【Magnitude】栏输入1,【Amplitude】栏选择【Amp-1】,单击【OK】按钮,便完成载荷的设置。

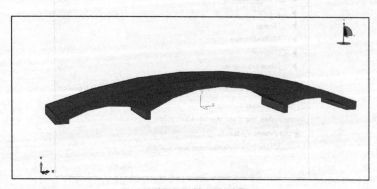

图9-21 载荷施加区域

图9-22 编辑载荷

（4）提交分析作业

接下来是提交分析作业，同模态分析作业提交相同，用户需要将作业名称改为 Bridge-load。

（5）动力响应分析后处理

① 计算完模型后，在分析作业对话框中单击【Results】按钮，模型进入后处理模块。

单击 【Plot Contours on Deformed Shape】按钮，视图区将会显示变形后模型的 Mises 应力云图，如图 9-23 所示。

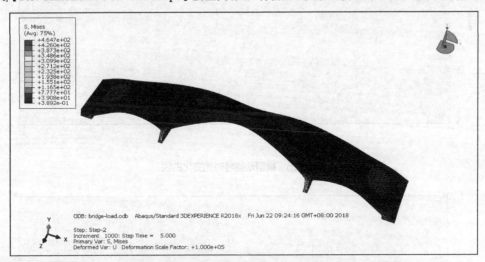

图 9-23　石拱桥最后时间增量步的应力云图（变形放大倍数为 100000）

② 接下来查看石拱桥总体的动能和应变能随时间的变化。执行【Results】/【History Output...】命令，弹出历史输出对话框，如图 9-24 所示。选择【Kinetic energy : ALLKE for Whole Model】，单击【Plot】按钮，绘制模型动能随时间变化的曲线图，如图 9-25 所示。选择【Strain energy : ALLSE for Whole Model】，单击【Plot】按钮，绘制模型应变能随时间变化的曲线图，如图 9-26 所示。选择【Generalized Displacement：GU5 for Whole Model】，单击【Plot】按钮，绘制模型的第 5 阶振型的广义位移随时间变化的曲线，如图 9-27 所示。

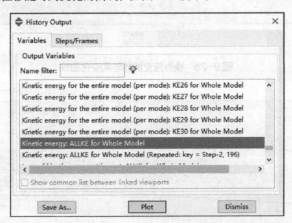

图 9-24　历史变量输出

③ 绘制图上任意一点的位移、应力随时间变化的曲线。

单击工具区的 【Create XY Data】按钮，弹出创建 XY 列表的对话框，如图 9-28 所示，选择【ODB field output】选项，单击【Continue...】按钮，弹出图 9-29 所示的对话框，【Position】栏选择【Unique Nodal】选项，输出变量选择【U：Spatial displacement】/【U3】，如图 9-29 所示。单击 Active Steps/Frames 按钮，弹出图 9-30 所示的对话框，将【Step-1】关闭，即单击其前面的绿色的"√"即可，单击【OK】按钮。单击图 9-29 的【Element/Nodes】选项卡，单击【Edit Selection】按钮，提示区将会提示选择所要绘制的点，选择石拱桥中心的节点（编号为 2609），如图 9-31 所示。单击提示区的【Done】按钮。最后单击图 9-29 中的【Plot】按钮，绘制的该中点应力随时间变化的曲线如图 9-32 所示。

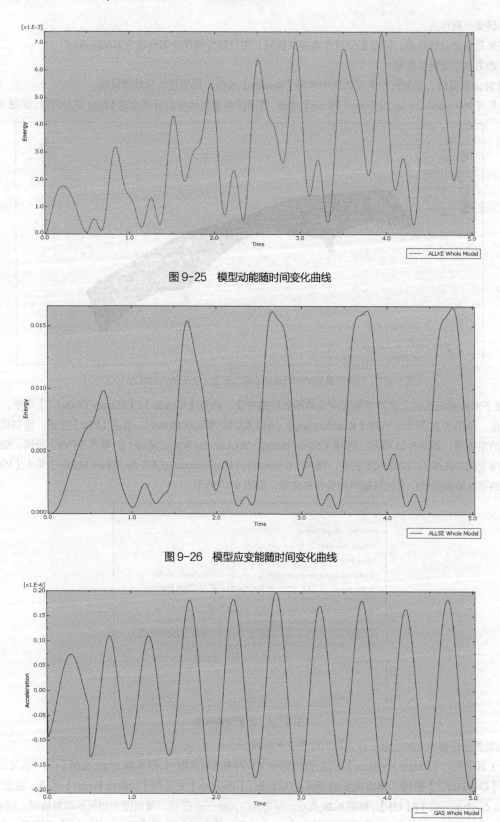

图 9-25 模型动能随时间变化曲线

图 9-26 模型应变能随时间变化曲线

图 9-27 模型第 5 阶模态下广义位移随时间变化曲线

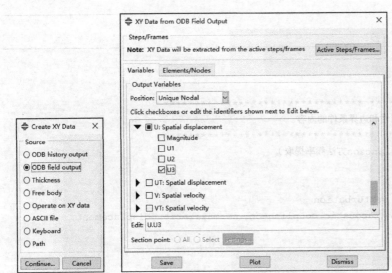

图 9-28 创建 XY 列表　　图 9-29 来自 ODB 文件的 XY 数据　　图 9-30 激活分析步/帧

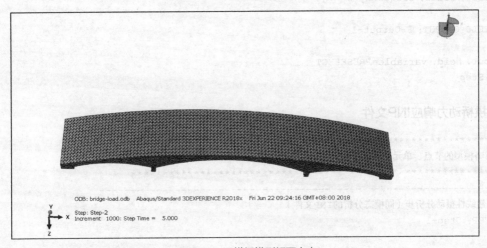

图 9-31 石拱桥模型桥面中点

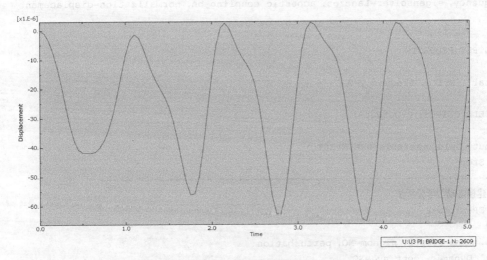

图 9-32 桥面中点横向位移随时间变化曲线

至此，便完成了模型的瞬态动力响应分析。该类分析对桥梁结构的设计、选材等具有重要意义。

9.2.3 INP文件解读

1. 石拱桥模态分析INP文件

```
**********************************************************************
此处省略了INP文件节点、单元、材料属性和边界条件的内容
**********************************************************************
** 创建分析步（选择线性摄动分析步，Lanczos方法频率提取）
** STEP: Step-1
**
*Step, name=Step-1, nlgeom=NO, perturbation
*Frequency, eigensolver=Lanczos, acoustic coupling=on, normalization=displacement
30, , , , ,
**
** OUTPUT REQUESTS
**
*Restart, write, frequency=0
**
** FIELD OUTPUT: F-Output-1
**
*Output, field, variable=PRESELECT
*End Step
```

2. 石拱桥动力响应INP文件

```
**********************************************************************
此处省略模型的节点、单元、材料属性、载荷及边界数据
**********************************************************************
** ----------------------------------------------------------------
** 创建线性摄动分析步（同模态分析的INP文件）
** STEP: Step-1
**
*Step, name=Step-1, nlgeom=NO, perturbation
*Frequency, eigensolver=Lanczos, acoustic coupling=on, normalization=displacement
30, , , , ,
**
** OUTPUT REQUESTS
**
*Restart, write, frequency=0
**
** FIELD OUTPUT: F-Output-1
**
*Output, field, variable=PRESELECT
*End Step
** ----------------------------------------------------------------
** 创建模态动力学分析步
** STEP: Step-2
**
*Step, name=Step-2, nlgeom=NO, perturbation
*Modal Dynamic, continue=NO
0.005, 5.
```

```
*Modal Damping, rayleigh
1, 30, 2., 0.
**
** LOADS
**
** Name: Load-1   Type: Pressure
*Dsload, amplitude=Amp-1
Surf-1, P, 1.
**
** OUTPUT REQUESTS
**
**
** FIELD OUTPUT: F-Output-3
**
*Output, field
*Node Output
A, AR, AT, CF, RF, RM, RT, TA
TF, TU, TV, U, UR, UT, V, VF
VR, VT
*Element Output, directions=YES
ALPHA, BF, CENTMAG, CENTRIFMAG, CORIOMAG, CTSHR, E, EE, ER, ESF1, GRAV, HP, IE, LE, MISES, MISESMAX
MISESONLY, NE, NFORC, NFORCSO, P, PE, PEEQ, PEEQMAX, PEEQT, PEMAG, PEQC, PRESSONLY, PS,
ROTAMAG, S, SALPHA
SE, SEE, SEP, SEPE, SF, SPE, SSAVG, THE, TRIAX, TRNOR, TRSHR, TSHR, VE, VEEQ, VS
**
** FIELD OUTPUT: F-Output-2
**
*Output, field, variable=PRESELECT
**
** HISTORY OUTPUT: H-Output-2
**
*Output, history, frequency=2
*Modal Output
BM, GA, GU, GV, KE, SNE, T
*Energy Output
ALLAE, ALLCD, ALLDMD, ALLEE, ALLFD, ALLIE, ALLJD, ALLKE, ALLKL, ALLPD, ALLQB, ALLSD, ALLSE, ALLVD,
ALLWK, ETOTAL
**
** HISTORY OUTPUT: H-Output-1
**
*Output, history, variable=PRESELECT
*End Step
```

9.3 板材冲压成型分析

在机械制造、国防工业等领域，冲压成型是一种非常常见的机械加工工艺。本例便是对此类加工工艺过程的模拟。

9.3.1 问题描述

本例考虑铝合金板的成型过程，模型系统如图 9-33 所示。成型模具的响应不属于本问题关注的重点，故可以把成型模具作为刚体处理。

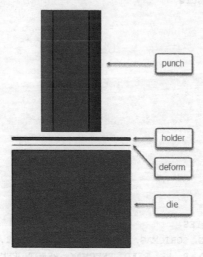

图 9-33 机械零部件冲压成模型

9.3.2 创建模型部件

启动 ABAQUS/CAE，在弹出的【Start Session】对话框中单击【Create Model Database】下的【With Standard/Explicit Model】按钮，保存文件为 punch-forming.cae。

步骤 1 单击工具区的【Create Part】按钮，在对话框的【Name】后面输入 die，将【Approximate size】设为 5，其余选项保持默认的参数，单击【Continue...】按钮，进入草图模块。

单击工具区的【Create Lines：Rectangle】按钮，以（-0.5，0.5）和（0.5，-0.5）为两个顶点绘制矩形，再以（-0.255，0.255）和（0.255，-0.255）为两个顶点绘制矩形，双击鼠标中键，单击提示区的【Done】按钮，弹出【Edit Base Extrusion】对话框，在【Depth】栏输入 0.8，单击【OK】按钮，然后单击工具区中的【Create Round or Fillet】按钮，选择中间方孔的所有边线，设置倒角半径为 0.1，如图 9-34 所示。

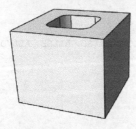

图 9-34 die 模型

步骤 2 单击工具区中的【Create Part】按钮，如同 die 模型，创建一个名称为 holder 的三维可变形拉伸实体，拉伸长度设为 0.02。

步骤 3 单击工具区中的【Create Part】按钮，在弹出的对话框中的【Name】栏中输入 punch，将【Approximate size】设为 5，其余保持默认的参数，单击【Continue...】按钮，进入草图模块。单击工具区的【Create Lines：Rectangle】按钮，以（-0.25，0.25）和（0.25，-0.25）为两个顶点绘制矩形，双击鼠标中键，单击提示区的【Done】按钮，弹出【Edit Base Extrusion】对话框，在【Depth】栏输入 1，单击【OK】按钮，然后单击工具区中的【Create Round or Fillet】按钮，选择所有边线，设置倒角半径为 0.09，如图 9-35 所示。

步骤 4 单击工具区中的【Create Part】按钮，在弹出的对话框中的【Name】后面输入 deform，将【Modeling Space】设为【3D】,【Base Feature】/【Shape】中选择【Shell】，将【Approximate size】设为 5，其余选项保持默认的参数，单击【Continue...】按钮，进入草图模块。单击工具区的【Create

图 9-35 punch 模型

Lines:Rectangle】按钮，以（-0.5，0.5）和（0.5，-0.5）为两个顶点绘制矩形，双击鼠标中键，单击提示区的【Done】按钮。

9.3.3 定义材料属性

从【Module】列表中选择【Property】，进入特性功能模块。

1. 定义材料属性

（1）定义铝合金的材料属性

单击工具区的【Create Material】按钮，弹出【Edit Material】对话框，输入材料名称 aluminium-alloy，选择【General】/【Density】，输入材料密度为 2700；选择【Material】/【Elasticity】/【Elastic】，在【Young's Modulus】（杨氏弹性模量）栏输入 7E10，在【Poisson's Ratio】（泊松比）栏输入 0.33；选择【Material】/【Plasticity】/【Plastic】，在【Data】栏的对应位置输入图 9-36 所示的数据，单击【OK】按钮。

选择【Material】/【Damage for Ductile Metals】/【Shear Damage】，在【Data】栏输入如下参数。

	Yield Stress	Plastic Strain
1	311000000	0
2	401000000	0.11058
3	596000000	1.331
4	600000000	2

图 9-36 屈服应力应变关系

0.2761	-10.00	0.0001
0.2761	1.4236	0.0001
0.2613	1.4625	0.0001
0.253	1.5013	0.0001
0.251	1.5401	0.0001
0.2551	1.5789	0.0001
0.2656	1.6177	0.0001
0.2825	1.6566	0.0001
0.3065	1.6954	0.0001
0.3379	1.7342	0.0001
0.3778	1.773	0.0001
0.4269	1.8118	0.0001
0.4865	1.8506	0.0001
0.5581	1.8895	0.0001
0.6435	1.9283	0.0001
0.7448	1.9671	0.0001
0.8644	2.0059	0.0001
1.0053	2.0447	0.0001
1.171	2.0835	0.0001
1.3655	2.1224	0.0001
1.5937	2.1612	0.0001
1.8611	2.2000	0.0001
1.8611	10.000	0.0001
0.2761	-10.00	0.001
0.2761	1.4236	0.001
0.2613	1.4625	0.001
0.253	1.5013	0.001
0.251	1.5401	0.001
0.2551	1.5789	0.001
0.2656	1.6177	0.001
0.2825	1.6566	0.001
0.3065	1.6954	0.001
0.3379	1.7342	0.001

0.3778	1.773	0.001
0.4269	1.8118	0.001
0.4865	1.8506	0.001
0.5581	1.8895	0.001
0.6435	1.9283	0.001
0.7448	1.9671	0.001
0.8644	2.0059	0.001
1.0053	2.0447	0.001
1.171	2.0835	0.001
1.3655	2.1224	0.001
1.5937	2.1612	0.001
1.8611	2.20	0.001
1.8611	10.0	0.001
0.33382	−10.0	250
0.33382	1.4236	250
0.33361	1.4625	250
0.33552	1.5013	250
0.33955	1.5401	250
0.34572	1.5789	250
0.35409	1.6177	250
0.36473	1.6566	250
0.37765	1.6954	250
0.39297	1.7342	250
0.41077	1.773	250
0.43117	1.8118	250
0.4543	1.8506	250
0.48038	1.8895	250
0.50943	1.9283	250
0.54171	1.9671	250
0.57742	2.0059	250
0.61678	2.0447	250
0.66005	2.0835	250
0.70762	2.1224	250
0.75956	2.1612	250
0.8163	2.20	250
0.8163	10.0	250
0.33382	−10.0	1000
0.33382	1.4236	1000
0.33361	1.4625	1000
0.33552	1.5013	1000
0.33955	1.5401	1000
0.34572	1.5789	1000
0.35409	1.6177	1000
0.36473	1.6566	1000
0.37765	1.6954	1000
0.39297	1.7342	1000
0.41077	1.773	1000
0.43117	1.8118	1000
0.4543	1.8506	1000
0.48038	1.8895	1000
0.50943	1.9283	1000
0.54171	1.9671	1000
0.57742	2.0059	1000

0.61678	2.0447	1000
0.66005	2.0835	1000
0.70762	2.1224	1000
0.75956	2.1612	1000
0.8163	2.20	1000
0.8163	10	1000

其他参数设置如图 9-37 所示，然后单击【Edit Material】对话框中【Shear Damage】栏的【Suboptions】，单击【Damage Evolution】，弹出【Suboption Editor】对话框，其参数设置如图 9-38 所示。

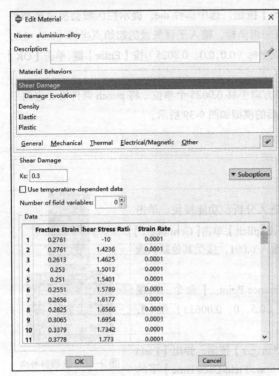

图 9-37 【Edit Material】对话框

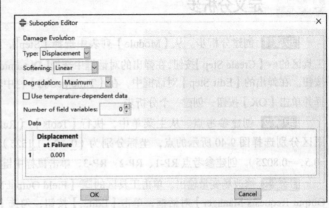

图 9-38 【Suboption Editor】对话框

（2）定义钢的材料属性

单击工具区的 【Create Material】按钮，弹出【Edit Material】对话框。在【Name】栏输入 steel；在【Material Behaviors】中选择【Mechanical】/【Elasticity】/【Elastic】；在【Young's Modulus】栏输入 2E11，在【Poisson's Ratio】栏输入 0.33；选择【General】/【Density】，在【Mass Density】栏输入 7800，单击【OK】按钮。

2. 定义截面特性

单击工具区的 【Create Section】按钮，在弹出的【Create Section】对话框中选择默认设置，单击【Continue...】按钮，在【Edit Section】对话框中选择 Steel，单击【OK】按钮。

单击工具区的 【Create Section】按钮，在弹出的【Create Section】对话框中的【Category】选项中选择【Shell】，单击【Continue...】按钮，在【Edit Section】对话框中的【Shell thickness】/【Value】栏输入 0.005，在【Material】栏选择 aluminium-alloy 作为材料，单击【OK】按钮。

3. 分配截面特性

在 Part 中选择 deform，单击工具区的 【Assign Section】按钮，选择整个 deform 部件，ABAQUS 将会把选择的区域高亮化，单击鼠标中键，弹出【Assign Section】对话框，在【Section】栏选择【section-2】，单击【OK】按钮。同理将 punch、die、holder 部件赋予截面属性【section-1】。

9.3.4 装配部件

图9-39 装配后的模型

从【Module】列表中选择【Assembly】,进入装配功能模块。单击工具区的【Create Instance】按钮,在【Create Instance】对话框中选中所有零件,单击【OK】按钮。

上述的操作步骤使holder和deform之间、die和deform之间为无间隙接触,考虑到deform零件有0.005个单位的厚度,在装配时需要调整各部件在总体坐标系的Z方向上的相对位置。

单击工具区的【Translate Instance】按钮,选中部件die,提示栏区域会提示选择平移的起始点,提示栏右端的文本框内有一组坐标,输入平移矢量的起始点坐标(0.0, 0.0, 0.0),按【Enter】键,输入平移矢量的终点坐标(0.0,0.0,-0.8025),按【Enter】键,单击【OK】按钮完成die部件的移动。

重复上述操作,将部件holder沿Z方向平移0.0025个单位;将punch部件沿Z方向平移0.15个单位,完成部件的装配,装配后的模型如图9-39所示。

9.3.5 定义分析步

步骤1 创建分析步。从【Module】列表中选择【Step】,进入分析步功能模块。单击工具区的【Create Step】按钮,在弹出的对话框中选择【Dynamic, Explicit】,单击【Continue...】按钮。在弹出的【Edit Step】对话框中,在【Time period】栏中输入0.001,接受其他默认选择并单击【OK】按钮,创建一个分析步。

步骤2 创建参考点。从主菜单中,执行【Tools】/【Reference Point...】命令,从视图区分别选择图9-40所示的点,坐标分别为(0, 0, 1.1525)、(0.5, 0, 0.00635)和(0, -0.5, -0.8025),创建参考点RP-1、RP-2、RP-3,单击鼠标中键。

步骤3 修改场变量输出。单击工具区的【Field Output Manager】按钮,弹出【Field Output Requests Manager】对话框,单击【Edit...】按钮,勾选【State/Field/User/Time】下的【STATUS】。

图9-40 选取参考点

9.3.6 定义相互作用

图9-41 【Edit Constraint】对话框

从【Module】列表中选择【Interaction】,进入相互作用功能模块。

步骤1 定义接触属性。执行【Interaction】/【Property】/【Create...】命令,弹出【Create Interaction Property】对话框,选择【Contact】,单击【Continue...】按钮,选择【Mechanical】/【Tangential Behavior】,在【Friction formulation】下拉菜单中选择【Penalty】,在【Friction Coeff】栏输入0.05;选择【Mechanical】/【Normal Behavior】,接受默认选项,单击【OK】按钮。

步骤2 定义通用接触。执行【Interaction】/【Create...】命令,输入名字contact,默认【Step】为【Initial】,【Types for Selected Step】栏选【General Contact(Explicit)】,单击【Continue...】按钮,接受所有默认选项,单击【OK】按钮。

步骤3 定义刚体约束。执行【Constraint】/【Create...】命令,选择【Rigid body】,单击【Continue...】按钮,弹出【Edit Constraint】对话框,如

图 9-41 所示，选择【Body (elements)】，单击按钮，选中 punch 部件并单击鼠标中键，在【Edit Constraint】对话框中单击【Reference Point】栏的按钮，选择 RP-1 参考点，单击【OK】按钮。

同理，继续定义刚体 holder 和 die，对应参考点分别为 RP-2 和 RP-3。

9.3.7 定义边界条件和载荷

从【Module】列表中选择【Load】，进入载荷功能模块。

1. 定义边界条件

单击工具区的【Create Boundary Condition】按钮，弹出【Create Boundary Condition】对话框，在【Name】后面输入 dieBC，【Category】栏选择【Mechanical】，【Types for Selected Step】栏选择【Displacement/Rotation】，单击【Continue...】按钮，在视图区选中 RP-3 部件，单击鼠标中键，在弹出【Edit Boundary Conditions】对话框中选中约束所有位移为 0，单击【OK】按钮。

同理，创建一个名为 holderBC 的边界条件，选中 RP-2 部件，约束其所有位移为 0。

单击工具区的，弹出【Create Boundary Condition】对话框，在【Name】后面输入 punchBC，【Category】栏选择【Mechanical】，【Types for Selected Step】栏选择【Displacement/Rotation】，单击【Continue...】按钮，选中参考点 RP-1，单击鼠标中键，在【Edit Boundary Conditions】对话框中选中图 9-42 所示选项，单击【OK】按钮。

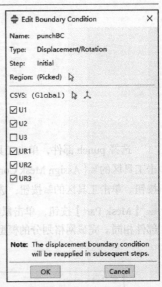

图 9-42 punch 边界条件

2. 定义荷载

执行【Predefined Field】/【Creat】命令，弹出【Creat Predefined Field】对话框，选择图 9-43 所示的参数设置，单击【Continue...】按钮，在视图区选择参考点 RP-1，单击鼠标中键，弹出【Edit Predefined Field】对话框，选择图 9-44 所示的参数设置，单击【OK】按钮。

图 9-43 【Create Predefined Field】对话框

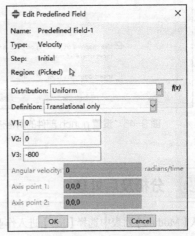

图 9-44 【Edit Predefined Field】对话框

9.3.8 划分网格

从【Module】列表中选择【Mesh】，进入网格功能模块。选择 deform 部件，单击工具区的【Seed Part】按钮，弹出【Global Seeds】对话框，设置网格大小为 0.002，单击【OK】按钮。单击工具区的【Assign Mesh

Controls】按钮，弹出【Mesh Controls】对话框，选择图9-45所示的网格控制方法，单击【OK】按钮。单击工具区的🔲按钮，选择单元类型为四边形壳单元S4R，单击【OK】按钮。单击工具区的🔲【Mesh Part】按钮，单击鼠标中键，完成deform部件的网格划分。

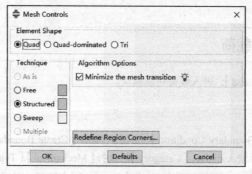

图9-45 设置deform部件的网格形状

选择punch部件，单击工具区的🔲【Seeds Part】按钮，弹出【Global Seeds】对话框，设置种子大小为0.04。单击工具区的🔲【Assign Mesk Controls】按钮，弹出【Mesh Controls】对话框，选择图9-46所示的网格控制方法，单击【OK】按钮。单击工具区的🔲按钮，选择单元类型为10结点的修正四面体单元C3D10M，单击【OK】按钮。单击工具区的🔲【Mesk Part】按钮，单击鼠标中键，完成punch部件的网格划分。die部件、holder部件的网格划分方式与punch部件相同。完成网格划分的模型如图9-47所示。

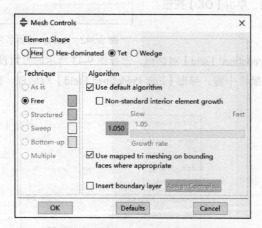

图9-46 设置punch部件的网格形状

图9-47 完成网格划分的模型

9.3.9 分析及后处理

从【Module】列表中选择【Job】，进入作业功能模块。单击工具区的🔲按钮，弹出【Create Job】对话框，在【Name】栏中输入Job-forming，单击【Contiune...】按钮，弹出【Edit Job】对话框，采用默认参数设置，单击【OK】按钮。单击工具区的🔲按钮，弹出【Job Manager】对话框，单击对话框右侧的【Submit】按钮，提交作业。

当【Status】栏显示为【Completed】时，单击【Results】按钮进入【Visualization】模块。在菜单栏中选择【Result】/【Field Output】命令，弹出【Field Output】对话框，选择【S：Mises】，单击【OK】按钮。在工具区的【Common Options】里选择【No edges】；单击工具区的🔲【Plot contours on deformed shape】按钮，得到deform部件的Mises应力云图，如图9-48所示。

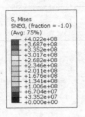

图 9-48　deform 部件的 Mises 应力云图

执行【Result】/【Field Output】命令，弹出【Field Output】对话框，选择位移【U:Magnitude】，单击【OK】按钮。单击工具区的 【Plot contours on deformed shape】按钮，得到 deform 部件的位移云图，如图 9-49 所示。

单击工具区的 按钮，视图区显示模型的剖面图如图 9-50 所示。

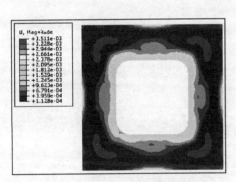

图 9-49　deform 部件位移云图

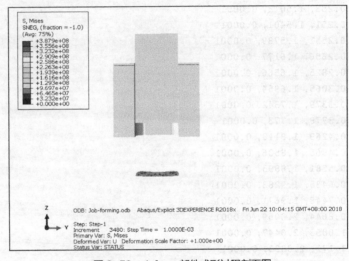

图 9-50　deform 部件成形过程剖面图

单击 上的前进和后退按钮，可以选择不同的时间增量步，如图 9-51 所示。

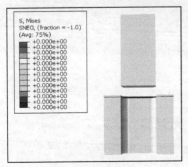

(a) step time=1

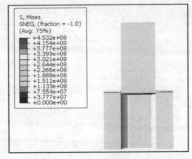

(b) step time=2.0024e-4

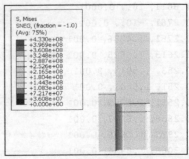

(c) step time=3.5014e-4

图 9-51　不同时间增量步的 Mises 应力图

9.3.10 INP文件解读

```
**部分INP文件已省略
**定义刚体约束
** Constraint: Constraint-1
*Rigid Body, ref node=_PickedSet13, elset=_PickedSet14
** Constraint: Constraint-2
*Rigid Body, ref node=_PickedSet15, elset=_PickedSet16
** Constraint: Constraint-3
*Rigid Body, ref node=_PickedSet17, elset=_PickedSet18
*End Assembly
** 定义材料属性
** MATERIALS
** aluminium-alloy的材料属性
*Material, name=aluminium-alloy
**定义剪切破坏准则
*Damage Initiation, criterion=SHEAR, ks=0.3
0.2761, -10., 0.0001
0.2761, 1.4236, 0.0001
0.2613, 1.4625, 0.0001
0.253, 1.5013, 0.0001
0.251, 1.5401, 0.0001
0.2551, 1.5789, 0.0001
0.2656, 1.6177, 0.0001
0.2825, 1.6566, 0.0001
0.3065, 1.6954, 0.0001
0.3379, 1.7342, 0.0001
0.3778, 1.773, 0.0001
0.4269, 1.8118, 0.0001
0.4865, 1.8506, 0.0001
0.5581, 1.8895, 0.0001
0.6435, 1.9283, 0.0001
0.7448, 1.9671, 0.0001
0.8644, 2.0059, 0.0001
1.0053, 2.0447, 0.0001
1.171, 2.0835, 0.0001
1.3655, 2.1224, 0.0001
1.5937, 2.1612, 0.0001
1.8611, 2.2, 0.0001
1.8611, 10., 0.0001
0.2761, -10., 0.001
0.2761, 1.4236, 0.001
0.2613, 1.4625, 0.001
0.253, 1.5013, 0.001
0.251, 1.5401, 0.001
0.2551, 1.5789, 0.001
0.2656, 1.6177, 0.001
0.2825, 1.6566, 0.001
0.3065, 1.6954, 0.001
0.3379, 1.7342, 0.001
0.3778, 1.773, 0.001
0.4269, 1.8118, 0.001
```

```
0.4865, 1.8506, 0.001
0.5581, 1.8895, 0.001
0.6435, 1.9283, 0.001
0.7448, 1.9671, 0.001
0.8644, 2.0059, 0.001
1.0053, 2.0447, 0.001
1.171, 2.0835, 0.001
1.3655, 2.1224, 0.001
1.5937, 2.1612, 0.001
1.8611, 2.2, 0.001
1.8611, 10., 0.001
0.33382, -10., 250.
0.33382, 1.4236, 250.
0.33361, 1.4625, 250.
0.33552, 1.5013, 250.
0.33955, 1.5401, 250.
0.34572, 1.5789, 250.
0.35409, 1.6177, 250.
0.36473, 1.6566, 250.
0.37765, 1.6954, 250.
0.39297, 1.7342, 250.
0.41077, 1.773, 250.
0.43117, 1.8118, 250.
0.4543, 1.8506, 250.
0.48038, 1.8895, 250.
0.50943, 1.9283, 250.
0.54171, 1.9671, 250.
0.57742, 2.0059, 250.
0.61678, 2.0447, 250.
0.66005, 2.0835, 250.
0.70762, 2.1224, 250.
0.75956, 2.1612, 250.
0.8163, 2.2, 250.
0.8163, 10., 250.
0.33382, -10., 1000.
0.33382, 1.4236, 1000.
0.33361, 1.4625, 1000.
0.33552, 1.5013, 1000.
0.33955, 1.5401, 1000.
0.34572, 1.5789, 1000.
0.35409, 1.6177, 1000.
0.36473, 1.6566, 1000.
0.37765, 1.6954, 1000.
0.39297, 1.7342, 1000.
0.41077, 1.773, 1000.
0.43117, 1.8118, 1000.
0.4543, 1.8506, 1000.
0.48038, 1.8895, 1000.
0.50943, 1.9283, 1000.
0.54171, 1.9671, 1000.
0.57742, 2.0059, 1000.
0.61678, 2.0447, 1000.
0.66005, 2.0835, 1000.
```

```
0.70762, 2.1224, 1000.
0.75956, 2.1612, 1000.
0.8163, 2.2, 1000.
0.8163, 10., 1000.
**定义损伤演变
*Damage Evolution, type=DISPLACEMENT
0.001,
*Density
2700.,
*Elastic
7e+10, 0.33
*Plastic
3.11e+08, 0.
4.01e+08, 0.11058
5.96e+08, 1.331
6e+08, 2.
**定义steel的材料属性
*Material, name=steel
*Density
7800.,
*Elastic
2e+11, 0.33
** 定义接触属性，摩擦系数为0.05，法向上硬接触
** INTERACTION PROPERTIES
**
*Surface Interaction, name=IntProp-1
*Friction
0.05,
*Surface Behavior, pressure-overclosure=HARD
**
** BOUNDARY CONDITIONS
** 约束die和holder的全部自由度
** Name: dieBC Type: Displacement/Rotation
*Boundary
_PickedSet19, 1, 1
_PickedSet19, 2, 2
_PickedSet19, 3, 3
_PickedSet19, 4, 4
_PickedSet19, 5, 5
_PickedSet19, 6, 6
** Name: holderBC Type: Displacement/Rotation
*Boundary
_PickedSet20, 1, 1
_PickedSet20, 2, 2
_PickedSet20, 3, 3
_PickedSet20, 4, 4
_PickedSet20, 5, 5
_PickedSet20, 6, 6
** Name: punchBC Type: Displacement/Rotation
*Boundary
_PickedSet21, 1, 1
_PickedSet21, 2, 2
_PickedSet21, 4, 4
```

```
_PickedSet21, 5, 5
_PickedSet21, 6, 6
** 设置预定义速度场
** PREDEFINED FIELDS
**
** Name: Predefined Field-1   Type: Velocity
*Initial Conditions, type=VELOCITY
_PickedSet24, 1, 0.
_PickedSet24, 2, 0.
_PickedSet24, 3, -800.
**
** INTERACTIONS
**
** Interaction: contact
*Contact, op=NEW
*Contact Inclusions, ALL EXTERIOR
*Contact Property Assignment
 , , IntProp-1
** ----------------------------------------------------------------
**
** STEP: Step-1
** 打开大变形开关, 分析步为显示动态
*Step, name=Step-1, nlgeom=YES
*Dynamic, Explicit
, 0.001
*Bulk Viscosity
0.06, 1.2
**
** OUTPUT REQUESTS
**
*Restart, write, number interval=1, time marks=NO
** 设置场变量输出
** FIELD OUTPUT: F-Output-1
**
*Output, field
*Node Output
A, RF, U, V
*Element Output, directions=YES
EVF, LE, PE, PEEQ, PEEQVAVG, PEVAVG, S, STATUS, SVAVG
*Contact Output
CSTRESS,
**
** HISTORY OUTPUT: H-Output-1
**
*Output, history, variable=PRESELECT
*End Step
```

9.4 手机跌落分析

电子产品的跌落、碰撞等问题是人们日常生活中常常遇到的问题,尤其是手机的跌落。在手机的生产研发过程中,

也必须进行跌落分析实验。传统的跌落实验都是用手机实物进行，这样只有在整个实验完成后才知道手机的设计和材料是否满足要求，既会耗费大量的研发时间，也会产生巨额的研发成本。随着计算机仿真技术的发展，有限元分析已逐渐应用到手机的跌落分析中，这样既缩短了产品的研发周期，又大大降低了研发成本，而且能够直观地呈现出跌落过程中手机的应力、速度、能量等的变化规律。下面将借助一个案例对手机跌落的有限元分析进行详细介绍。

9.4.1 问题描述

本案例是对手机自由跌落过程的仿真分析，研究手机在该过程中应力、速度和能量等的变化规律。本案例包含手机（mobile）和地面（ground）两个部件，其中手机部件又分为屏幕、机身主体和后盖 3 个部分。手机整体的外观为矩形块，其尺寸为 123.8×58.6×7.6（长 × 宽 × 厚，单位为 mm），倒角弧度为 0.002。其中屏幕的尺寸为 123.8×58.6×1，机身的尺寸为 121.8×56.6×5.6，后盖是包裹在机身外面的塑料，其底面和四周侧面的厚度均为 1mm，如图 9-52（a）所示。地面为正方形壳体，其尺寸为 1000×1000（长 × 宽，单位为 mm），如图 9-52（b）所示。本案例中各部件的材料属性见表 9-1。

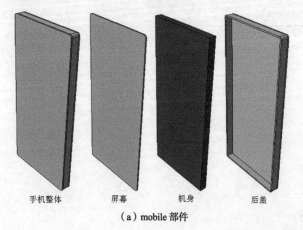

（a）mobile 部件 　　　　　　　　　　　（b）ground 部件

图 9-52　手机和地面的模型图

表 9-1　材料属性

	弹性模量 /P_a	泊松比	密度 /（kg/m³）
屏幕	1.07e7	0.23	2380
机身	6.8e10	0.32	2700
后盖	2.32e9	0.3902	1201.8048
地面	2e10	0.15	2500

9.4.2 创建部件

本案例有手机和地面两个实体，手机又由屏幕、机身和后盖 3 个部件合并而成，下面将详细介绍本案例中模型的创建。

1. 创建手机屏幕（screen 部件）

启动 ABAQUS/CAE，选择一个类型为【Standard & Explicit】的模型数据库。进入【Part】模块，单击工具区中的【Create Part】按钮，创建一个名为 screen 的手机屏幕部件，该部件类型为【3D】【Deformable】【Solid】【Extrusion】。进入二维草图编辑界面后，单击工具区中的【Create Lines：Rectangle】按钮，在提示区中依次输入（0，0）和

（0.0586，0.1238）矩形的两个对角点，然后单击鼠标中键（确认键）两次，弹出【Edit Base Extrusion】对话框，将【Depth】设为 0.001，即屏幕厚度为 0.001m。单击【OK】按钮，完成部件 screen 部件的创建，具体操作如图 9-53（a）所示。单击工具区中的 【Create Round or Fillet】按钮，选择 screen 部件厚度方向的 4 条线段进行倒角，倒角弧度设为 0.002，如图 9-53（b）所示。

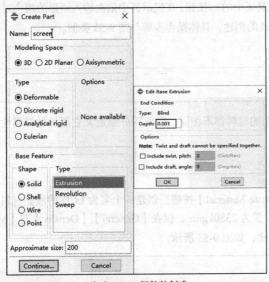

（a）screen 部件的创建　　　　　　　　　　　　　（b）screen 部件的倒角

图 9-53　手机屏幕的创建

2. 创建手机机身（body 部件）

与创建 screen 部件中的步骤类似，创建一个类型为【3D】、【Deformable】、【Solid】、【Extrusion】的 body 部件，在二维草图中仍单击 【Create Lines : Rectangle】按钮，在提示区中也依次输入（0，0）和（0.0566，0.1218）矩形的两个对角点，然后将【Depth】设为 0.0056，即机身的厚度为 0.0056m。该部件不做倒角处理。

3. 创建手机后盖（cover-cut 部件）

由于手机后盖模型较为复杂，不方便直接对其进行建模，因此先建一个后盖的毛坯，然后再将其与 body 部件做布尔运算，最终得到手机后盖的模型。

步骤1　创建手机后盖的毛坯件（cover 部件）。

仍与创建 screen 部件的步骤类似，创建一个类型为【3D】、【Deformable】、【Solid】、【Extrusion】的 cover 部件，在二维草图中仍单击 按钮，在提示区中也依次输入（0，0）和（0.0586，0.1238）矩形的两个对角点，然后将【Depth】设为 0.0066，即手机后盖的毛坯件厚度为 0.0066m。

步骤2　调整手机机身和后盖毛坯件之间的位置关系。

进入【Assembly】模块，单击工具区中的 按钮，在弹出的对话框中选择 body 和 cover 部件，单击【OK】按钮，完成手机机身和后盖毛坯件的导入。单击工具区中的 按钮，选择 body 部件，再单击鼠标中键，在提示区中输入移动方向矢量起点的坐标（0，0，0），单击鼠标中键，再输入移动方向矢量终点的坐标（0.001，0.001，0），单击鼠标中键两次，完成 body 部件和 cover 部件的位置关系调整。

步骤3　创建手机后盖（cover-cut 部件）。

单击工具区中的 按钮，对 body 部件和 cover 部件做布尔运算，得到手机后盖（cover-cut 部件）的模型，设置如图 9-54 所示。单击工具区中的 按钮，选择

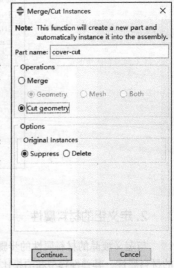

图 9-54　创建手机后盖

cover-cut 部件厚度方向的 4 条线段进行倒角，倒角弧度设为 0.002。

4. 创建地面（ground 部件）

单击工具区中的 【Create Part】按钮，创建一个名为 ground 的地面部件，该部件类型为【3D】、【Deformable】、【Shell】、【Planar】。进入二维草图编辑界面后，单击工具区中的 □ 按钮，在提示区中依次输入矩形的两个对角点（0，0）和（1，1），然后单击鼠标中键两次，完成部件 ground 的创建，具体操作步骤与图 9-53 类似。

9.4.3 定义材料属性

本案例中，由于手机屏幕、机身和后盖以及地面的材料都不相同，因此需分别定义它们的材料属性，具体操作步骤如下。

1. 定义液晶的材料属性

进入【Property】模块，单击工具区中的 【Create Material】按钮，创建一个名为 LCD 的液晶材料属性，其弹性模型和泊松比分别设为 $1.07e7P_a$ 和 0.23，其密度设置为 $2380kg/m^3$，仅在【General】、【Density】与【Mechanical】、【Elasticity】、【Elastic】里设置密度、弹性模量与泊松比，如图 9-55 所示。

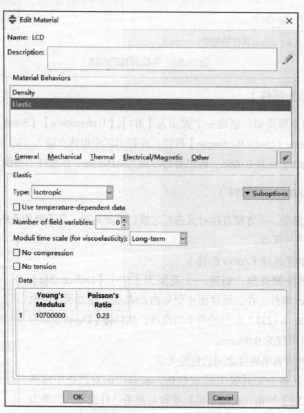

图 9-55 设置液晶的材料属性

2. 定义铝的材料属性

与定义液晶的材料属性的步骤类似，单击工具区中的 【Create Material】按钮，创建一个名为 aluminium 的铝的材料属性，其弹性模型和泊松比分别设为 $6.8e10P_a$ 和 0.32，其密度设置为 $2700kg/m^3$。

3. 定义PC塑料的材料属性

与定义液晶的材料属性的步骤类似，单击工具区中的 【Create Material】按钮，创建一个名为 PC 的塑料的材料属性，其弹性模型和泊松比分别设为 $2.32e9P_a$ 和 0.3902，其密度设置为 $1201.8048kg/m^3$。

4. 定义混凝土的材料属性

与定义液晶的材料属性的步骤类似，单击工具区中的 【Create Material】按钮，创建一个名为 concrete 的混凝土的材料属性，其弹性模型和泊松比分别设为 $2e10P_a$ 和 0.15，其密度设置为 $2500kg/m^3$。

5. 定义截面特性

步骤 1 单击工具区中的 【Create Section】按钮，创建一个名为 LCD 的液晶的截面特性，其类型选择【Soild】、【Homogeneous】，然后单击【Continue...】按钮，在弹出的【Edit Section】对话框中，选择【LCD】材料，其他参数采用默认值，然后单击【OK】按钮，完成液晶截面特性的定义，如图 9-56 所示。

步骤 2 采用类似方法，再分别创建名为 aluminium 和 PC 的截面特性，它们的类型都选择为【Soild】、【Homogeneous】，对应的材料分别为 aluminium 和 PC，其他参数仍采用默认值。

步骤 3 由于地面为壳体，因此需要建立一个壳的截面特性。单击工具区中的 【Create Section】按钮，创建一个名为 concrete2 的截面特性，其类型选择【Shell】、【Homogeneous】，然后单击【Continue...】按钮，弹出【Edit Section】对话框，将壳的厚度设为 0.0001，选择【concrete2】材料，其他参数采用默认值，然后单击【OK】按钮，完成混泥土截面特性的定义，设置如图 9-57 所示。

图 9-56 设置液晶的截面特性

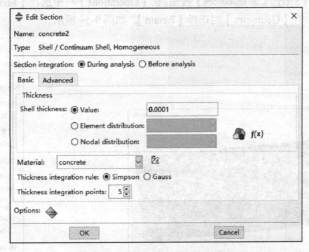

图 9-57 设置混凝土的截面特性

6. 分配截面特性

单击工具区中的 【Assign Section】按钮，选择视图区中手机屏幕（screen 部件）的所有区域（选中后屏幕的边界为红色），然后单击提示区中的【Done】按钮，弹出【Edit Section Assignment】对话框，选择【LCD】截面特性，然后单击【OK】按钮，完成液晶截面特性的赋予。

> **提示**
> 部件被赋予材料截面属性后，其颜色将变为绿色。

采用类似的方法，再分别将 aluminium 和 PC 的截面特性分配给手机机身（body 部件）和手机后盖（cover 部件）。

壳截面特性的赋予与实体截面特性的赋予不同,需要对壳的位置进行定义。单击工具区中的 【Assign Section】按钮,选择视图区中地面(ground 部件)的所有区域(选中后屏幕的边界为红色),然后单击提示区中的【Done】按钮,弹出【Edit Section Assignment】对话框,选择【concrete2】截面,在【Shell Offset】下拉列表中选择【Middle surface】,然后单击【OK】按钮,完成混凝土截面特性的赋予。

9.4.4 装配部件

这里需要将手机的各个组成部分按照图 9-52(a)中的手机模型装配到一起,并让其中心距离地面中心 0.8m,模拟日常生活中手机从桌面掉到地上。具体操作如下。

1. 装配手机

步骤 1 导入手机部件。进入【Assembly】模块,单击工具区中的 按钮,在弹出的对话框中选择 screen,单击【OK】按钮,再将模型树中【Assembly】下的 body 部件恢复显示(之前做布尔运算时被隐藏了),完成手机部件的导入。

步骤 2 调整手机各部件的位置关系。将手机屏幕置于最底层,机身居中,后盖朝上,模拟手机以屏幕着地的跌落方式。具体操作如下:screen 部件的位置不变。单击工具区中的 【Translate Instance】按钮,选择 cover-cut 部件,单击鼠标中键,在提示区中输入移动方向矢量起点的坐标(0,0,0),单击鼠标中键,再输入移动方向矢量终点的坐标(0,0,0.001),单击鼠标中键两次,完成 cover-cut 部件的移动,具体操作如图 9-58 所示。采用类似方法再对 body 部件的位置进行移动,其移动方向矢量起点的坐标为(0,0,0),终点坐标为(0,0,0.001)。

步骤 3 装配手机。通过布尔运算将调整好位置关系的手机的各个部件组装到一起,生成一个新的手机实体(mobile)。在工具区选择 【Merge/Cut Instances】按钮,在【Operations】栏中选择【Merge】/【Geometry】,【Original Instances】选择【Suppress】,在【Geometry】栏选择【Retain】,如图 9-59 所示。

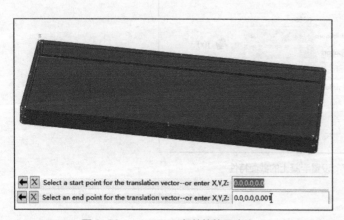
图 9-58 cover-cut 部件的位置移动

图 9-59 装配手机

2. 装配地面

单击工具区中的 按钮,在弹出的对话框中选择 ground 部件,单击【OK】按钮,完成地面部件的装配。

3. 调整手机和地面的距离

地面位置保持不变,移动手机,使手机的中心和地面的中心在同一垂直线上,并使手机屏幕距离地面的上表面 0.8m(桌子的高度)。具体操作如下:单击工具区中的 【Translate Instance】按钮,选择 mobile 部件,单击鼠标中键,在提示区中输入移动方向矢量起点的坐标（0.0293，0.0619，0），单击鼠标中键，再输入移动方向矢量终点的坐标（0.5，0.5，0.8），单击鼠标中键两次，完成 mobile 部件的移动，其操作步骤与图 9-58 类似。装配件的模型如图 9-60 所示。

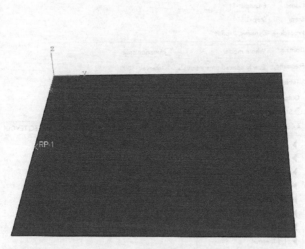

图 9-60　装配完成后的模型

9.4.5　创建分析步并设置结果输出

新建一个显式动态分析步，修改场变量输出的频率，历史变量输出采用默认设置，下面将进行详细的介绍。

1. 创建显式动态分析步

进入【Step】模块，单击工具区中的 【Create Step】按钮，创建一个【Dynamic，Explicit】类型的显式动态分析步，将【Nlgeom】设为【On】，将【Time period】设置为 1.5s，其他参数采用默认设置，如图 9-61 所示。

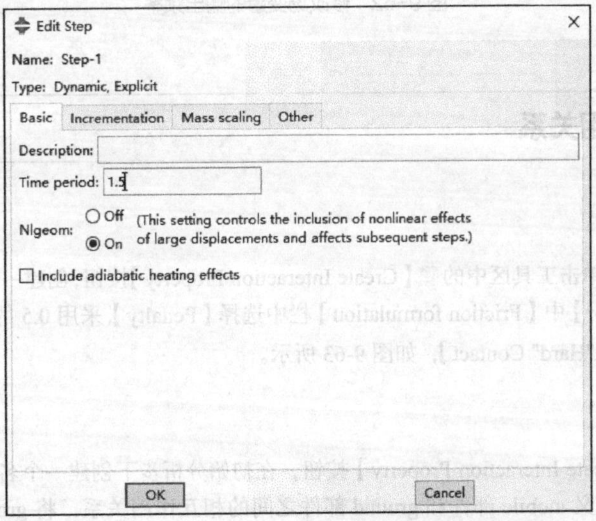

图 9-61　创建显式动态分析步

2. 设置场输出变量和历史输出变量

本案例中，场输出变量和历史输出变量都采用默认设置，只是在场变量输出时，将输出频率增大为1000（默认值是20），即在整个跌落过程中输出1000个时间节点的结果。这样就能使整个跌落过程的中间值更多，在工具区中打开【Field Output Manager】，单击【Edit...】按钮，具体参数及设置如图9-62所示。

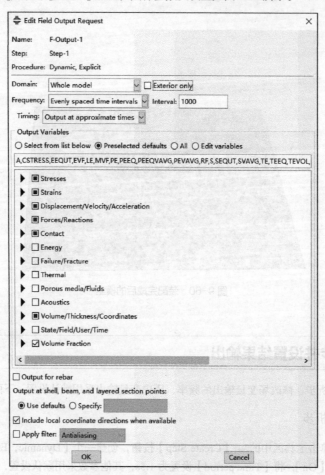

图9-62 修改场变量的输出频率

9.4.6 定义相互作用关系

1. 创建接触属性

进入【Interaction】模块，单击工具区中的【Create Interaction Property】按钮，创建一个名为IntProp-1的接触属性，切向方向【Tangential Behavior】中【Friction formulation】栏中选择【Penalty】，采用0.5的摩擦因子，法向方向【Normal Behavior】采用硬接触方式【"Hard" Contact】，如图9-63所示。

2. 定义接触

单击工具区中的【Create Interaction Property】按钮，在初始分析步下创建一个名为Int-1的【Surface-to-surface contact（Explicit）】接触，定义mobile部件和ground部件之间的相互作用关系，将ground部件的上表面设为主面，将mobile部件的所有外表面设为从面，在【Edit Interaction】中选择上一步定义的IntProp-1，如图9-64所示。

图 9-63 设置接触属性   图 9-64 定义 mobile 部件和 ground 部件之间的接触

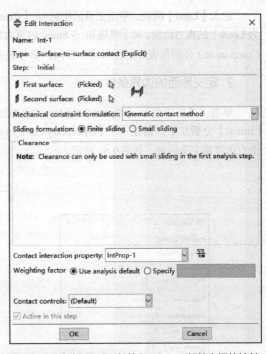

3. 定义地面（ground部件）的刚体约束

首先在 ground 部件上任意选取一点创建一个名为 RP-1 的参考点，然后单击工具区中的【Create Constraint】按钮，创建一个名为 Constraint-1 的刚体约束，在【Type】栏中选择【Rigid body】，单击【Continue...】按钮，在弹出的【Edit Constraint】对话框中选择【Body（elements）】,单击右边的箭头对整个 ground 部件进行选择，再单击【Reference Point】栏中的箭头选择 RP-1，单击【OK】按钮完成刚体约束，如图 9-65 所示。

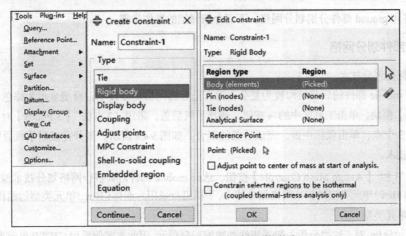

图 9-65 定义 ground 部件的刚体约束

9.4.7 创建载荷和边界条件

本案例对手机施加了重力场,并对地面进行了完全固定约束,下面将对其进行详细介绍。

1. 施加重力场

进入【Load】模块,单击工具区中的 【Create Load】按钮,在弹出的对话框的【Step-1】分析步下创建一个名为 Load-1 的重力荷载,对手机施加 $-9.8m/s^2$ 的重力场,具体操作步骤如图 9-66 所示,其中 Component 1、Component 2、Component 3 分别代表 X、Y、Z 三个方向,负号表示方向与坐标轴正向相反。

2. 定义地面的边界条件

单击工具区中的 【Create Boundary Condition】按钮,在初始分析步下创建一个名为 BC-RP 的边界条件,在【Initial】分析步下,创建一个【Symmetry/Antisymmetry/Encastre】的边界条件类型,选择区域为 RP-1,将地面的 6 个自由度都完全约束,如图 9-67 所示。

图 9-66 施加重力场

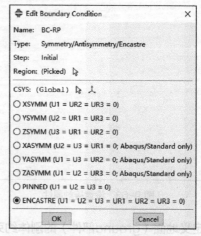

图 9-67 定义地面的边界条件

9.4.8 网格划分

对 mobile 部件和 ground 部件分别划分网格,下面介绍详细的操作步骤。

1. 对 mobile 部件划分网格

步骤 1 选择网格划分技术。

由于本案例中 mobile 部件的后盖结构较为复杂,没有适合的网格划分技术,模型显示为棕色,因此需对其进行剖分。进入【Mesh】模块,单击工具区中的 按钮,选择手机后盖,采用"3 点法"【3 Points】对其进行剖分,选择后盖底面上的任意 3 个点,单击鼠标中键,完成后盖的剖分,如图 9-68 所示。剖分完成后手机后盖显示为黄色,可采用扫掠网格划分技术。

单击工具区中的 【Assign Mesh Controls】按钮,选择 mobile 部件对其进行网格划分技术控制,其中手机屏幕和后盖采用六面体(Hex)单元类型的扫掠网格划分技术,手机机身采用六面体(Hex)单元类型的结构化网格划分技术。

步骤 2 设置单元类型。

本案例涉及接触分析,对于这类分析一般采用线性减缩积分单元,因此本案例采用 C3D8R 单元类型来进行计算。单击工具区中的 【Assign Element Type】按钮,选择 mobile 部件对其进行单元类型设置,具体参数设置如图 9-69 所示。

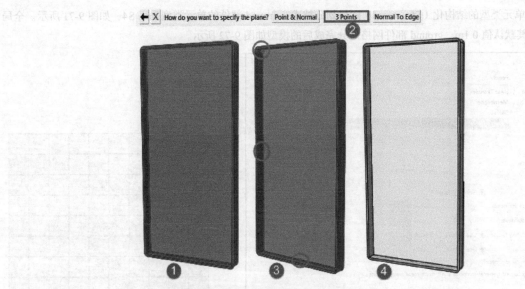

图 9-68 剖分手机后盖模型

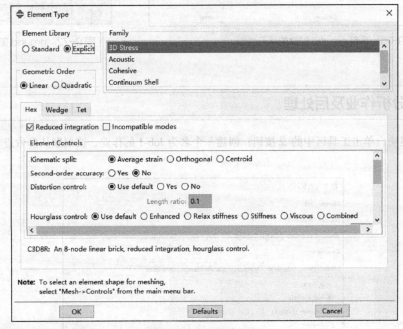

图 9-69 设置单元类型

|步骤 3| 布置种子。

由于本案例的部件较为规则,因此可以只设置模型的全局种子而不用再去定义局部种子。该算例将 mobile 部件的全局种子尺寸设置为 0.005m。

|步骤 4| 划分网格

单击工具区中的 【Mesh Part】按钮,然后单击提示区中的【Yes】按钮,完成 mobile 部件的网格划分,如图 9-70 所示。

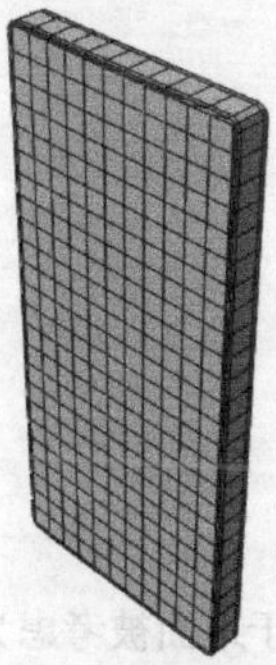

2. 对 ground 部件划分网格

与对 mobile 部件划分网格的操作步骤类似,仍然对 ground 部件实施网格划分技术、单元类型、种子尺寸和划分网格这 4 步操作。其网格划分技术采用默认的四

图 9-70 mobile 部件的网格模型

边形（Quad）单元类型的结构化（Structured）网格划分技术。ground 部件的单元类型采用 S4，如图 9-71 所示。全局种子尺寸采用其默认值 0.1m。ground 部件网格划分完成后的模型如图 9-72 所示。

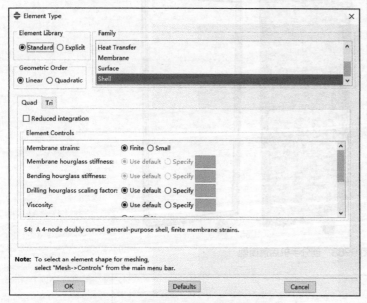

图 9-71　设置 ground 部件的单元类型

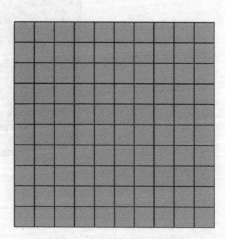

图 9-72　ground 部件的网格模型

9.4.9　提交分析作业及后处理

进入【Job】模块，单击工具区中的 ■ 按钮，创建一个名为 Job-1 的作业，按照默认参数进行设置，如图 9-73 所示。

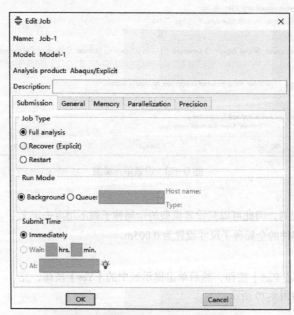

图 9-73　提交计算及其相关设置结果显示

由于地面被考虑为了刚体，所以本案例只对手机的结果进行分析，下面将进行详细介绍。

本案例只分析了手机在 1.5s 内的跌落过程，该段时间内手机共跌落了 3 次，其中第 2 次跌落反弹时手机开始翻转，跌落过程中手机的位置、形态等如图9-74所示。

　　$t=0s$：跌落的初始状态（手机距离地面0.8m）；

　　$t=0.4125s$：手机第一次跌落与地面接触；

　　$t=0.7590s$：手机第一次跌落反弹上升到最大高度；

　　$t=1.098s$：手机第二次跌落与地面接触；

　　$t=1.285s$：手机第二次跌落反弹上升到最大高度；

　　$t=1.5s$：本案例分析的最终状态。

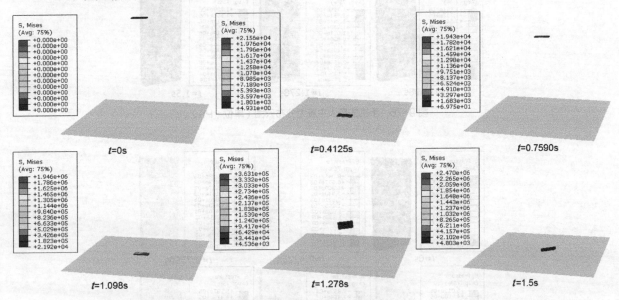

图9-74　跌落过程中手机的位置及其形态

跌落过程中手机的von Mises应力分布如图9-75所示。

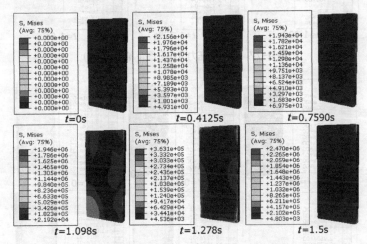

图9-75　手机的von Mises应力分布云图（单位：Pa）

跌落过程中手机的最大主应力分布如图9-76所示。

跌落过程中手机的压力分布如图9-77所示。

跌落过程中手机的 Z 方向的速度分布如图9-78所示。

跌落过程中手机的 Z 方向的位移分布如图9-79所示。

由上述结果可以看出，手机在下落过程中，其von Mises应力、最大主应力、压力、速度和位移的绝对值都是逐渐增大的；而在上升过程中，手机的von Mises应力、最大主应力、速度和位移的绝对值都是逐渐减小的。

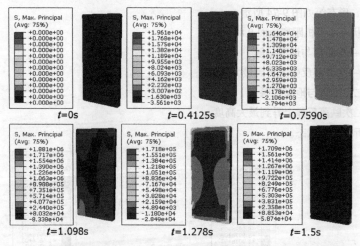

图 9-76 手机的最大主应力分布云图（单位：Pa）

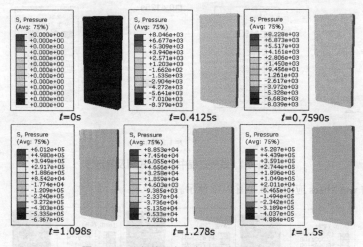

图 9-77 手机的压力分布云图（单位：Pa）

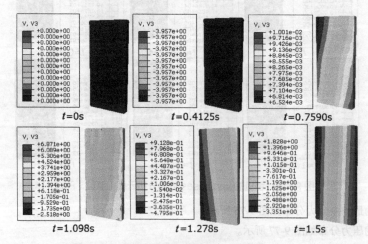

图 9-78 手机在 Z 方向的速度分布（单位：m/s）

单击【Animate：Time History】按钮可以显示变形动画。执行【Animate】/【Save as】命令，弹出【Save Image Animation】对话框，可以将动画导出。

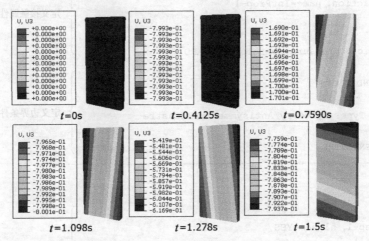

图9-79　手机在Z方向的位移分布（单位：m）

9.4.10　INP文件解读

由于其他章节有完整的 INP 文件解读，因此这里只给出了本案例重要部分的 INP 文件解读，下面将进行详细介绍。

```
** Constraint: Constraint-1
*Rigid Body, ref node=_PickedSet83, elset=_PickedSet84    } 定义刚体约束
*End Assembly
**
** MATERIALS
**
*Material, name=PC
*Density
1201.8,
*Elastic
2.32e+09, 0.3902
*Material, name=aluminium
*Density
2700.,
*Elastic
6.8e+10, 0.32
*Material, name=concrete                                  } 定义各种材料的属性
*Density
2500.,
*Elastic
2e+10, 0.15
*Material, name=LCD
*Density
2380.,
*Elastic
1.07e+07, 0.23
**
```

```
** INTERACTION PROPERTIES
**
*Surface Interaction, name=IntProp-1
*Friction
 0.5,
*Surface Behavior, pressure-overclosure=HARD
**
** BOUNDARY CONDITIONS
**
** Name: BC-RP Type: Symmetry/Antisymmetry/Encastre
*Boundary
_PickedSet87, ENCASTRE
** ----------------------------------------------------------------
**
** STEP: Step-1
**
*Step, name=Step-1, nlgeom=YES
*Dynamic, Explicit
, 1.5
*Bulk Viscosity
0.06, 1.2
**
** LOADS
**
** Name: Load-1   Type: Gravity
*Dload
_PickedSet105, GRAV, 9.8, 0., 0., -1.
**
** INTERACTIONS
**
** Interaction: Int-1
*Contact Pair, interaction=IntProp-1, mechanical constraint=KINEMATIC, cpset=Int-1
_PickedSurf107, _PickedSurf77
**
** OUTPUT REQUESTS
**
*Restart, write, number interval=1, time marks=NO
**
** FIELD OUTPUT: F-Output-1
**
*Output, field, variable=PRESELECT, number interval=1000
**
** HISTORY OUTPUT: H-Output-1
**
*Output, history, variable=PRESELECT
*End Step
```

定义接触属性

定义边界条件

定义分析步

定义荷载

定义接触

定义输出变量

第10章 材料破坏分析

材料的破坏是由诸多原因引起的,与材料本身存在缺陷、材料使用时间过长达到疲劳极限、外部荷载的作用等有关。常见的材料破坏表现为材料出现裂纹、裂纹扩展、粘接剂的脱落、材料的分割、疲劳破坏等。下面将借助一些案例对材料的破坏分析进行介绍。

10.1 板的裂纹扩展

裂纹是材料在应力或环境等的作用下产生的裂隙,有宏观层面的裂纹和微观层面的裂纹之分。裂纹形成的过程称为裂纹形核。已经形成的裂纹在应力或环境的作用下,不断长大的过程,称为裂纹扩展或裂纹增长。裂纹扩展到一定程度,即造成材料的断裂。裂纹扩展是指材料在外界因素作用下不断生长的动态过程。裂纹扩展的研究可追溯到 20 世纪 30 年代格里菲斯(Griffith)的断裂理论,根据裂纹的受载情况可将其划分为三类基本模式:张开型裂纹(Mode I)、剪切型裂纹(Mode II)和撕开型裂纹(Mode III)。裂纹扩展往往经历成核、稳态扩展和失稳扩展三个阶段,裂纹扩展一旦进入失稳扩展阶段将对材料的使用性能造成不可逆的损伤,带来极大的危害。下面将主要以板的裂纹扩展为例,介绍该案例的建模过程,并分析裂纹扩展的规律;然后再介绍一个带孔的板,分析该孔对裂纹扩展的影响。

10.1.1 问题描述

本案例研究的是一块预埋裂纹的钢板在外界荷载作用下其裂纹的扩展规律,并分析该过程中钢板的应力、位移的变化规律。对于钢板模型,其长度为 0.1m,宽度为 0.05m,厚度为 0.002m。对于预埋的裂纹模型,其长度为 0.005m,宽度为 0.002m。它们的具体模型如图 10-1 所示。本案例分析中钢板部件采用钢的材料属性,裂纹部件只是用来定义裂纹区域,所以不赋予任何材料属性。

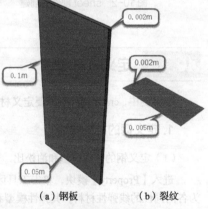

(a)钢板　　　　(b)裂纹

图 10-1 模型图

10.1.2 创建部件

本案例总共有 sheet 和 crack 两个部件,下面将分别对它们进行建模。

1. 创建sheet部件

启动 ABAQUS/CAE,选择一个类型为【Standard & Explicit】的模型数据库。进入【Part】模块,单击工具区中的【Create Part】按钮,创建一个名为 sheet 的钢板部件。该部件类型为【3D】、【Deformable】、【Solid】、【Extrusion】。进入二维草图编辑界面后,单击工具区中的【Create Lines : Rectangle】按钮,在提示区中依次输入两个矩形的对角点（0,0）和（0.05,0.1），然后单击鼠标中键（确认键）两次，弹出【Edit Base Extrusion】对话框，将【Depth】设为 0.002，即钢板厚度为 0.002m。单击【OK】按钮，完成 sheet 部件的创建，具体操作步骤如图 10-2 所示，sheet 模型如图 10-1（a）所示。

2. 创建 crack 部件

进入【Part】模块，单击工具区中的 【Create Part】按钮，创建一个名为 crack 的裂纹部件，该部件类型为【3D】、【Deformable】、【Shell】、【Extrusion】。进入二维草图编辑界面后，单击工具区中的 【Create Lines : Connected】按钮，在提示区中依次输入（0,0.05）和（0.005,0.05）两个点，然后单击鼠标中键（确认键）两次，弹出【Edit Base Extrusion】对话框，将【Depth】设为 0.002，即裂纹深度为 0.002m。单击【OK】按钮，完成 crack 部件的创建，该裂纹位于钢板的中间位置。具体操作步骤如图 10-3 所示，crack 模型如图 10-1（b）所示。

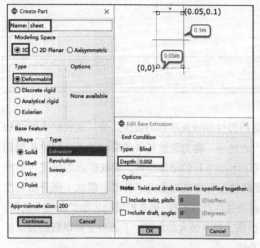

图 10-2　sheet 部件的创建

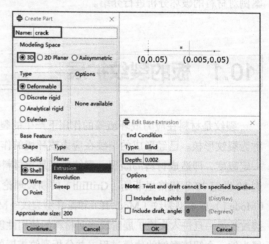

图 10-3　crack 部件的创建

10.1.3　定义材料属性

本案例中，crack 部件不需要定义材料属性，因此只需要定义 sheet 部件（钢板）的材料属性，具体操作步骤如下。

1. 定义钢的材料属性

（1）定义钢的弹性模量和泊松比

进入【Property】模块，单击工具区中的 【Create Material】按钮，创建一个名为 steel 的钢的材料属性，考虑为各向同性的线弹性材料，其弹性模量和泊松比分别设为 2.1e11 和 0.3，具体操作如图 10-4（a）所示。

（2）定义材料失效准则

本案例采用最大主应力失效准则作为材料损伤初始的判据，设置该最大主应力为 84.4MPa。具体操作如图 10-4（b）所示。损伤的演化类型有两类，一类是基于位移的损伤演化，另一类是基于能量的损伤演化。

最大主应力失效准则：

$$f = \left\{ \frac{\langle \sigma_{max} \rangle}{\sigma_{max}^0} \right\}, \text{其中 } \sigma_{max}^0 \text{ 代表最大许可主应力}, \langle \sigma_{max} \rangle = \begin{cases} 0, & if\ \sigma_{max} < 0 \\ \sigma_{max}, & if\ \sigma_{max} \geq 0 \end{cases}$$

损伤演化：

$$t_n = \begin{cases} (1-D)T_n, & T_n \geq 0 \\ T_n, & \text{otherwise(no damage to compressive stiffness)} \end{cases}$$

$t_s = (1-D)T_s,$

$t_t = (1-D)T_t,$

其中，t_n、t_s、t_t 为损伤后的正应力和剪应力；T_n、T_s、T_t 为损伤前的正应力和剪应力；D 为损伤变量。

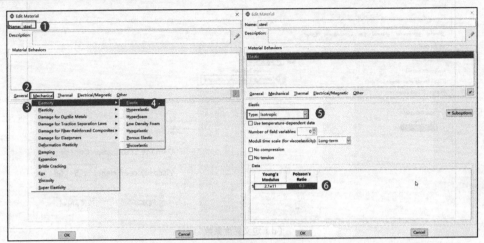

(a) 定义弹性模量和泊松比

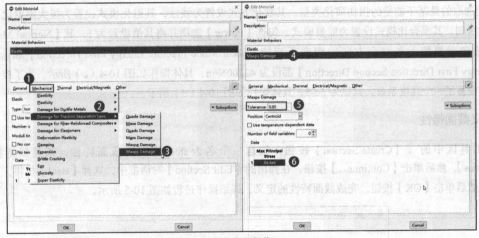

(b) 定义损伤

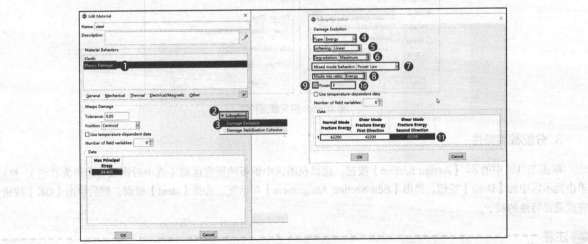

(c) 定义损伤演化

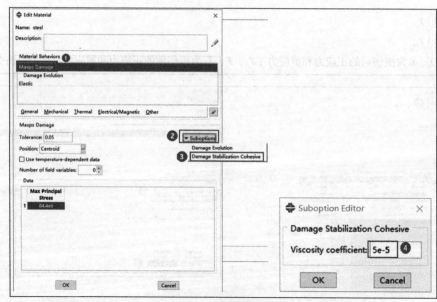

(d) 定义黏度系数

图 10-4　定义材料属性

本案例选取的是基于能量的损伤演化类型，其软化方式设置为线性，其退化模式设置为极大值退化，其混合模式采用幂次法则，其混合比模式设置为能量模式，勾选【Power】选项并将其值设置为 1，其【Normal Mode Fracture Energy】（法向断裂能）和两个方向的切向断裂能【Shear Mode Fracture Energy First Direction】和【Shear Mode Fracture Energy First Direction Second Direction】都设为 42200N/m，具体操作如图 10-4（c）所示。为了控制损伤的稳定性，这里设置了一个黏度系数，其值为 5e-5，具体操作如图 10-4（d）所示。

2. 定义截面特性

单击工具区中的 【Create Section】按钮，创建一个名为 steel 的钢的截面特性，其类型选择【Soild】、【Homogeneous】，然后单击【Continue...】按钮，在弹出的【Edit Section】对话框中，选择【steel】材料，其他参数采用默认值，然后单击【OK】按钮，完成截面特性的定义，详细操作过程如图 10-5 所示。

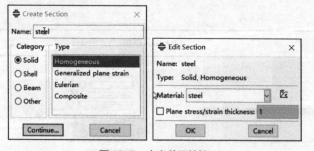

图 10-5　定义截面特性

3. 分配截面特性

单击工具区中的 【Assign Section】按钮，选择视图区中钢板的所有区域（选中后钢板的边界为红色），然后单击提示区中的【Done】按钮，弹出【Edit Section Assignment】对话框，选择【steel】截面，然后单击【OK】按钮，完成截面特性的赋予。

> 注意
> 部件被赋予材料截面特性后，其颜色将变为绿色。

10.1.4 装配部件

由于在创建部件时,就有意识地将crack部件的位置创建在sheet部件的中间部位,因此装配时就不需要再调整它们之间的相对位置关系了。

1. 装配部件

进入【Assembly】模块,单击工具区中的 【Create Instance】按钮,在弹出的对话框中选择crack部件和sheet部件,单击【OK】按钮,完成部件的装配,装配件如图10-6所示。

2. 定义集合

为了便于施加荷载和定义裂纹时选择点、线、面或体,可以预先定义一些集合(set)。单击菜单栏下方的快捷工具 按钮,再选择视图区装配件中的sheet部件,然后单击鼠标中键,这时视图区中就只剩crack部件了,再选择crack部件创建集合crack,具体操作如图10-7所示。回到Part模块,显示sheet部件,分别选择其顶部、底部、四个角点以及整个sheet部件,建立对应的4个集合top、bottom、fixed-Z、all,具体操作如图10-8所示。

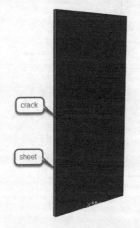

图10-6　装配完成后的模型

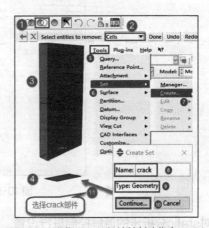

图10-7　隐藏sheet部件并创建集合crack

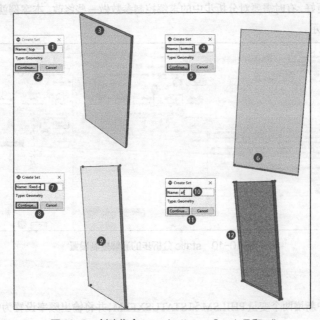

图10-8　创建集合top、bottom、fixed-Z和all

10.1.5 创建分析步并设置结果输出

下面新建一个静态分析步,并对场变量输出和历史变量输出进行设置,详细如下。

1. 创建静态分析步static

进入【Step】模块,单击工具区中的【Create Step】按钮,创建一个【Static, General】类型的静态分析步,打开几何非线性,并重新设置增量步参数,其他参数采用默认设置,具体操作如图10-9所示。

> **提示**
> 动态分析步中的时间是有意义的,而静态分析步中的时间是没有意义的,一般都采用默认值1。

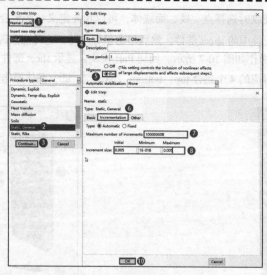

图10-9 创建静态分析步 static

2. 对static分析步的通解控制进行设置

为了使求解的收敛性更好,有时需要对分析步中的求解控制参数做一些修改,本案例就对通解控制做了一些修改,具体操作步骤如图10-10所示。

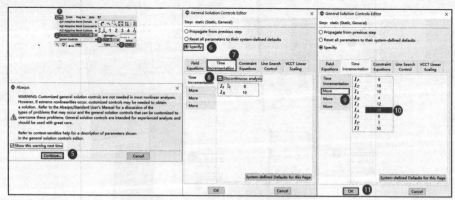

图10-10 static 分析步的通解控制设置

3. 设置场输出变量

在默认的场输出变量中新增两个变量PHILSM和STATUSXFEM,并将输出频率设置为每20个增量步输出一次(默认为每1个增量步输出一次),这样可以减小结果文件的大小。具体操作如图10-11所示。

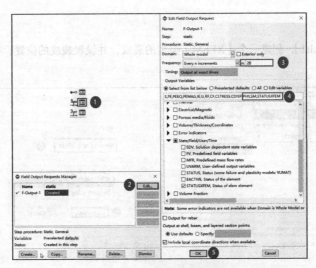

图 10-11 设置场输出变量

4. 设置历史输出变量

分析步创建完成后该软件会自动创建一个历史输出变量,此处无需做任何修改,可直接采用默认的历史输出变量设置。

10.1.6 定义相互作用关系

此处主要是对裂纹类型进行设置,下面将进行详细介绍。

1. 创建接触属性

进入【Interaction】模块,单击工具区中的 【Create Interaction Property】按钮,创建一个硬接触类型的接触属性,具体操作如图 10-12 所示。

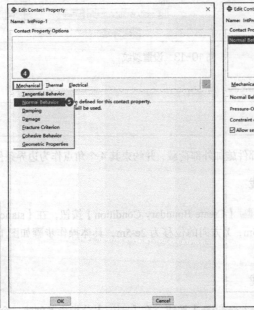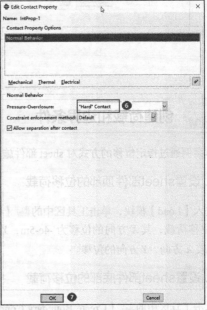

图 10-12 创建接触属性

2. 设置裂纹

单击菜单栏中的【Special】，创建一个【XFEM】类型的裂纹，并设置裂纹的位置、接触属性等参数，具体操作如图 10-13 所示。

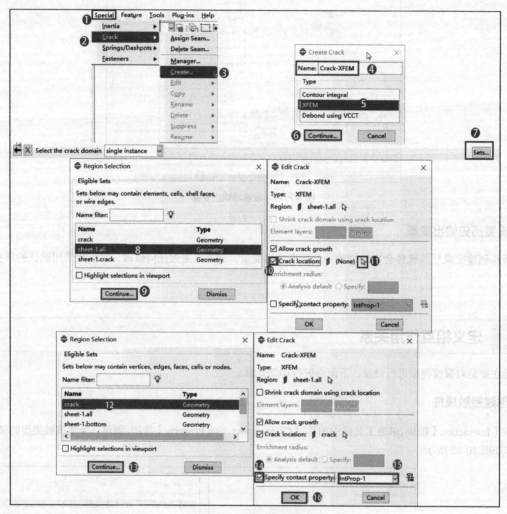

图 10-13　设置裂纹

10.1.7　创建荷载和边界条件

本案例通过指定位移的方式对 sheet 部件施加外部荷载，并约束其 4 个角点作为边界条件，下面将进行详细介绍。

1. 设置sheet部件顶部的位移荷载

进入【Load】模块，单击工具区中的 【Create Boundary Condition】按钮，在【static】分析步下创建一个名为 top 的位移荷载，其 X 方向的位移为 -4e-5m，Y 方向的位移为 2e-5m，具体操作步骤如图 10-14 所示，其中 U1、U2 分别代表 X 方向、Y 方向的位移。

2. 设置sheet部件底部的位移荷载

单击工具区中的 【Create Boundary Condition】按钮，在【static】分析步下创建一个名为 bottom 的位移荷载，

其 X 方向的位移为 4e-5m，其 Y 方向的位移为 -2e-5m，具体操作步骤如图 10-15 所示，其中 U1、U2 分别代表 X 方向、Y 方向的位移。

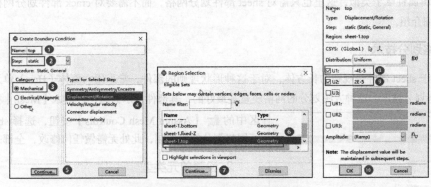

图 10-14　sheet 部件顶部的位移设置

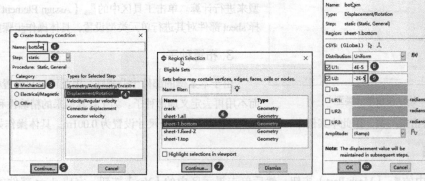

图 10-15　sheet 部件底部的位移设置

3. 设置 sheet 部件的边界条件

单击工具区中的【Create Boundary Condition】按钮，在初始分析步下创建一个名为 BC-fixed-Z 的边界条件，约束 sheet 部件 4 个角点 Z 方向的自由度，具体操作步骤如图 10-16 所示。

边界条件设置完成后的整体效果如图 10-17 所示。

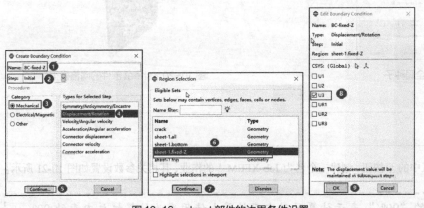

图 10-16　sheet 部件的边界条件设置

图 10-17　荷载与边界条件设置的整体效果

10.1.8 网格划分

与上述的材料属性赋予类似，这里也只需对 sheet 部件划分网格，而不需要对 crack 部件划分网格。下面将对网格的划分进行详细介绍。

1. 选择网格划分技术

本案例中由于 sheet 部件是规则的长方体，对于这种形状规则的部件，常采用六面体（Hex）单元类型的结构化（Structured）网格划分技术，这种方法划分的网格质量是最好的，其部件显示为绿色。进入【Mesh】模块，单击工具区中的【Assign Mesh Coutrols】按钮，选择 sheet 部件对其进行网格划分技术控制，此处无需做任何修改，全部采用默认设置。

2. 设置单元类型

本案例涉及裂纹的扩展，裂纹周边的单元变形较大，且 crack 部件与 sheet 部件之间还存在着一些接触，因此应当采用 C3D8R 单元类型来进行计算。单击工具区中的【Assign Element Type】按钮，选择 sheet 部件对其进行单元类型设置，具体操作步骤如图 10-18 所示。

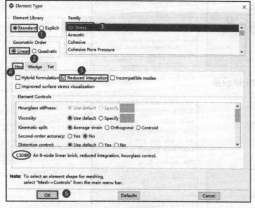

图 10-18 设置单元类型

3. 布置种子

由于本案例的部件十分规则，因此可以只设置模型的全局种子而不用再去定义局部种子。为了计算结果的精确性和计算的收敛性，应当将网格划分得密集一些。因此本案例中，将 sheet 部件的全局种子尺寸设置为 0.001m，具体操作如图 10-19 所示。

4. 划分网格

单击工具区中的【Mesh Part】按钮，然后单击提示区中的【Yes】按钮，完成 sheet 部件的网格划分，如图 10-20 所示。

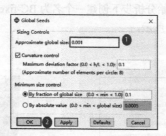

图 10-19 布置全局种子

图 10-20 sheet 部件的网格模型

10.1.9 提交分析作业

进入【Job】模块，单击工具区中的按钮，创建一个名为 Job-XFEM-1 的作业，其相关参数设置如图 10-21 所示。

> **提示**
> 图 10-21 中第 4 步中的"90%"表示计算时对内存的最大使用率为计算机总内存的 90%；第 6 步中的"7"表示计算时采用 7 个处理器联机运算（该电脑的 CUP 是 8 核的），到底采用几个处理器联机运算与用户使用的电脑 CPU 的核数相关，应小于等于 CPU 的核数。

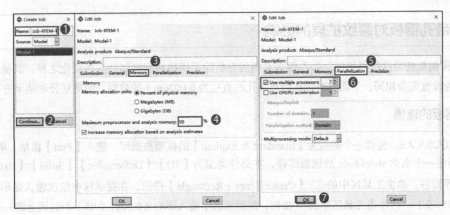

图 10-21 提交计算及其相关设置

10.1.10 结果后处理

下面将对裂纹扩展分析的结果进行展示。为了更加清楚地观察到裂纹扩展的效果,此处将位移显示放大了 100 倍,但结果中的所有参数值都没有改变。

钢板的 von Mises 应力分布云图如图 10-22 所示。

钢板的最大主应力分布云图如图 10-23 所示。本案例采用最大主应力失效准则,其最大主应力定义为 84.4MPa,该图中裂纹末端的区域其应力颜色为浅绿色,其值也在 80MPa 左右,说明该分析的结果是可靠的。

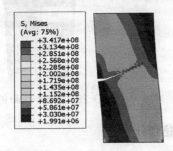

图 10-22 钢板的 von Mises 应力分布(单位:Pa)

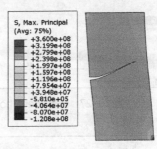

图 10-23 钢板的最大主应力分布(单位:Pa)

钢板断裂参数 PHILSM 变量的结果图如图 10-24 所示。

裂纹扩展单元的状态如图 10-25 所示。

钢板的位移分布云图如图 10-26 所示。

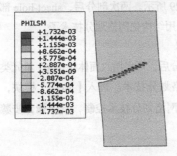 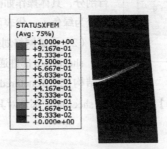 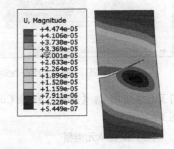

图 10-24 断裂参数 PHILSM 变量的结果　　图 10-25 裂纹扩展单元的状态　　图 10-26 钢板的位移分布(单位:m)

10.1.11 带孔钢板对裂纹扩展的影响

与上述无孔钢板的裂纹扩展相比，带孔钢板案例的分析除了模型和网格划分有些变化之外，其他设置与无孔钢板案例分析中的设置完全相同。下面将对带孔钢板（孔的直径为0.0026m）的建模、网格划分和结果进行详细介绍。

1. 带孔钢板的建模

启动ABAQUS/CAE，选择一个类型为【Standard & Explicit】的模型数据库。进入【Part】模块，单击 【Create Part】按钮，创建一个名为sheet-hole的钢板部件，本部件类型为【3D】、【Deformable】、【Solid】、【Extrusion】。进入二维草图编辑界面后，单击工具区中的 【Create Lines：Rectangle】按钮，在提示区中依次输入矩形的两个对角点（0，0）和（0.05，0.1），再单击工具区中的 按钮，在提示区中输入圆心（0.006，0.05）和圆周上的一个点（0.0073，0.05），即小孔的半径为0.0013m，然后单击鼠标中键（确认键）两次，弹出【Edite Base Extrusion】对话框，将【Depth】设为0.002，即钢板厚度为0.002m。单击【OK】按钮，完成部件sheet-hole的创建，具体操作步骤如图10-27所示，sheet-hole模型如图10-28所示。

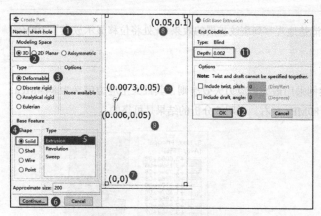

图 10-27　创建 sheet-hole 部件

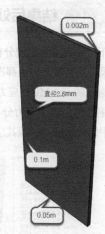

图 10-28　sheet-hole 的模型图

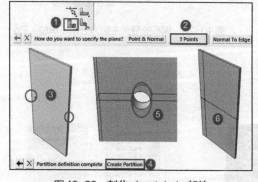

图 10-29　剖分 sheet-hole 部件

2. 带孔钢板的网格划分

（1）剖分sheet-hole部件

sheet-hole部件默认只能采用扫掠方式的网格划分技术，这种网格划分技术得到的网格质量没有结构化网格划分技术得到的网格质量高，为了能采用结构化网格划分技术，需要对该部件进行剖分，具体操作如图10-29所示。两次剖分后，sheet-hole部件就变为绿色了，代表可以采用结构化网格划分技术了。

（2）设置网格划分技术

sheet-hole部件通过剖分后，可采用六面体（Hex）单元类型的结构化（Structured）网格划分技术。进入【Mesh】模块，单击工具区中的 【Assign Mesh Controls】按钮，选择sheet-hole部件对其进行网格划分技术控制，具体操作步骤如图10-30所示。

（3）设置单元类型

该部分与无孔钢板设置完全相同，选用C3D8R。

（4）布置种子

与无孔钢板的设置类似，此案例中仍将sheet-hole部件的全局种子尺寸设置为0.001m，该操作如图10-19所示。

此处新增了钢板中心小孔圆周的种子设置，此小孔被分为了 4 段圆弧，每段圆弧上设置 4 个种子，且板的厚度方向的所有边上也设置 4 个种子，具体操作如图 10-31 所示。

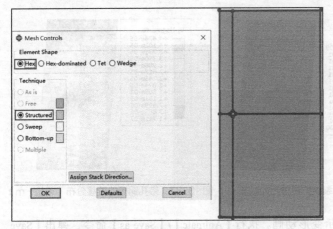

图 10-30　设置网格划分技术　　　　　　　　　图 10-31　布置小孔圆周上的局部种子

（5）划分网格

单击工具区中的 【Mesh Part】按钮，然后单击提示区中的【Yes】按钮，完成 sheet-hole 部件的网格划分，如图 10-32 所示。

3. 带孔钢板的结果展示

下面将对带孔钢板裂纹扩展分析的结果进行展示。此处仍然将位移显示放大了 100 倍。

带孔钢板的 von Mises 应力分布云图如图 10-33 所示。

带孔钢板的最大主应力分布云图如图 10-34 所示。本案例采用最大主应力失效准则，其最大主应力定义为 84.4MPa，该图中裂纹末端的区域的应力颜色为蓝色，其值也在 80MPa 左右，说明该分析的结果是可靠的。

带孔钢板断裂参数 PHILSM 变量的结果图如图 10-35 所示。

图 10-32　sheet-hole 部件的网格模型

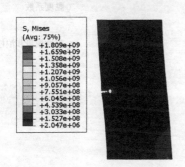
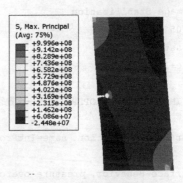

图 10-33　带孔钢板的 von Mises 应力分布（单位：Pa）　　　图 10-34　带孔钢板的最大主应力分布（单位：Pa）

裂纹扩展单元的状态如图 10-36 所示。

带孔钢板的位移分布云图如图 10-37 所示。

从上述结果可以看出，带孔钢板的裂纹扩展到小孔区域后，就不再继续扩展了，说明该小孔有阻止裂纹扩展的作用，工程上称它为止裂孔。该案例分析的结果也证明止裂孔能有效阻止裂纹扩展，对钢板起到一定的保护作用。

从力学的角度上来讲，裂纹扩展到止裂孔处后，其裂纹尖端的应力集中没有了，应力在此处的传递被弱化了，所以就减小了对材料的破坏。若裂纹经过止裂孔后应力降低到比材料的失效应力还低时，裂纹就不再扩展了；若裂纹经过止裂孔后应力仍比材料的失效应力高，那么裂纹将继续扩展，但其最终的裂纹扩展长度还是会比没有止裂孔时要短一些。

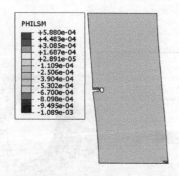 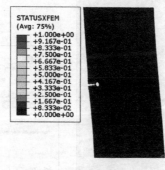 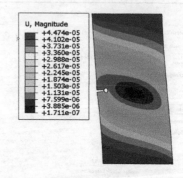

图 10-35　断裂参数 PHILSM 变量的结果　　图 10-36　裂纹扩展单元的状态　　图 10-37　带孔钢板的位移分布（单位：m）

单击【Animate : Time History】按钮可以显示变形动画。执行【Animate】/【Save as】命令，弹出【Save Image Animation】对话框，可以将动画导出。

10.1.12　INP文件解读

由于其他章节有完整的 INP 文件解读，因此这里只给出了本案例重要部分的 INP 文件解读，下面将进行详细介绍。

```
** MATERIALS——定义材料属性
**
*Material, name=steel
*Damage Initiation, criterion=MAXPS            }最大主应力失效准则
8.44e+07,
*Damage Evolution, type=ENERGY, mixed mode behavior=POWER LAW, power=1.   }损伤演化
42200., 42200., 42200.
*Damage Stabilization                          }黏度系数
5e-05
*Elastic                                       }弹性模量和泊松比
2.1e+11, 0.3
**
** INTERACTION PROPERTIES——设置裂纹与板之间的相互作用
**
*Surface Interaction, name=IntProp-1
1.,
*Surface Behavior, pressure-overclosure=HARD
*Initial Conditions, type=ENRICHMENT
sheet-1.18051, 1, Crack-XFEM, 1e-06, -0.001
sheet-1.18051, 2, Crack-XFEM, -0.000999451, -0.001
sheet-1.18051, 3, Crack-XFEM, -0.000999451, -0.001
sheet-1.18051, 4, Crack-XFEM, 1e-06, -0.001
sheet-1.18051, 5, Crack-XFEM, 1e-06, 0.
sheet-1.18051, 6, Crack-XFEM, -0.000999451, 0.
sheet-1.18051, 7, Crack-XFEM, -0.000999451, 0.
```

```
sheet-1.18051, 8, Crack-XFEM, 1e-06, 0.
……
sheet-1.19951, 1, Crack-XFEM, 1e-06
sheet-1.19951, 2, Crack-XFEM, -0.000999451
sheet-1.19951, 3, Crack-XFEM, -0.000999451
sheet-1.19951, 4, Crack-XFEM, 1e-06
sheet-1.19951, 5, Crack-XFEM, 1e-06
sheet-1.19951, 6, Crack-XFEM, -0.000999451
sheet-1.19951, 7, Crack-XFEM, -0.000999451
sheet-1.19951, 8, Crack-XFEM, 1e-06
**
** BOUNDARY CONDITIONS
**
** Name: BC-fixed-Z Type: Displacement/Rotation      定义板的固定边界约束
*Boundary
sheet-1.fixed-Z, 3, 3
** ----------------------------------------------------------------
** STEP: static
**
*Step, name=static, nlgeom=YES, inc=10000000        定义静态分析步
*Static
0.005, 1., 1e-10, 0.005
**
** BOUNDARY CONDITIONS
**
** Name: bottom Type: Displacement/Rotation
*Boundary
sheet-1.bottom, 1, 1, 4e-05                         定义板的位移荷载
sheet-1.bottom, 2, 2, -2e-05
** Name: top Type: Displacement/Rotation
*Boundary
sheet-1.top, 1, 1, -4e-05
sheet-1.top, 2, 2, 2e-05
**
** CONTROLS
**
*Controls, reset                                    修改求解控制参数设置
*Controls, analysis=discontinuous
*Controls, parameters=time incrementation
, , , , , , 20, , ,
**
** OUTPUT REQUESTS
**
*Restart, write, frequency=0
**
** FIELD OUTPUT: F-Output-1
**
*Output, field, frequency=20
*Node Output                                        定义场变量输出
CF, PHILSM, RF, U
*Element Output, directions=YES
LE, PE, PEEQ, PEMAG, S, STATUSXFEM
*Contact Output
CDISP, CSTRESS
```

```
**
** HISTORY OUTPUT: H-Output-1
**
*Output, history, variable=PRESELECT
*End Step
```

定义历史变量输出

10.2 切削分析

切削是一种加工技术，它是用切削工具（包括刀具、磨具和磨料等）切去坯料或工件上多余的部分，使工件达到规定的几何形状、尺寸和表面质量等要求。任何切削加工都必须满足3个最基本的条件：切削工具、工件和切削运动。切削工具应有刃口，其材质必须比工件坚硬。不同的刀具结构和切削运动形式将构成不同的切削方法。用刀刃形状和刀刃数都固定的刀具进行切削的方法有车削、钻削、镗削、铣削、刨削、拉削和锯切等；用刀刃形状和刀刃数都不固定的磨具或磨料进行切削的方法有磨削、研磨和抛光等。虽然毛坯的制造精度在不断提高，精铸、精锻、挤压、粉末冶金等加工工艺的应用也日益广泛，但由于切削加工的适应范围广，且能达到很高的精度和很低的表面粗糙度，因此切削在机械制造工艺中仍占有重要的地位。对切削工艺的有限元分析可帮助人们从理论上更加直观清晰地认识和了解该工艺，下面将列举一个案例对切削的有限元分析进行详细介绍。

10.2.1 问题描述

本案例是对切削加工过程的模拟，分析该过程中工件的应力、位移等分布规律，以及切屑被剥离后的运动轨迹。本案例包含工件和刀具两个部件，都考虑为二维部件。工件是一块矩形钢板，其长度为10m，宽度为5m，如图10-38所示。刀具是由4条线围成的解析刚体，其具体外形如图10-39所示。本案例只对钢板工件赋予钢的材料属性，刀具考虑为刚体，所以不赋予任何材料属性。

10.2.2 创建部件

本案例总共有plate和knife两个部件，下面将分别对它们进行建模。

1. 创建plate部件

启动ABAQUS/CAE，选择一个类型为【Standard & Explicit】的模型数据库。进入【Part】模块，单击 【Create Part】按钮，创建一个名为plate的钢板部件，本部件类型为【2D Planar】【Deformable】、【Shell】。进入二维草图编辑界面后，单击工具区中的 【Create Lines:Rectangle】按钮，在提示区中依次输入矩形的两个对角点（0，0）和（10，5），然后单击鼠标中键（确认键）两次，完成部件plate的创建，具体操作步骤如图10-38所示。

2. 创建knife部件

进入【Part】模块，单击 【Create Part】按钮，创建一个名为knife的裂纹部件，该部件类型为【2D Planar】【Analytical rigid】、【Wire】。进入二维草图编辑界面后，单击工具区中的 【Create Lines : Connected】按钮，在提示区中依次输入（10.02，4.5）、（12，5）、（12，8）、（11，8）和（10.02，4.5）5个点，然后单击鼠标中键（确认键）两次，完成部件knife的创建，具体操作步骤如图10-39（a）所示。再选择knife部件上的一个点（12，5）创建为参考点RP，具体操作步骤如图10-39（b）所示。

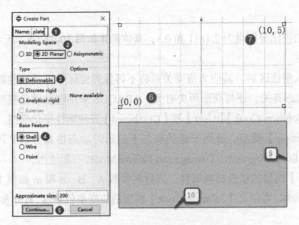

图 10-38 plate 部件的创建

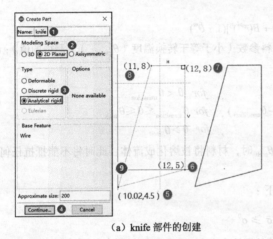

（a）knife 部件的创建　　　　　　　　　　　　（b）参考点 RP 的创建

图 10-39 knife 部件和参考点的创建

3. 分割 plate 部件

为了方便定义后面的研究中刀具和工件之间的接触，先对工件进行剖分。在【Part】模块的工具区中单击 按钮，然后分别创建（0，4.4，0）和（10，4.4，0）两个点，然后再单击工具区中的 按钮，选择这两个点对 plate 部件进行分割，具体操作步骤如图 10-40 所示。

10.2.3 定义材料属性

本案例中，knife 刚体部件不需要定义材料属性，因此只需要定义 plate 部件（钢板）的材料属性，具体操作步骤如下。

1. 定义钢的材料属性

（1）定义密度

进入【Property】模块，单击工具区中的 【Create Material】按钮，创建一个名为 steel 的钢的材料属性，将钢的密度设置为 7800kg/m³，具体操作如图 10-41（a）所示。

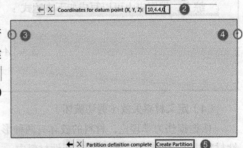

图 10-40 分割 plate 部件

(2) 定义钢的弹性特性

plate 部件的弹性模量和泊松比分别设为 2.1e11 和 0.3，具体操作如图 10-41（b）所示。

(3) 定义钢板的塑性特性

从力学上讲，当材料进入塑性区后，其应力应变关系将不再像弹性区那样是线性的了，而是表现为非线性，此时材料的应变不仅与应力的状态有关，还与变形历史有关。ABAQUS 采用塑性硬化模型来定义材料的塑性，它提供了【Isotropic】、【Kinematic】、【Johnson-Cook】、【User】和【Combined】五种塑性硬化模型。本案例采用【Johnson-Cook】模型，这是一种特殊的【Isotropic】模型，适用于绝热状态下的瞬时动态仿真分析，可以与 Johnson-Cook Dynamic Failure Model 一起使用，也可以与 Progressive Damage and Failure Model 一起使用。

定义钢板【Johnson-Cook】模型的塑性材料属性，其材料参数 A、B、n 和 m 如图 10-41（c）所示，其熔化温度和转换温度分别为 1723K 和 298K，再定义【Johnson-Cook】模型的应变率依赖性，具体参数和操作步骤如图 10-41（c）所示。

【Johnson-Cook】模型的静态屈服应力为

$$\sigma^0 = [A + B(\bar{\varepsilon}^{pl})^n](1 - \hat{\theta}^m)$$

其中，$\bar{\varepsilon}^{pl}$ 为等效塑性应变；A、B、n 和 m 为材料参数（小于等于转换温度（$\theta_{transition}$）下测得的值）；θ 为无量纲温度，其定义如下：

$$\hat{\theta} \equiv \begin{cases} 0 & , \text{ for } \theta < \theta_{transition} \\ (\theta - \theta_{transition})/(\theta_{melt} - \theta_{transition}) & , \text{ for } \theta_{transition} \leq \theta \leq \theta_{melt} \\ 1 & , \text{ for } \theta > \theta_{melt} \end{cases}$$

此处为 θ 当前温度，θ_{melt} 为熔化温度。当 $\theta > \theta_{melt}$ 时，材料将被熔化成流体，此时将不能抵抗任何剪切力，因此 $\sigma^0 = 0$。

【Johnson-Cook】模型的应变率依赖性的定义如下：

$$\bar{\sigma} = \sigma^0(\bar{\varepsilon}^{pl}, \theta)R(\bar{\varepsilon}^{pl}) \text{ 且 } \bar{\varepsilon}^{pl} = \dot{\varepsilon}_0 \exp\left[\frac{1}{C}(R-1)\right], \text{ for } \bar{\sigma} \geq \sigma^0$$

其中，$\bar{\sigma}$ 为非零应变率下的屈服应力；$\bar{\varepsilon}^{pl}$ 为等效的塑性应变率；$\dot{\varepsilon}_0$ 和 C 为材料参数（$\leq \theta_{transition}$ 下测得的值）；$\sigma^0(\bar{\varepsilon}^{pl}, \theta)$ 为静态屈服应力；$R(\bar{\varepsilon}^{pl})$ 为屈服应力比率，是非零应变率和静态屈服应力的比值，因此 $R(\dot{\varepsilon}_0) = 1$。

综上，屈服应力可以写成如下表达式：

$$\bar{\sigma} = \left[A + B(\bar{\varepsilon}^{pl})^n\right]\left[1 + C\ln(\frac{\dot{\bar{\varepsilon}}^{pl}}{\dot{\varepsilon}_0})\right](1 - \hat{\theta}^m)$$

---

(4) 定义材料失效（剪切破坏）

依据损伤力学理论，材料的破坏有两种形式，一种是拉伸破坏，另一种是剪切破坏。而拉伸破坏一般发生在脆性材料中，剪切破坏一般发生在塑性材料中。本案例中工件的材料为钢，属于塑性材料，所以选用剪切破坏（Shear damage）形式。

选用【Shear damage】这种材料损伤模式，输入相应的断裂应变、剪切应力率和应变比率，再定义基于位移的损伤演化，相关值和具体操作步骤如图 10-41（d）所示。

材料剪切失效的剪切应力率为

$\theta_s = (q + k_s p)/\tau_{max}$，其中 q 为 Mises 等效应力；p 为静水压力；τ_{max} 为最大剪切应力。

---

(5) 其他与温度有关的参数设置

本案例还设置了材料的其他参数，这些参数都跟温度相关，如传导性、膨胀、无弹性的热度分数以及比热参数。这些参数的值及其具体操作步骤如图 10-41（e）所示。

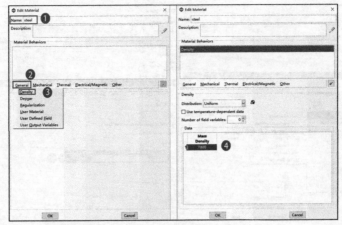

(a) 定义密度

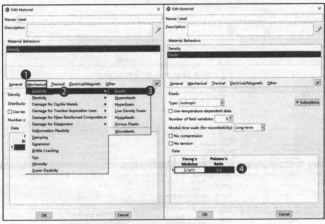

(b) 定义弹性模量和泊松比

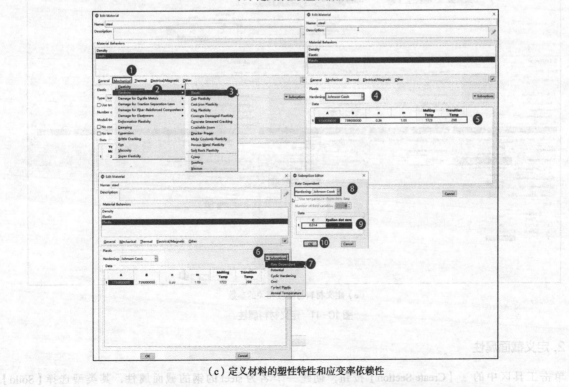

(c) 定义材料的塑性特性和应变率依赖性

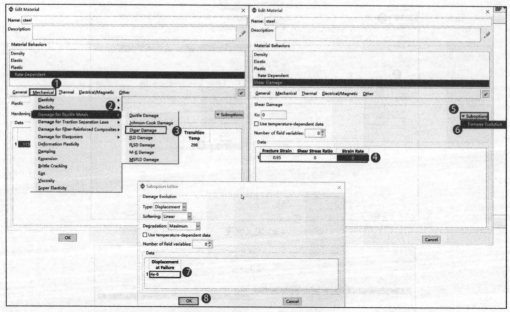

（d）定义材料的损伤和损伤演化

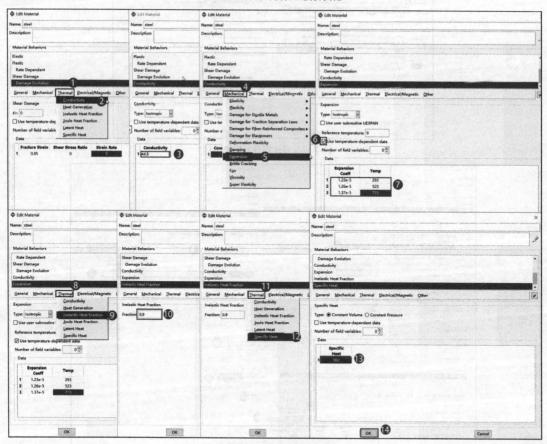

（e）定义材料与温度相关的参数

图 10-41　定义材料属性

2. 定义截面属性

单击工具区中的 【Create Section】按钮，创建一个名为 steel 的钢的截面属性，其类型选择【Soild】、

【Homogeneous】，然后单击【Continue...】按钮，在弹出的【Edit Section】对话框中选择【steel】材料，勾选【Plane stress/strain thickness】选项，将其值设为1，然后单击【OK】按钮，完成截面属性的定义，详细操作过程如图10-42所示。

3. 分配截面属性

单击工具区中的 【Assign Section】按钮，选择视图区中钢板的所有区域（选中后钢板的边界为红色），然后单击提示区中的【Done】按钮，弹出【Edit Section Assignment】对话框，选择【steel】截面，然后单击【OK】按钮，完成截面属性的赋予。

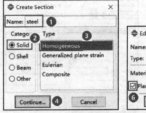
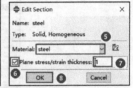

图10-42 定义截面属性

> 注意
> 部件被赋予材料截面属性后，其颜色将变为绿色。

10.2.4 装配部件

由于在部件创建时就有意识地将knife部件的位置创建在plate部件的右上方，即切削的起始点处，因此装配时就不需要再调整它们之间的相对位置关系了。

进入【Assembly】模块，单击工具区中的 【Create Instance】按钮，在弹出的对话框中选择knife和plate部件，单击【OK】按钮，完成部件的装配，装配件如图10-43所示。

图10-43 装配完成后的模型

10.2.5 创建分析步并设置结果输出

此处新建了一个显示的动态分析步，并对场变量输出和历史变量输出进行了设置，下面将进行详细的介绍。

1. 创建显示动态分析步

进入【Step】模块，单击工具区中的 【Create Step】按钮，创建一个【Dynamic，Explicit】类型的显示动态分析步，【Nlgeom】设为【On】，设置分析时间为2.05s，其他参数采用默认设置，具体操作如图10-44所示。

> 提示
> 动态分析步中的时间是有意义的，这与静态分析步中的时间概念是不一样的，动态分析步中的时间就是该分析过程中真实的需要计算的时间。这里将时间设为2.05s是因为工件plate的长度为10m，而刀具的切削速度为5m/s，所以只需2s就能完成切削。

2. 设置ALE法自适应网格划分的定义域

由于切削过程中plate部件的部分网格会破坏，因此此处将设置ALE法（任意的拉格朗日欧拉方法）自适应网格划分的定义域，以保证计算过程中网格的完整，从而使计算顺利进行，具体的操作方法如图10-45所示。

3. 设置场输出变量

单击工具区中的场输出管理 按钮，对其进行编辑，在默认的场输出变量中新增1个变量STATUS，其他参数保持不变。具体操作如图10-46所示。

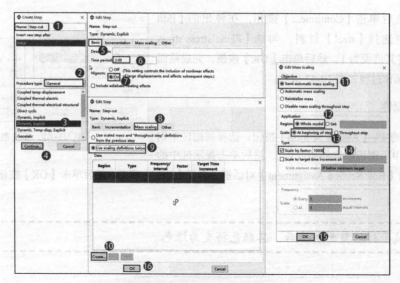

图 10-44 创建显示动态分析步

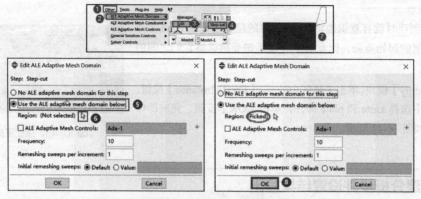

图 10-45 设置 ALE 法自适应网格划分的定义域

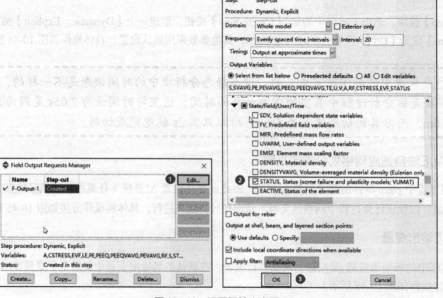

图 10-46 设置场输出变量

10.2.6 定义相互作用关系

创建一个接触属性,并定义 knife 部件(刀具)和 plate 部件(钢板)之间的接触,以此来模拟切削。由于 knife 部件是刚体,因此需要创建一个刚体约束,在后面的荷载施加过程中只需将载荷施加到刚体的参考点上就可以了。下面将对这些操作进行详细介绍。

1. 创建接触属性

进入【Interaction】模块,单击工具区中的【Create Interaction Property】按钮,创建一个名为 IntProp-1 的接触属性,切向方向采用 0.04 的摩擦因子,法向方向采用硬接触方式,具体操作如图 10-47 所示。

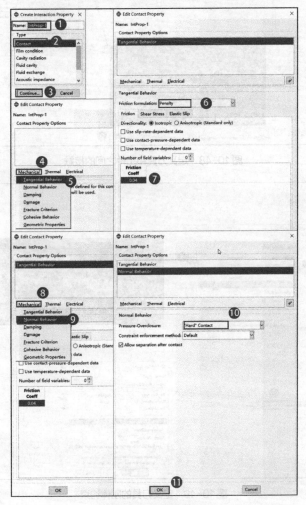

图 10-47 创建接触属性

2. 定义接触

单击工具区中的【Create Interaction】按钮,在【Step-cut】分析步下创建一个名为 Int-1 的接触,定义 knife 部件和 plate 部件之间的相互作用关系。具体操作步骤如图 10-48 所示。

3. 定义刀具的刚体约束

单击工具区中的【Create Constraint】按钮,创建一个名为 rigid 的刚体约束,具体操作如图 10-49 所示。

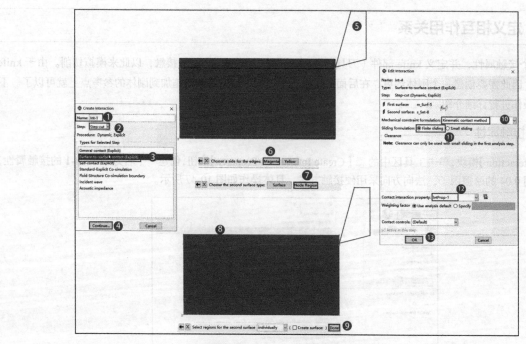

图 10-48 定义刀具和工件之间的接触

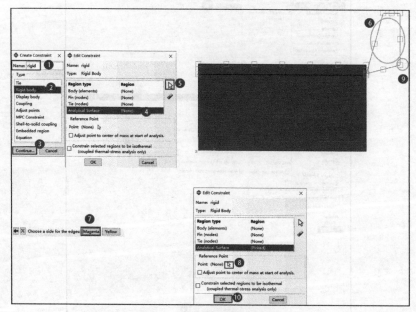

图 10-49 定义刀具的刚体约束

10.2.7 创建荷载和边界条件

本案例在刀具上施加了 5m/s 的速度，约束工件的底边和左侧边的 6 个自由度，并预定义了 298K 的温度场，下面将进行详细介绍。

1. 定义刀具的速度

进入【Load】模块，单击工具区中的 【Create Boundary Condition】按钮，在【Step-cut】分析步下创建一个

名为 BC-V-knife 的速度荷载，其值和具体操作步骤如图 10-50 所示，其中 V1、V2、VR3 分别代表 X、Y、Z 方向的速度。

2. 定义工件的边界条件

单击工具区中的 【Create Boundary Condition】按钮，在初始分析步下创建一个名为 BC-displacement 的边界条件，约束工件的底边和左侧边的 6 个自由度，具体操作步骤如图 10-51 所示。

3. 预定义温度场

单击工具区中的 【Create Predefined Field】按钮，创建一个名为 Predefined Field-1 的预定义场，定义工件的温度为 298K（25 摄氏度）。具体操作如图 10-52 所示。

图 10-50　定义刀具的速度

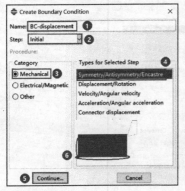 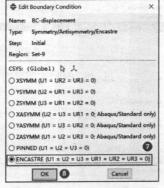 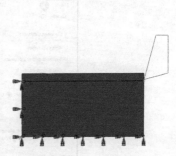

图 10-51　定义工件的边界条件

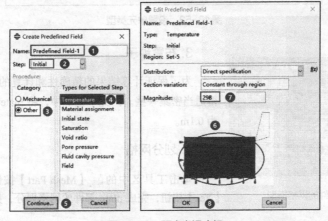

图 10-52　预定义温度场

10.2.8　网格划分

与上述的材料属性赋予类似，这里也只需对 plate 部件划分网格，而不需要对 knife 部件划分网格。下面将对网格的划分进行详细介绍。

1. 选择网格划分技术

本案例中由于 plate 部件是规则的长方形，对于这种规则形状的部件，常采用四边形（Quad）单元类型的结构化

（Structured）网格划分技术，这种方法划分的网格质量是最好的，其部件显示为绿色。进入【Mesh】模块，单击工具区中的【Assign Mesh Controls】按钮，选择 plate 部件对其进行网格划分技术控制。

2. 设置单元类型

本案例模拟切削过程，采用的是显示动态分析步，因此应该采用显示单元库；材料的塑性和损伤都与温度密切相关，因此应该采用耦合的温度–位移单元族；切削过程中存在单元的破坏，网格有较大的变形或扭曲，因此应该采用线性减缩积分单元。本案例采用 CPE4RT 单元类型来进行计算。

单击工具区中的【Assign Element Type】按钮，选择 plate 部件对其进行单元类型设置，具体操作步骤如图 10-53 所示。

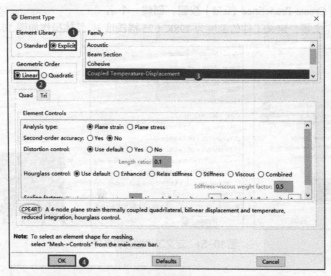

图 10-53　设置单元类型

3. 布置种子

为了保证计算结果的精确性和计算的收敛性，应当将网格划分得适当密集一些。因此本案例中，将 plate 部件的全局种子尺寸设置为 0.1m。

4. 划分网格

单击工具区中的【Mesh Part】按钮，然后单击提示区中的【Yes】按钮，完成 plate 部件的网格划分，如图 10-54 所示。

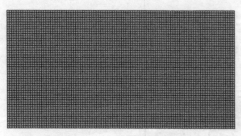

图 10-54　plate 部件的网格模型

10.2.9 提交分析作业

进入【Job】模块，单击工具区中的按钮，创建一个名为 Job-qiexue 的作业，其他参数采用默认设置。

10.2.10 结果后处理

下面将对切削分析的应力、位移等结果进行展示。
工件变形前和变形后的模型如图 10-55 所示。

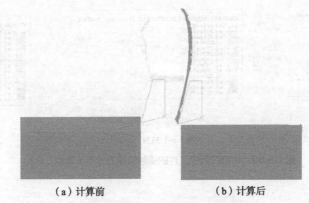

(a)计算前　　　　　　　　　(b)计算后

图 10-55　工件计算前、后的模型

切削过程中工件的 von Mises 应力分布云图如图 10-56 所示。

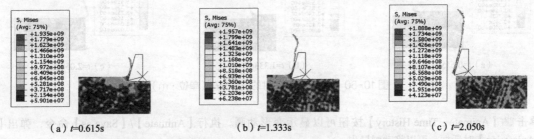

(a) $t=0.615s$　　　　　　(b) $t=1.333s$　　　　　　(c) $t=2.050s$

图 10-56　切削过程中工件的 von Mises 应力分布（单位：Pa）

切削过程中工件的剪切应力分布云图如图 10-57 所示。

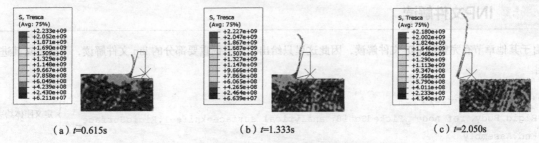

(a) $t=0.615s$　　　　　　(b) $t=1.333s$　　　　　　(c) $t=2.050s$

图 10-57　切削过程中工件的剪切应力分布（单位：Pa）

切削过程中工件的等效塑性应变分布如图 10-58 所示。前面定义的材料的断裂应变为 0.95，图中切削过程中工件的等效塑性应变的最大值都接近 0.95，但都没有超过 0.95，说明该模拟的结果是可靠的。

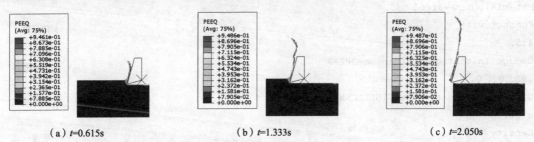

(a) $t=0.615s$　　　　　　(b) $t=1.333s$　　　　　　(c) $t=2.050s$

图 10-58　切削过程中工件的等效塑性应变分布

切削过程中工件的接触切应力分布如图 10-59 所示。

切削过程中工件的位移分布如图 10-60 所示。

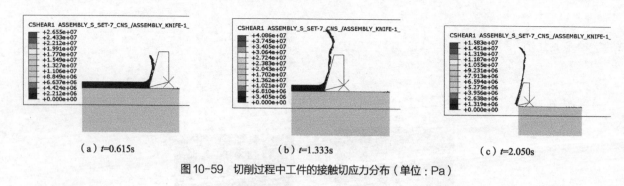

(a) t=0.615s　　(b) t=1.333s　　(c) t=2.050s

图10-59　切削过程中工件的接触切应力分布（单位：Pa）

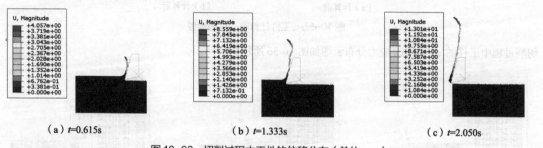

(a) t=0.615s　　(b) t=1.333s　　(c) t=2.050s

图10-60　切削过程中工件的位移分布（单位：m）

单击【Animate：Time History】按钮可以显示变形动画。执行【Animate】/【Save as】命令，弹出【Save Image Animation】对话框，可以将动画导出。

10.2.11　INP文件解读

由于其他章节有完整的INP文件解读，因此这里只给出了本案例重要部分的inp文件解读，下面将对其进行展开介绍。

```
** Constraint: rigid
*Rigid Body, ref node=_PickedSet18, analytical surface=knife-1.RigidSurface_    } 定义刚体约束
*End Assembly
**
** MATERIALS——定义材料属性
**
*Material, name=steel
*Conductivity
44.5,                                                                            } 传导性
*Damage Initiation, criterion=SHEAR
0.95, 0., 0.                                                                     } 剪切破坏
*Damage Evolution, type=DISPLACEMENT
4e-06,                                                                           } 损伤演化
*Density
7800.,                                                                           } 密度
*Elastic
2.1e+11, 0.3                                                                     } 材料的弹性
```

```
*Expansion
 1.23e-05, 293.
1.26e-05, 523.
1.37e-05, 773.
*Inelastic Heat Fraction
0.9,
*Plastic, hardening=JOHNSON COOK
1.15e+09, 7.39e+08, 0.26, 1.03, 1723., 298.
*Rate Dependent, type=JOHNSON COOK
0.014, 1.
*Specific Heat
502.,
**
** INTERACTION PROPERTIES
**
*Surface Interaction, name=IntProp-1
*Friction
0.04,
*Surface Behavior, pressure-overclosure=HARD
**
** BOUNDARY CONDITIONS
**
** Name: BC-displacement Type: Symmetry/Antisymmetry/Encastre
*Boundary
_PickedSet22, ENCASTRE
**
** PREDEFINED FIELDS
**
** Name: Predefined Field-1   Type: Temperature
*Initial Conditions, type=TEMPERATURE
_PickedSet16, 298.
** ----------------------------------------------------------------
**
** STEP: Step-cut
**
*Step, name=Step-cut, nlgeom=YES
*Dynamic, Explicit
, 2.05
*Bulk Viscosity
0.06, 1.2
** Mass Scaling: Semi-Automatic
**                  Whole Model
*Fixed Mass Scaling, factor=10000.
**
** BOUNDARY CONDITIONS
**
** Name: BC-V-knife Type: Velocity/Angular velocity
*Boundary, type=VELOCITY
_PickedSet12, 1, 1, -5.
_PickedSet12, 2, 2
_PickedSet12, 6, 6
*Adaptive Mesh Controls, name=Ada-1, curvature refinement=5.
0.5, 0., 0.5
```

— 膨胀
— 无弹性的热度分数
— 塑性
— 比率依赖
— 比热
— 定义接触属性
— 定义边界条件
— 预定义温度场
— 设置分析步
— 速度荷载的施加

```
*Adaptive Mesh, elset=_PickedSet14, op=NEW
**
** INTERACTIONS
**
** Interaction: Int-1
*Contact Pair, interaction=IntProp-1, mechanical constraint=KINEMATIC, cpset=Int-1
knife-1.RigidSurface_, _PickedSet9_CNS_
**
** OUTPUT REQUESTS——场变量和历史变量的输出
**
*Restart, write, number interval=1, time marks=NO
**
** FIELD OUTPUT: F-Output-1
**
*Output, field
*Node Output
A, RF, U, V
*Element Output, directions=YES
EVF, LE, PE, PEEQ, PEEQVAVG, PEVAVG, S, STATUS, SVAVG
*Contact Output
CSTRESS,
**
** HISTORY OUTPUT: H-Output-1
**
*Output, history, variable=PRESELECT
*End Step
```

10.3 复合材料槽型元件粘接剂破坏仿真

10.3.1 前言

本节采用有限元方法研究复合材料典型元件结构拉伸失效的机理。采用 ABAQUS 提供的 Layup 中的 Continuum Shell（实体壳单元）模块的对复合材料层压板进行模拟，模块中需要输入层压板单层厚度、材料、铺层方向等信息。在 ABAQUS 中，认为单层为平面应力下的正交各向异性属性，定义 L 向为材料主方向，面内与纤维方向垂直为 T 向，法向为 N 向。则单层的本构关系为：

$$\begin{Bmatrix} \sigma_L \\ \sigma_T \\ \tau_{LT} \\ \sigma_N \\ \tau_{LN} \\ \tau_{TN} \end{Bmatrix} = \begin{bmatrix} C_{11} & C_{12} & 0 & C_{14} & 0 & 0 \\ C_{12} & C_{22} & 0 & C_{24} & 0 & 0 \\ 0 & 0 & C_{33} & 0 & 0 & 0 \\ C_{14} & C_{24} & 0 & C_{44} & 0 & 0 \\ 0 & 0 & 0 & 0 & C_{55} & 0 \\ 0 & 0 & 0 & 0 & 0 & C_{66} \end{bmatrix} \begin{Bmatrix} \epsilon_L \\ \epsilon_T \\ \gamma_{LT} \\ \epsilon_N \\ \gamma_{LN} \\ \gamma_{TN} \end{Bmatrix}$$

其中，

$C_{11} = D_{1111}$，$C_{12} = D_{1122}$，$C_{14} = D_{1133}$，$C_{22} = D_{2222}$，
$C_{24} = D_{2233}$，$C_{33} = D_{1212}$，$C_{44} = D_{3333}$，$C_{55} = D_{1313}$，$C_{66} = D_{2323}$，

从上可见，上矩阵为对称阵，有 9 个独立参数，假设单层为平面应力状态则 $\sigma_N = 0$，则：

$$\begin{Bmatrix} \sigma_L \\ \sigma_T \\ \tau_{LT} \\ \tau_{LN} \\ \tau_{TN} \end{Bmatrix} = \begin{bmatrix} Q_{11} & Q_{12} & 0 & 0 & 0 \\ Q_{12} & Q_{22} & 0 & 0 & 0 \\ 0 & 0 & Q_{33} & 0 & 0 \\ 0 & 0 & 0 & Q_{55} & 0 \\ 0 & 0 & 0 & 0 & Q_{66} \end{bmatrix} \begin{Bmatrix} \epsilon_L \\ \epsilon_T \\ \gamma_{LT} \\ \gamma_{LN} \\ \gamma_{TN} \end{Bmatrix}$$

其中，

$$Q_{11} = C_{11} - \frac{C_{14}C_{14}}{C_{44}}, \quad Q_{12} = C_{12} - \frac{C_{24}C_{14}}{C_{44}}, \quad Q_{22} = C_{22} - \frac{C_{24}C_{24}}{C_{44}},$$

$$Q_{33} = C_{33}, \quad Q_{55} = C_{55}, \quad Q_{66} = C_{66}$$

用工程参数可表示为

$$Q_{11} = \frac{E_1}{1 - v_{12}v_{21}}, \quad Q_{12} = \frac{v_{12}E_2}{1 - v_{12}v_{21}} = \frac{v_{21}E_1}{1 - v_{12}v_{21}}, \quad Q_{22} = \frac{E_2}{1 - v_{12}v_{21}}$$

$$Q_{33} = G_{12}, \quad Q_{55} = G_{13}, \quad Q_{66} = G_{23}$$

从上可见，需要输入的材料参数有 6 个，分别为 E_1、E_2、v_{12}、G_{12}、G_{13}、G_{23}。

筋条凸缘与蒙皮之间的胶膜固化前的厚度为 0.2mm，固化之后其厚度忽略不计，可认为这是一种趋于 0 的厚度。对于界面真实厚度是一个趋近于 0 的弹性体可忽略其弹性行为，而认为其为一个非弹性体，本文中用 Cohesive 单元来模拟胶膜，因此 Cohesive 单元等效刚度 $K = \frac{E}{L}$ 是一个无限大值，此值越大越好，但是 K 太大，数值计算的收敛性会很差，所以当人为取胶膜厚度为 1 时，K 取 1×10^6 量级为宜。Cohesive 单元如图 10-61 所示。

对于 Cohesive 单元可分别定义两种本构关系，一种为普通连续单元，另一种为牵引分离属性单元。第一种常针对于 Cohesive 单元为有限厚度的模型，对于胶膜厚度无限小的模型，常定义为牵引分离属性单元，如图 10-62 所示。

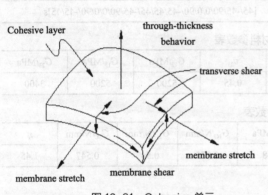

图 10-61 Cohesive 单元

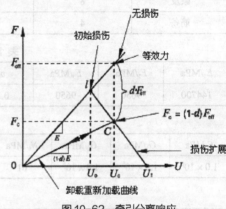

图 10-62 牵引分离响应

对于 Cohesive 单元的损伤，牵引分离模型只包括 3 个应力元素，分别为法向、面内两个方向的剪切。纯粹的压缩变形或者压缩应力状态不能引起损伤。

$$\varepsilon_n = \frac{\delta_n}{t_0}, \quad \varepsilon_s = \frac{\delta_s}{t_0}, \quad \varepsilon_t = \frac{\delta_t}{t_0}$$

> **注意**
> t_0 为 Cohesive 单元初始厚度。

Cohesive 单元弹性阵为

$$t = \begin{bmatrix} t_n \\ t_s \\ t_t \end{bmatrix} = \begin{bmatrix} K_{nn} & K_{ns} & K_{nt} \\ K_{ns} & K_{ss} & K_{st} \\ K_{nt} & K_{st} & K_{tt} \end{bmatrix} \begin{bmatrix} \varepsilon_n \\ \varepsilon_s \\ \varepsilon_t \end{bmatrix} = K\varepsilon$$

10.3.2 问题描述

复合材料槽型元件是飞机结构中的典型单元，本节利用 Cohesive 单元仿真模拟槽型单元在拉伸载荷下的破坏过程。

元件尺寸、边界条件及加载示意图如图 10-63 所示。

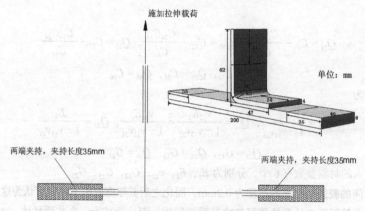

图 10-63 元件尺寸、边界条件及加载示意图

元件铺层方式、复合材料的材料参数表和胶膜参数表见表 10-1～表 10-3。

表 10-1 元件铺层方式

铺层区域	厚度/mm	总层数	铺层顺序
蒙皮	8	64	[45/-45/90/0/0/90/-45/45/45/-45/90/0/0/90/-45/45]2s
筋条	4	32	[45/-45/90/0/0/90/-45/45/45/-45/90/0/0/90/-45/45]s

表 10-2 复合材料的材料参数表

E_1/MPa	E_2/MPa	E_3/MPa	v_{12}	v_{13}	v_{23}	G_{12}/MPa	G_{13}/MPa	G_{23}/MPa
144700	9650	9650	0.30	0.30	0.45	5200	5200	3400

表 10-3 胶膜参数表

E/MPa	G_1/MPa	G_2/MPa	N_0/MPa	T_0/MPa	S_0/MPa	G_{1C}/N/mm	G_{2C}/N/mm	G_{3C}/N/mm	η
1.0×10^6	1.0×10^6	1.0×10^6	61	68	68	0.075	0.547	0.547	1.45

10.3.3 创建几何部件

首先,打开 ABAQUS/CAE 启动界面,在出现的【Start Session】对话框中,单击【Create Model Database】下的【With Standard/Explicit Model】按钮,启动 ABAQUS/CAE。

步骤 1 进入【Part】模块,单击工具区的【Create Part】按钮,弹出【Create Part】对话框,【Approximate size】栏输入 1000(草图界面大小,根据所画草图的大小确定),其他采用默认设置,单击【Continue...】按钮进入草图界面,绘制槽型元件截面草图,如图 10-64 所示,单击鼠标中键完成草图,定义拉伸长度 40mm,生成槽型元件几何模型如图 10-65(a)所示。

步骤 2 编辑几何模型,单击【Create Datum Plane:Offset From Plane】按钮,选择蒙皮上表面,选择【Enter Value】按钮,定义平面偏移方向,如图 10-65(b)所示,单击【OK】按钮,在下方【Offset】栏输入 0,按【Enter】键生成平面 Datum plane-1。

步骤 3 单击【Partition Cell:Use Datum Plane】按钮,选择平面 Datum plane-1,单击下方【Create Partition】按钮,切分筋条凸缘和平板,如图 10-65(c)所示。

步骤 4 按上述操作,根据图 10-66(a)给定的基础面和偏移量设置切割平面,切分后的几何模型如图 10-66(b)所示。根据图 10-67(a)给定的基础面和偏移量设置切割平面,切分后的平板复材蒙皮为 4 层;腹板为 8 层,如图 10-67(b)所示。

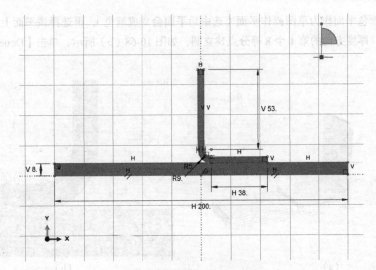

图 10-64 槽型元件截面草图

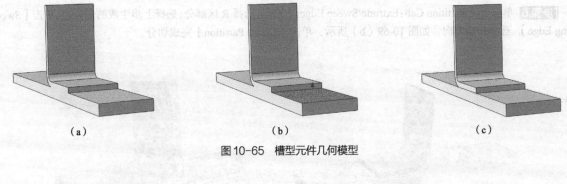

图 10-65 槽型元件几何模型

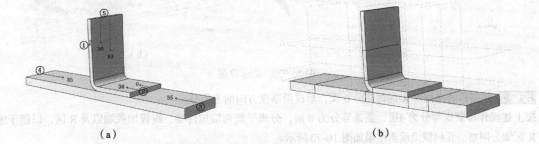

图 10-66 平面偏移方向和偏移量及切分后的几何模型 1

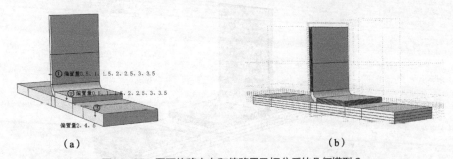

图 10-67 平面偏移方向和偏移量及切分后的几何模型 2

步骤 5 单击 【Partition Cell：Sketch Planar Partition】按钮，选择腹板中未进行切分的 R 区，单击【Done】按钮，

选择图10-68（a）中紫色平面作为草图操作平面（选中后平面会变成紫色），再选择该平面上的竖直边为纵轴，以该圆弧的圆心为圆心，厚度方向的第1个8等分点建立圆，如图10-68（b）所示，单击【Done】按钮完成切分，如图10-69（a）所示。

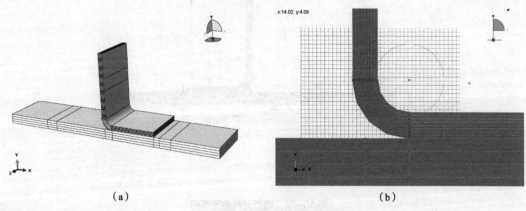

图10-68 面切分

步骤6 单击【Partition Cell: Extrude/Sweep Edges】按钮，选择R区部分，选择上步生成的切分边，单击【Sweep Along Edge】，选择扫略方向，如图10-69（b）所示，单击【Create Partition】完成切分。

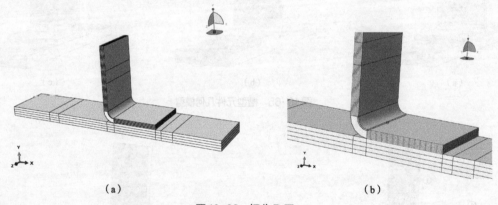

图10-69 切分R区

步骤7 用同样的操作对R区再切分6次，形成沿厚度方向的8等分。

按上述操作将蒙皮等分为4层、筋条等分为8层，分离平板两端加持端、腹板加载端以及R区，以便于施加约束和R区细分网格。几何模型编辑结果如图10-70所示。

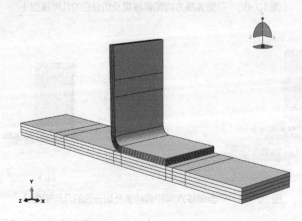

图10-70 几何模型编辑结果

10.3.4 网格划分和生成有限元部件模型

1. 网格划分

步骤 1 进入【Mesh】模块，单击【Assign Mesh Controls】按钮，设置网格划分技术，如图 10-71 所示，选择【Sweep】方式划分网格。再单击【Redefine Sweep Path...】按钮，定义各区域扫描路径，注意扫描路径不能与复材铺层主方向平行（蒙皮和腹板铺层主方向如图 10-72 所示），单击下方的【Accept Highlighted】回到【Mesh Controls】对话框单击【OK】按钮完成设置。

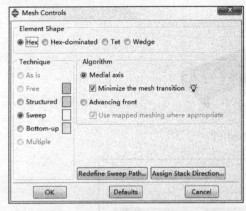

图 10-71 设置模型的网格划分技术及控制参数

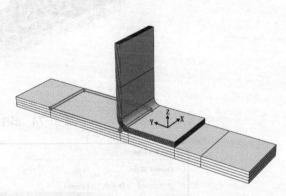

图 10-72 定义扫描路径

步骤 2 单击【Seed Edges】按钮，选择模型某边，单击【Done】按钮，弹出【Local Seeds】对话框，此模块可以通过两种方式设置种子点，第一种为定义节点之间距离，在【Approximate element size】栏内输入 3，即两个节点之间距离为 3mm；第二种为定义边上节点的数量，在【Number of elements】栏内输入 12，表示总共有 12 个节点均布在此边上。通过上述两种方式定义模型网格密度，具体分布如图 10-73 所示，R 区以及筋条凸缘与蒙皮接触区域网格应密些，以保证收敛性和结果的准确性。

步骤 3 单击【Mesh Part】按钮，选择模型，单击下方的【Yes】按钮，完成网格划分。

> **提示**
> 采用实体建立壳单元，需要采用【Sweep】方式划分网格，且切分后的每层为一个单元。

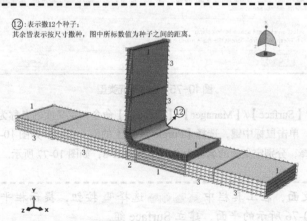

图 10-73 设置网格密度

2. 生成有限元部件模型

步骤 1 执行【Mesh】/【Create Mesh Part...】命令，在屏幕下方设置有限元模型名称，这里采用默认的 Part-1-

mesh-1，按【Enter】键，模型会增加一个名字为 Part-1-mesh-1 的部件，如图 10-74 所示。

步骤2 执行【Mesh】/【Element Type】命令，选择 Part-1-mesh-1 中的全部单元，设置单元类型为实体壳单元 SC8R，如图 10-75 所示，单击【OK】按钮完成。

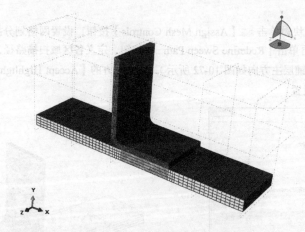

图 10-74　部件 Part-1-mesh-1

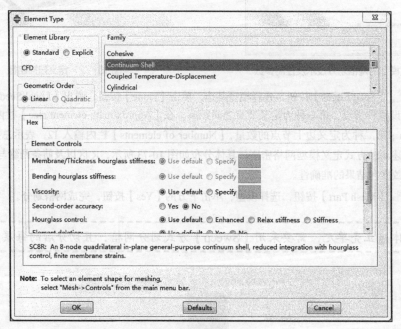

图 10-75　选择单元类型

步骤3 执行【Tools】/【Surface】/【Manager】/【Create...】命令，定义面的名称为 Surf-m，单击【Continue...】按钮选择凸缘与平板接触面，单击鼠标中键，选择【Purple】（向上的面）完成，如图 10-76 所示。使用同样的方法对"L"形板 8 层外表面进行选择，分别定义面的名称为 Surf-1 ～ Surf-8，如图 10-77 所示。

> 提示
> 选择默认是外表面，在工具栏中 ▢▢▢▢ 选择 ▢ 按钮，提示栏平面选择用【by angle】，可以一次性选择图 10-76 所示的平面，建立 Surface 组。

步骤4 执行【Tools】/【Set】/【Manager】/【Create...】，分别选取"L"形板的 8 层网格单元。选取时的编号尽量与图 10-77 中的编号对应。"L"形板的每一层的网格单元分别命名为 11 ～ 18。同样，同时选取下部的四层平板的网格单元，分别命名为 p1 ～ p4。图 10-78 显示的是 12 和 p2 网格选取后的图形。

第10章 材料破坏分析

图 10-76 定义面 Surf-m

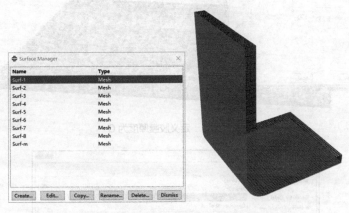

图 10-77 定义面 Surf-1

 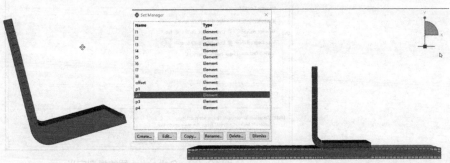

图 10-78 定义面 Surf-1

|步骤 5| 进入【Mesh】模块，单击【Edit Mesh】按钮，弹出【Edit Mesh】界面，选择【Mesh】/【Offset（Create Solid Layers）】，如图 10-79 所示，选择 Surf-m 面，单击【Continue...】按钮，定义胶膜层厚度为 0.25，建立单元组名称为 OffsetElements-1，设置如图 10-80 所示。

|步骤 6| 单独显示 OffsetElements-1，单击【Edit Mesh】按钮，在弹出的【Edit Mesh】对话框中选择【Node】/【Edit】，选择 OffsetElements-1 组的上表面节点，向下偏移 0.25mm 即定义胶层厚度为 0，设置如图 10-81 所示。

|步骤 7| 执行【Mesh】/【Element Type】命令，选择 OffsetElements-1 中的全部单元，设置单元类型为 Cohesive 单元，如图 10-82 所示，单击【OK】按钮完成。

图 10-79 【Edit Mesh】对话框

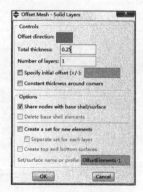

图 10-80 定义胶膜层

图 10-81 定义胶膜厚度为 0

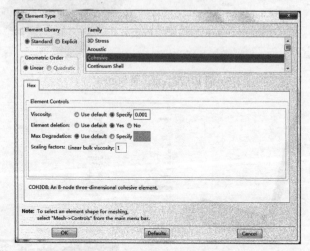

图 10-82 Cohesive 层的类型定义

10.3.5 定义复合材料属性和铺层查询

步骤 1 进入【Property】模块，单击工具区的 【Create Material】按钮，进入材料编辑界面，设置材料密度为 1.79E-9，选择【Mechanical】/【Elasticity】/【Elastic】进入材料弹性参数设置界面，在【Type】栏选择【Lamina】，设置层压板单层性能，如图 10-83 所示，单击【OK】按钮完成。

步骤 2 单击 【Create Material】按钮，进入材料编辑界面，定义材料名称为 Cohesive，材料密度设置为 1.79E-9。选择【Mechanical】/【Elasticity】/【Elastic】进入材料弹性参数设置界面，在【Type】栏选择【Traction】，

输入胶膜的刚度值，设置如图10-84所示。

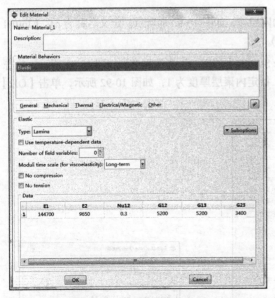

图10-83 定义复合材料属性

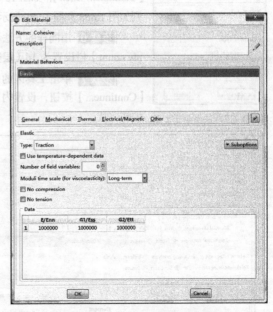

图10-84 定义Cohesive层刚度

步骤3 选择【Mechanical】/【Damage for Traction Separation Laws】/【Maxs Damage】，选择最大应力准则，进入破坏准则定义界面，输入3个方向的最大名义应力，当应力超过输入值时，单元损伤，如图10-85所示。

步骤4 选择图10-85中的【Suboptions】/【Damage Evolution】定义损伤演化模式及单元失效门槛值，分别输入3个方向的破坏能，当单元破坏能超过输入的门槛值时，单元失效并删除，具体如图10-86所示。

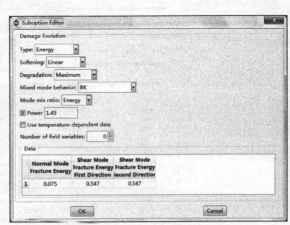

图10-85 定义破坏准则　　　　　　　　　　图10-86 定义损伤演化

步骤5 接下来以槽型筋条8层中的最外层为例，定义复合材料槽型筋条铺层信息。单击工具区的【Create Composite Layup】按钮，定义名称为L_1，【Initial ply count】栏设置为4（层数为4层），选择【Element Type】栏的

图 10-87 选择单元类型

【Continuum Shell】，如图 10-87 所示，单击【Continue...】按钮。铺层信息及铺层坐标系定义分别如图 10-88 和图 10-89 所示。

步骤6 用同样的方法设置下部的四层板，如图 10-90 的所示。定义名称为 p1，【Initial ply count】栏设置为 16（层数为 16 层）。

步骤7 单击工具区的  【Create Section】按钮，设置截面类别如图 10-91 所示，单击【Continue...】按钮，设置内聚层截面，指定内聚层厚度为 1，如图 10-92 所示，单击【OK】按钮完成。

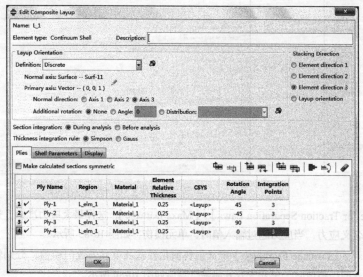

图 10-88 "L"形板定义铺层信息

图 10-89 定义铺层坐标系

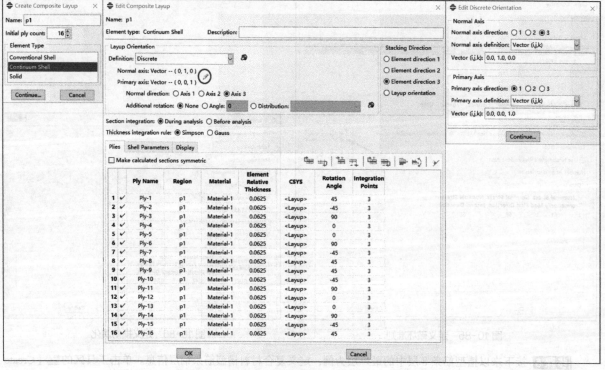

图 10-90 下部板定义铺层信息

步骤8 单击工具区的 【Assign Section】按钮，选择 OffsetElements-1 全部单元，把截面参数赋给单元，如图 10-93 所示，单击【OK】按钮完成。

图 10-91 选择 Cohesive 截面

图 10-92 创建 Cohesive 截面特性

图 10-93 分配截面特性

10.3.6 装配部件

进入【Assembly】模块，单击工具区的 【Instance Part】按钮，选择 Part-1-mesh-1，单击【OK】按钮完成部件装配。

10.3.7 创建分析步

进入【Step】模块，单击工具区的 【Create Step】按钮，在【Procedure type】栏选择【General】/【Static, General】，单击【Continue...】按钮进入分析步设置界面，设置如图 10-94 所示，单击【OK】按钮完成。

执行【Other】/【General Solution Controls】/【Manager】命令，选择【Step-1】，单击【Edit】按钮，进行分析过程设置，如图 10-95 所示。

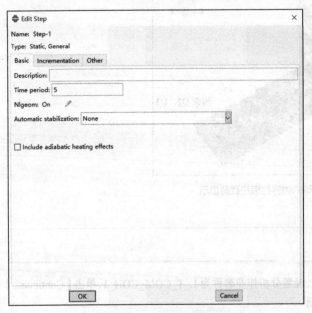

图 10-94 编辑分析步

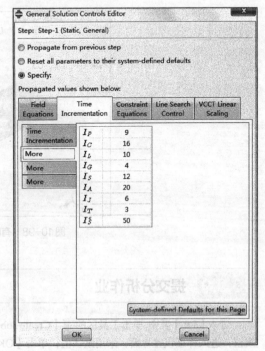

图 10-95 分析过程设置

10.3.8 创建载荷和边界条件

进入【Load】模块,单击工具区的【Create Boundary Condition】按钮设置边界约束,在【Step】栏选择【Step-1】,选择【Displacement/Rotation】,单击【Continue...】按钮,框选蒙皮一侧35mm加持段内所有节点,单击鼠标中键,弹出【Edit Boundary Condition】对话框,勾选【U1】、【U2】和【U3】,单击【OK】按钮完成。另一侧约束【U2】和[U3]。

同理,约束筋条加载段的【U1】和【U3】,在【U2】方向设置1mm的加载位移,如图10-96所示,并单击【Create Amplitude】按钮定义加载方式,如图10-97所示。

施加边界约束和位移载荷的有限元模型如图10-98所示。

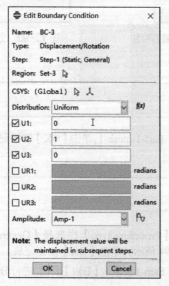

图 10-96　创建位移载荷

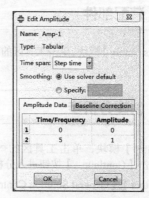

图 10-97　编辑幅值函数

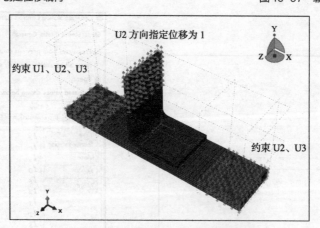

图 10-98　有限元模型的边界约束和载荷显示

10.3.9 提交分析作业

进入【Job】模块,单击工具区的【Create Job】按钮,设置分析作业名称为 L_T_COM_COH_1,单击【Continue...】按钮,进入详细设置界面,采用默认值,单击【OK】按钮。

单击工具区的【Job Manager】,进入图10-99所示的界面,单击【Submit】按钮提交运算,可同时单击【Monitor...】按钮进行计算监控。

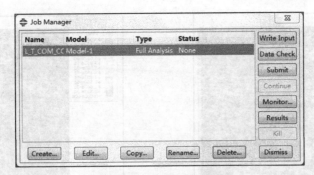

图 10-99　分析作业管理器

10.3.10　结果后处理

计算完成后,单击【Job Manager】对话框中的【Results】按钮,进入【Visualization】模块。单击工具区的【Plot Contours on Deformed Shape】按钮显示最后一个增量步的 Mises 应力云图,如图 10-100 所示,可见,筋条凸缘与蒙皮已经大部分脱开。

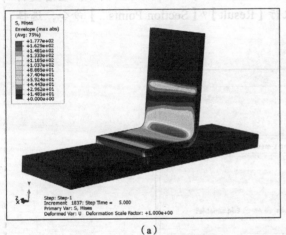
（a）

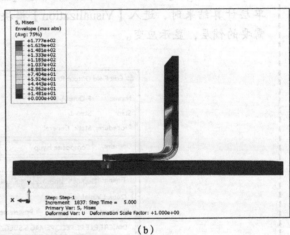
（b）

图 10-100　最后一个增量步的 Mises 应力云图

"L"形单元载荷位移曲线如图 10-101 所示,图中 A 点胶膜状态如图 10-102（a）所示,B 点胶膜状态如图 10-102（b）所示。

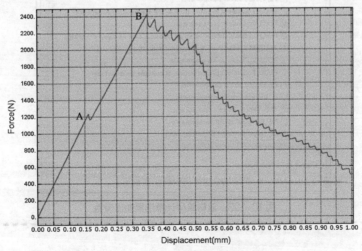

图 10-101　分析模型载荷位移曲线

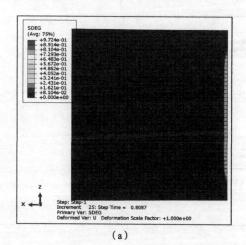
（a）

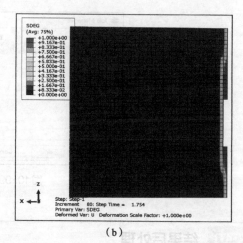
（b）

图 10-102　A、B 点胶膜结果

> **提示**
>
> 如需查看单层的计算结果，首先要定义输出，在【Step】模块中单击工具区的【Field Output Manager】，选择 F-Output-1，单击【Edit】编辑结果输出，如图 10-103 所示。查看复材单层计算结果时，进入【Visualization】模块，执行【Result】/【Section Points...】命令，选择需要的铺层，显示应变。

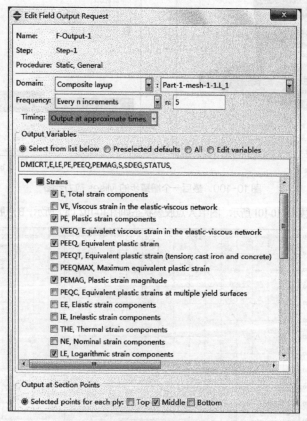

图 10-103　复材单层计算结果输出设置

10.3.11 INP文件说明

```
省略单元和节点信息……
** Section: P_1-1——层压板界面铺层信息
*Shell Section, elset=P_1-1, composite, orientation=Ori-9, stack direction=3, layup=P_1
0.0625, 3, Composite, 45., Ply-1
0.0625, 3, Composite, -45., Ply-2
0.0625, 3, Composite, 90., Ply-3
0.0625, 3, Composite, 0., Ply-4
0.0625, 3, Composite, 0., Ply-5
0.0625, 3, Composite, 90., Ply-6
0.0625, 3, Composite, -45., Ply-7
0.0625, 3, Composite, 45., Ply-8
0.0625, 3, Composite, 45., Ply-9
0.0625, 3, Composite, -45., Ply-10
0.0625, 3, Composite, 90., Ply-11
0.0625, 3, Composite, 0., Ply-12
0.0625, 3, Composite, 0., Ply-13
0.0625, 3, Composite, 90., Ply-14
0.0625, 3, Composite, -45., Ply-15
0.0625, 3, Composite, 45., Ply-16
*****************************************************************
** Section: Cohesive——胶层界面定义
*Cohesive Section, elset=OffsetElements-1, controls=EC-1, material=Cohesive, response=TRACTION SEPARATION, thickness=SPECIFIED
1.,
*End Part
*****************************************************************
省略装配信息……
**
** ELEMENT CONTROLS——单元设置
**
*Section Controls, name=EC-1, ELEMENT DELETION=YES, VISCOSITY=0.001
1., 1., 1.
*Amplitude, name=Amp-1——加载过程设置
    0.,          0.,          5.,          1.
**
** MATERIALS
**
*Material, name=Cohesive——胶层牵引分离响应设置
*Damage Initiation, criterion=MAXS——最大应力准则
61., 68., 68.
*Damage Evolution, type=ENERGY, mixed mode behavior=BK, power=1.45——损伤演化
0.075, 0.547, 0.547
*Density
1.79e-09,
*Elastic, type=TRACTION
1e+06, 1e+06, 1e+06
*Material, name=Composite
*Density
1.79e-09,
```

```
*Elastic, type=LAMINA——复合材料单层材料设置
144700., 9650., 0.3, 5200., 5200., 3400.
**
** INTERACTION PROPERTIES
**
*Surface Interaction, name=IntProp-1
1.,
*Friction, slip tolerance=0.005
0.275,
** ----------------------------------------------------------------
**
** STEP: Step-1
**
*Step, name=Step-1, nlgeom=YES, inc=5000——分析步设置
*Static
0.005, 5., 5e-11, 0.05
**
** BOUNDARY CONDITIONS——边界条件设置
**
** Name: BC-1 Type: Displacement/Rotation
*Boundary
Set-6, 1, 1
Set-6, 2, 2
Set-6, 3, 3
** Name: BC-2 Type: Displacement/Rotation
*Boundary, amplitude=Amp-1
Set-8, 1, 1
Set-8, 2, 2, 1.
Set-8, 3, 3
** Name: BC-3 Type: Displacement/Rotation
*Boundary
Set-7, 2, 2
Set-7, 3, 3
**
** CONTROLS
**
*Controls, reset——分析步控制
*Controls, parameters=time incrementation
, , , , , , 20, , ,
**
** OUTPUT REQUESTS——结果输出设置
**
*Restart, write, number interval=1, time marks=NO
*Print, solve=NO
**
** FIELD OUTPUT: F-Output-1
**
*Output, field, frequency=5
*Element Output, elset=Part-1-mesh-1-1.L_1-1, directions=YES
2, 5, 8, 11
DMICRT, E, LE, PE, PEEQ, PEMAG, S, SDEG, STATUS
**
```

```
** HISTORY OUTPUT: H-Output-1
**
*Output, history
*Energy Output
ALLAE,
*End Step
```

第11章 耦合分析

自然界中存在4种场,即位移(应力应变)场、电磁场、温度场和流场。这4种场之间是相互联系的,现实世界不存在纯粹的单场问题,所遇到的所有问题都属于多场耦合问题。然而在求解分析这些问题时,由于受到硬件或软件等其他因素的限制,因此人为地将它们简化成单场现象,再各自进行分析。有时这种简化是可以接受的,但大多数情况这种简化得到的结果与实际偏差却较大。因此,在条件允许的情况下,应该尽量进行多场耦合分析,现在硬件的发展已使很多多场耦合分析成为可能,主要的瓶颈在于有限元分析的算法程序。ABAQUS软件现已提供了结构、热、电磁场的耦合分析,而且这些分析都可在同一个软件中实现,又方便,又快捷。下面将通过两个案例对该类问题的建模分析方法做简要介绍。

11.1 热电耦合分析

11.1.1 问题描述

本案例模拟的是电流对物体产生的温度变化,且不考虑热能与外部环境的交换。模型的起始整体温度为20℃,考虑电流为0.1A。模型如图11-1所示。

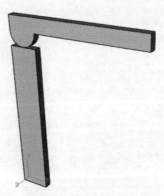

图11-1 案例模型图

11.1.2 创建部件

1. 创建thermoelectric-couple-1部件

选择【Model】,进入【Part】模块,单击工具区中的 【Create Part】按钮,建立一个名为thermoelectric-couple-1的部件,本部件选取【3D】、【Deformable】、【Solid】、【Extrusion】类型。再单击工具区中的 【Rectangle】

按钮,建立一个矩形(矩形的长为1,高为5)。然后单击提示区中的【Done】按钮,弹出图11-2所示的对话框,将【Depth】设为0.24,即厚度为0.24。单击【OK】按钮,完成 thermoelectric-couple-1 部件的创建,具体操作步骤如图11-2所示。

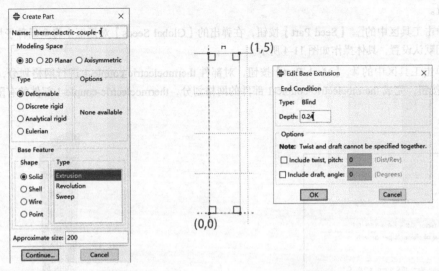

图11-2　thermoelectric-couple-1 部件的创建

2. 创建 thermoelectric-couple-2 部件

再进入【Part】模块,单击工具区中的 【Create Part】按钮,建立一个名为 thermoelectric-couple-2 的部件,本部件选取【3D】、【Deformable】、【Solid】、【Extrusion】类型,如图11-3左图所示。再单击工具区中的+【Creat Isolated Point】按钮,分别建立坐标(0.5, 5),(0, 5.5),(0, 6),(5, 6),(5, 5.5),(1, 5.5)。单击 【Creat Lines】,连接点(0,5.5),(0,6),(5,6),(5,5.5),(1,5.5)。然后单击 【Creat Arc:Thru 3 Points】,连接点(0.5,5),(1, 5.5),(0.5, 5)然后单击提示区中的【Done】按钮,弹出图11-3右下图所示的对话框,将【Depth】设为0.24。单击【OK】按钮,完成部件的创建,具体操作步骤如图11-3所示。

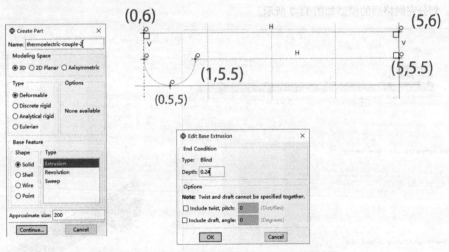

图11-3　thermoelectric-couple-2 部件的创建

11.1.3　网格划分

|步骤1| 本案例中两个部件采用相同的网格划分技术。首先进入【Mesh】模块,单击工具区中的 【Assign

Mesh Controls】按钮，选择 thermoelectric-couple-1 部件，其网格划分技术默认选择为【Hex】、【Sweep】（六面体扫掠网格划分技术），视图区中模型显示为黄色，此处无需做任何改动，全部采用默认设置，单击【OK】按钮，完成网格划分技术的设置。

步骤 2 单击工具区中的 【Seed Part】按钮，在弹出的【Global Seeds】对话框中将全局种子尺寸设置为 0.1，其他参数均采用默认设置，具体操作如图 11-4 所示。

步骤 3 单击工具区中的 【Mesh Part】按钮，对部件 thermoelectric-couple-1 进行网格划分，然后单击提示区中的【Yes】按钮，完成 thermoelectric-couple-1 部件的网格划分，thermoelectric-couple-1 部件的有限元网格模型如图 11-5 所示。

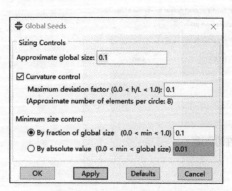

图 11-4　全局种子的设置　　　　　　　　　　　图 11-5　thermoelectric-couple-1 的有限元网格模型

步骤 4 因为本案例考虑的是热电偶合，所以相对应的单元类型应做相应的变化，单元类型为【Thermal Electric】，如图 11-6 所示。

步骤 5 执行【Mesh】/【Create Mesh Part...】命令，屏幕下方设置有限元模型名称，这里采用默认的 thermoelectric-couple-1-mesh-1，按【Enter】键，模型会增加一个名为 thermoelectric-couple-1-mesh-1 的部件。

步骤 6 选择部件 thermoelectric-couple-2，其网格划分技术、种子布置以及单元类型都与部件 thermoelectric-couple-1 相同。划分完网格后的模型如图 11-7 所示。

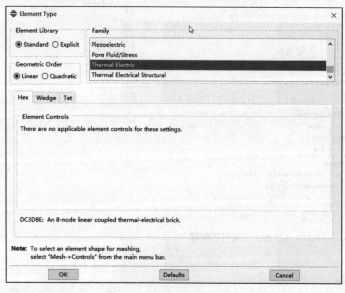

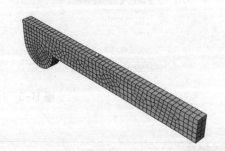

图 11-6　单元类型的选择　　　　　　　　　　　图 11-7　thermoelectric-couple-2 部件的网格模型

步骤 7 在网格部件为 thermoelectric-couple-2 的情况下，执行【Mesh】/【Create Mesh Part...】命令，屏幕下方

可设置有限元模型名称，这里同样采用默认的 thermoelectric-couple-2-mesh-1，按【Enter】键，模型会增加一个名为 thermoelectric-couple-2-mesh-1 的部件。

11.1.4 定义材料属性

1. 设置材料属性

进入【Property】模块，单击工具区中的 【Create Material】按钮，创建一个名为 Material-1 的材料属性，添加热传导系数和电传导系数，分别如图 11-8 和图 11-9 所示。

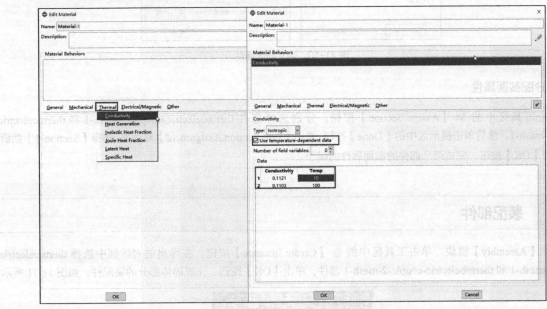

图 11-8　物体的热传导系数的材料属性

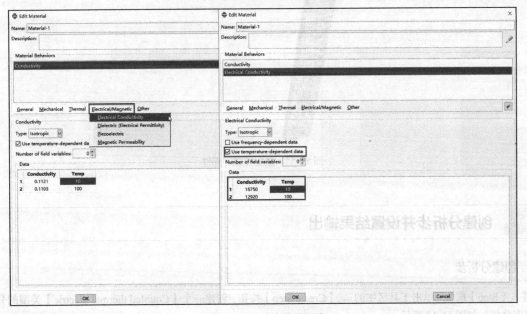

图 11-9　定义电传导系数

2. 设置截面属性

单击工具区中的 【Create Section】按钮，创建一个名为 Section-1 的截面属性，其类型选择【Solid】、【Homogeneous】，然后单击【Continue...】按钮，在弹出的【Edit Section】对话框中选择【Material-1】材料，其他参数采用默认值，然后单击【OK】按钮，完成截面属性的定义，详细操作过程如图 11-10 所示。

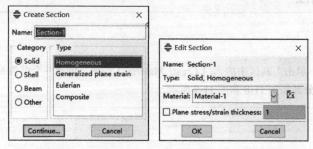

图 11-10　定义截面属性

3. 分配截面属性

单击工具区中的 【Assign Section】按钮，分别选择部件 thermoelectric-couple-1-mesh-1 和 thermoelectric-couple-2-mesh-1。然后单击提示区中的【Done】按钮，弹出【Edit Section Assignment】对话框，选择【Section-1】截面，然后单击【OK】按钮，完成两个部件的截面属性的赋予。

11.1.5　装配部件

进入【Assembly】模块，单击工具区中的 【Create Instance】按钮，在弹出的对话框中选择 thermoelectric-couple-1-mesh-1 和 thermoelectric-couple-2-mesh-1 部件，单击【OK】按钮，完成固体部分的装配件，如图 11-11 所示。

图 11-11　装配完成的部件

11.1.6　创建分析步并设置结果输出

1. 创建分析步

进入【Step】模块，单击工具区中的 【Create Step】按钮，创建一个【Coupled thermal-electric】类型的分析步，选择稳态分析，如图 11-12 所示。

第11章 耦合分析

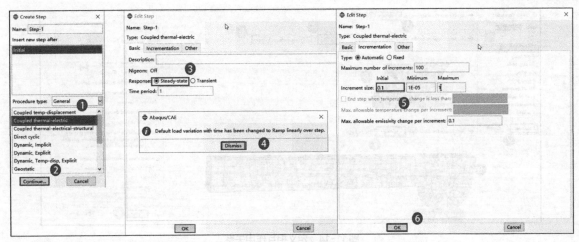

图 11-12 创建分析步

2. 场变量的输出设置

场变量输出设置如图 11-13 所示。

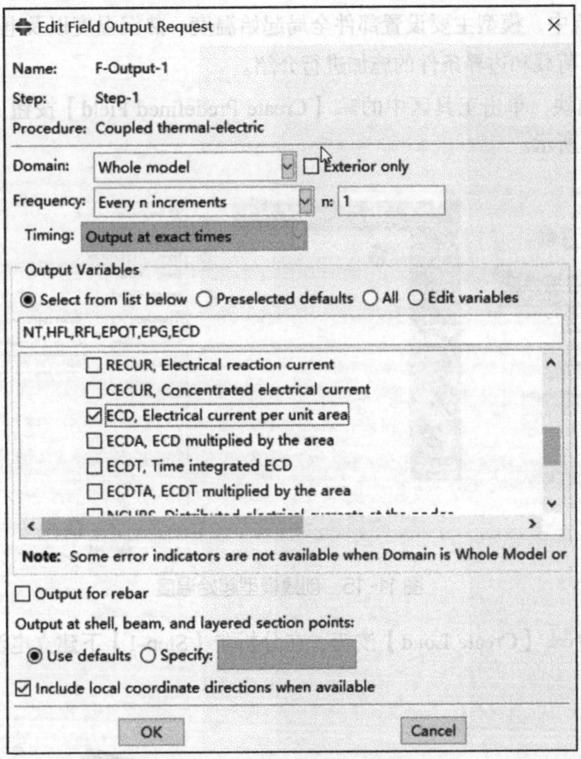

图 11-13 场变量输出设置

11.1.7 定义相互作用关系

进入【Interaction】模块，单击【Create Constraint】按钮，模型的接触处采用【Tie】方式，具体设置如图 11-14 所示。

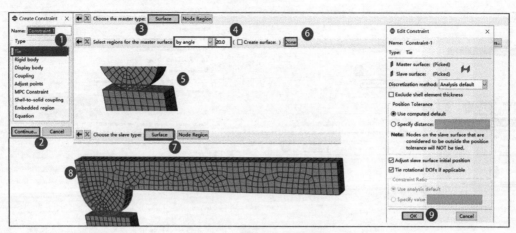

图 11-14　定义相互作用关系

11.1.8 创建载荷和边界条件

一般来说，热电耦合分析中，模型主要设置部件全局起始温度、热沉温度以及电流和电势。下面将结合本例的实际情况，对热电耦合分析中荷载和边界条件的施加进行介绍。

步骤1 进入【Load】模块，单击工具区中的 【Create Predefined Field】按钮，在初始步【Initial】下建立部件的温度为 20℃，如图 11-15 所示。

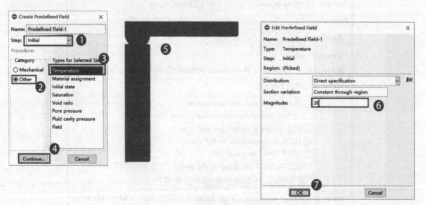

图 11-15　创建模型起始温度

步骤2 单击工具区中的 【Create Load】按钮，在分析步【Step-1】下建立电流，命名为 electric current，其他设置如图 11-16 所示。

图 11-16　创建电流的流入

步骤3 单击工具区中的 【Boundary Condition Manager】按钮，在初始步【Initial】下建立边界热沉温度，命名为 BC-T，具体设置如图 11-17 所示。

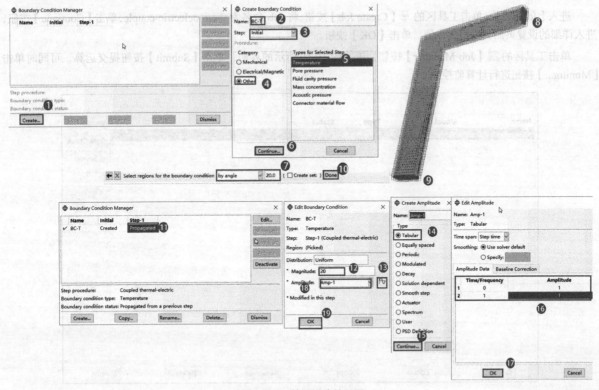

图 11-17 热沉温度的设置

步骤4 单击工具区中的 【Create Boundary Condition】按钮，在分析步【Step-1】下建立电势位，命名为 BC-P，具体如图 11-18 所示。

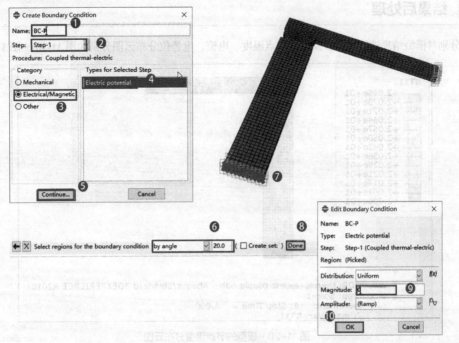

图 11-18 创建边界电势位

11.1.9 提交分析作业

进入【Job】模块,单击工具区的 【Create Job】按钮,将 Job 命名为 thermoelectric-couple,单击【Continue】按钮,进入详细的设置页面,采用默认值,单击【OK】按钮。

单击工具区的 【Job Manager】按钮,进入图 10-19 所示的界面,单击【Submit】按钮提交运算,可同时单击【Monitor...】按钮进行计算监控。

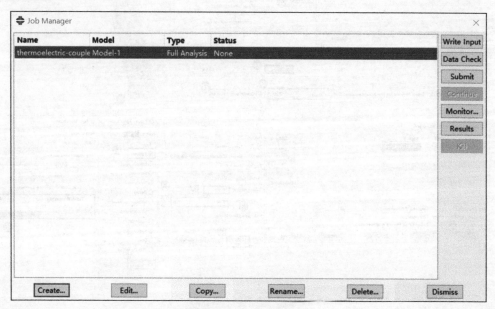

图 11-19 分析作业管理器

11.1.10 结果后处理

下面将分别对模型结果进行展示,模型的节点温度、电流、电势位分布云图分别如图 11-20～图 11-22 所示。

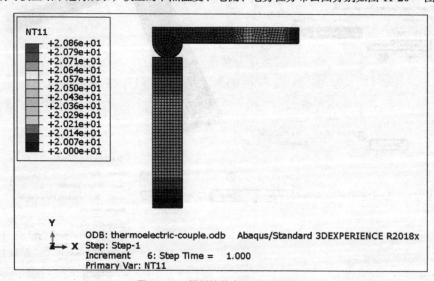

图 11-20 模型的节点温度分布云图

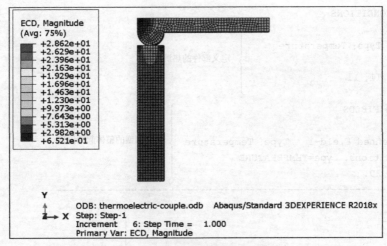

图 11-21　模型的电流分布云图

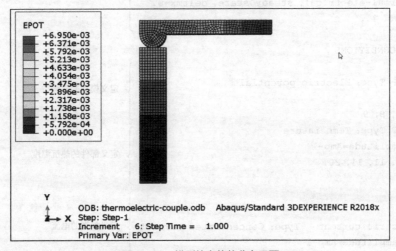

图 11-22　模型的电势位分布云图

11.1.11　INP文件解读

由于其他章节有完整的 INP 文件解读，因此这里只给出了本案例重要部分的 INP 文件解读，下面将对其进行展开介绍。

```
*Amplitude, name=Amp-1    —— 创建幅值函数
   0.,     1.,    1.,    1.
**
** MATERIALS
**
*Material, name=Material-1
*Conductivity
0.1121, 10.
0.1103, 100.
*Electrical Conductivity
16750., 10.
12920., 100.
**
```

分别定义材料的热传导系数和电流的传导系数

```
** BOUNDARY CONDITIONS
**
** Name: BC-T  Type: Temperature
*Boundary                                  ⎫
_PickedSet15, 11, 11                       ⎬ 定义部件的热沉温度
**                                         ⎭
** PREDEFINED FIELDS
**
** Name: Predefined Field-1   Type: Temperature   ⎫
*Initial Conditions, type=TEMPERATURE             ⎬ 定义模型的整体起始温度
_PickedSet12, 20.                                 ⎭
** ----------------------------------------------------------------
**
** STEP: Step-1
**
*Step, name=Step-1, nlgeom=NO                        ⎫
*Coupled Thermal-electrical, steady state, deltmx=0. ⎬ 模型分析步的设置
0.1, 1., 1e-05, 1.,                                  ⎭
**
** BOUNDARY CONDITIONS
**
** Name: BC-P  Type: Electric potential     ⎫
*Boundary                                   ⎬ 定义模型的电势位
_PickedSet16, 9, 9                          ⎭
** Name: BC-T  Type: Temperature            ⎫
*Boundary, amplitude=Amp-1                  ⎬ 定义部件的热沉温度
_PickedSet15, 11, 11, 20.                   ⎭
**
** LOADS
**
** Name: electric current   Type: Concentrated current  ⎫
*Cecurrent, amplitude=Amp-1                             ⎬ 定义模型的电流
_PickedSet13, , 0.1                                     ⎭
**
** OUTPUT REQUESTS                            ⎫
**                                            ⎪
*Restart, write, frequency=0                  ⎪
**                                            ⎪
** FIELD OUTPUT: F-Output-1                   ⎪
**                                            ⎬ 定义输出变量
*Output, field                                ⎪
*Node Output                                  ⎪
EPOT, NT, RFL                                 ⎪
*Element Output, directions=YES               ⎪
ECD, EPG, HFL                                 ⎭
*Contact Output
ECD,
**                                            ⎫
** HISTORY OUTPUT: H-Output-1                 ⎪
**                                            ⎬ 定义输出变量
*Output, history, variable=PRESELECT          ⎪
*End Step                                     ⎭
```

11.2 热固耦合分析

热固耦合是指变形固体在温度场作用下的各种行为以及固体的移动或变形对温度场的影响这二者之间的相互作用。热固耦合的重要特征是两相介质之间的相互作用，固体在热载荷作用下会产生变形或运动；固体的变形或运动又反过来影响温度场，从而改变热荷载的分布和大小。热固耦合问题可由其耦合方程定义，这组方程的定义域同时有热域与固体域，而未知变量含有描述热场现象的变量和含有描述温度场现象的变量。下面将主要以简化的飞机机翼为例介绍其建模过程和热固耦合分析的方法。

11.2.1 问题描述

本案例模拟的是飞机机翼在热荷载和力荷载共同作用下的应力、变形、温度等的分布情况。机翼的模型简化为空心的梯形块，横截面为梯形，其上底边长 40mm，下底边长 120mm，高为 600mm，纵向拉伸长度为 1 000mm，机翼的厚度为 10mm，即内外梯形的每条边都相距 10mm，其模型如图 11-23 所示。该机翼的材料为铝，本案例中考虑了铝的密度、弹性、热导率、膨胀系数和热容，这些材料特性中除密度外，其他的都与温度相关，它们的具体值见表 11-1 ～ 表 11-4。本案例中铝的密度为 $2.8 \times 10^{-9} \text{T/mm}^3$。

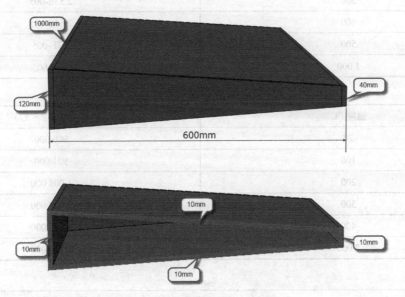

图 11-23　机翼的模型及其截面图

表 11-1　铝的热导率与温度的关系

温度 /℃	热导率 /[W·(mm·℃)$^{-1}$]
20	119 000
100	121 000
200	126 000
300	130 000
400	138 000
2 000	145 000

表 11-2　铝的弹性模量和泊松比与温度的关系

温度 /℃	弹性模量 /MPa	泊松比
20	66 700	0.3
100	60 800	0.3
150	56 800	0.3
200	54 400	0.3
250	51 000	0.3
300	43 100	0.3
500	30 000	0.3
2 000	1 000	0.3

表 11-3　铝的膨胀系数与温度的关系

温度 /℃	膨胀系数 /℃$^{-1}$
20	2.23E-005
100	2.28E-005
200	2.47E-005
300	2.55E-005
400	2.65E-005
500	2.7E-005
1 000	2.7E-005

表 11-4　铝的热容与温度的关系

温度 /℃	热容 /[J/(T·℃)$^{-1}$]
20	900 000
100	921 000
200	1 005 000
300	1 047 000
400	1 089 000
2 000	1 129 000

11.2.2 创建部件

本案例就只有一个机翼部件，由于该部件为空心的梯形块，因此可分别建立两个大小不同的梯形块，调整它们的相对位置关系，然后通过布尔运算，得到想要的机翼模型。下面将详细介绍本案例中模型的创建过程。

1. 创建大梯形块（Part-1部件）

启动 ABAQUS/CAE，选择一个类型为【Standard & Explicit】的模型数据库。进入【Part】模块，单击工具区中的 【Create Part】按钮，创建一个名为 Part-1 的大梯形块部件，该部件类型为【3D】、【Deformable】、【Solid】、【Extrusion】，并将草图的尺寸设置为2000。进入二维草图编辑界面后，单击工具区中的 【Create Lines：Connected】按钮，在提示区中依次输入（-60，0）、（60，0）、（20，600）、（-20，600）和（-60，0）这5个点（单位：mm）。这5个点围成一个梯形，然后单击鼠标中键（确认键）两次，弹出【Edit Base Extrusion】对话框，将

【Depth】设为 1000，即梯形纵向拉伸 1000mm。单击【OK】按钮，完成部件 Part-1 的创建，具体操作步骤如图 11-24 所示。

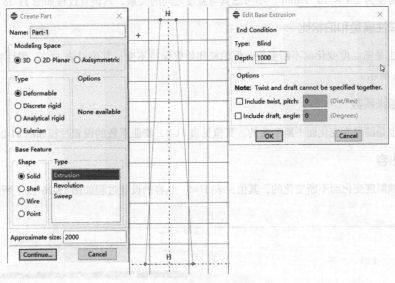

图 11-24　创建 Part-1 部件

2. 创建小梯形块（Part-2 部件）

与创建大梯形块的步骤完全相同，创建一个【3D】、【Deformable】、【Solid】、【Extrusion】类型的小梯形块部件 Part-2。其 4 个角点的坐标依次为（-50, 10）、（50, 10）、（10, 590）和（-10, 590），纵向拉伸长度为 980mm。

3. 创建机翼的模型（trapezoid 部件）

进入【Assembly】模块，单击工具区中的【Create Instance】按钮，在弹出的对话框中选择 Part-1 和 Part-2 部件，单击【OK】按钮，完成两实心梯形块部件的导入。再将小梯形块 Part-2 部件沿 Z 方向移动 10mm。然后再单击工具区中的【Merge/Cut Instances】按钮进行布尔运算，先选择被剪切的部件 Part-1（选择后边界为红色），再选择用于剪切的部件 Part-2（选中后边界为紫色），然后单击鼠标中键，得到机翼的模型，如图 11-23 所示，具体操作如图 11-25 所示。

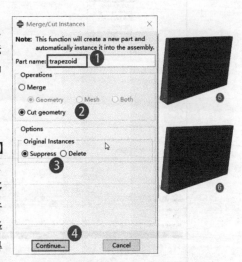

图 11-25　创建机翼的模型（trapezoid 部件）

11.2.3　定义材料属性

本案例中机翼的材料为铝，考虑了铝的热导率、密度、弹性、膨胀系数和热容这些材料特性，下面将分别对它们的设置进行详细介绍。

1. 定义铝的热导率

进入【Property】模块，单击工具区中的【Create Material】按钮，创建一个名为 Material-1 的铝的材料属性。其热导率是随着温度变化而不断变化的，热导率与温度的对应关系见表 11-1，热导率的设置过程如图 11-26（a）所示。

2. 定义铝的密度

本案例中铝的密度为 $2.8 \times 10^{-9} T/mm^3$，不考虑其与温度之间的关系，其设置过程如图 11-26（b）所示。

3. 定义铝的弹性模量和泊松比

铝的弹性模量也是随温度变化而不断变化，但泊松比始终保持不变，其值见表 11-2，弹性模量和泊松比的设置过程如图 11-26（c）所示。

4. 定义铝的膨胀系数

铝的膨胀系数也是随温度变化而不断变化的，其值见表 11-3，膨胀系数的设置过程如图 11-26（d）所示。

5. 定义铝的热容

铝的热容也是随温度变化而不断变化的，其值见表 11-4，热容的设置过程如图 11-26（e）所示。

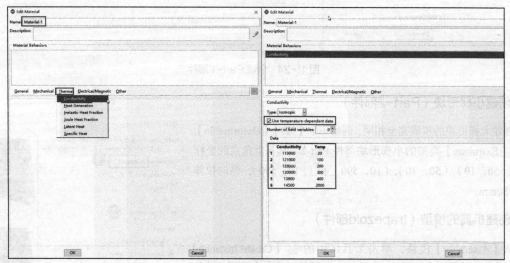

（a）热导率的设置

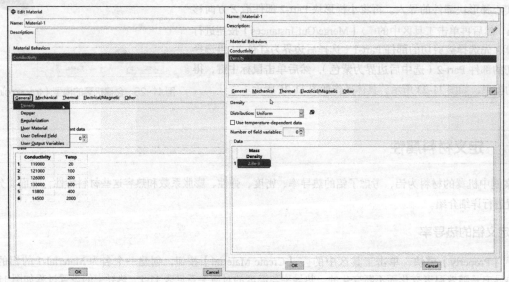

（b）密度的设置

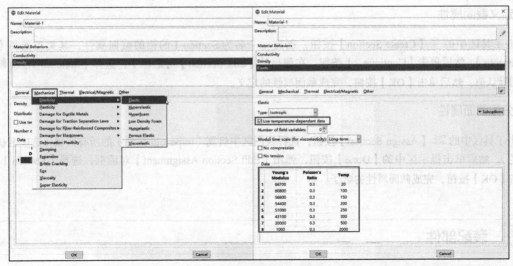

(c) 弹性模量和泊松比的设置

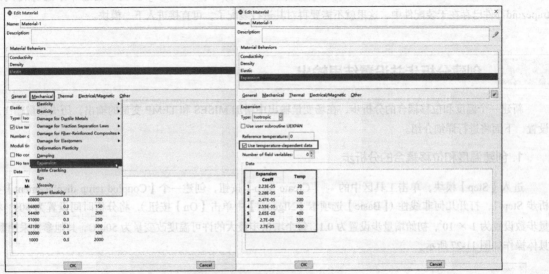

(d) 膨胀系数的设置

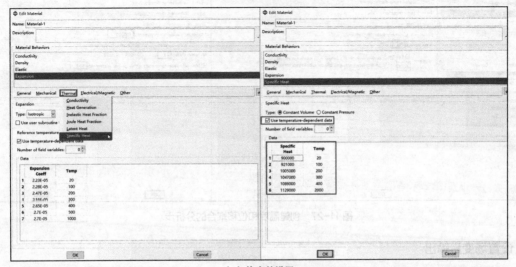

(e) 热容的设置

图 11-26 定义铝的材料属性

6. 定义截面属性

单击工具区中的 【Create Section】按钮，创建一个名为 Section-1 的铝的截面属性，其类型选择【Soild】、【Homogeneous】，然后单击【Continue...】按钮，在弹出的【Edit Section】对话框中，选择【Material-1】材料，其他参数采用默认值，然后单击【OK】按钮，完成截面属性的定义。

7. 分配截面属性

单击工具区中的 【Assign Section】按钮，选择视图区中机翼（trapezoid 部件）的所有区域（选中后机翼的边界为红色），然后单击提示区中的【Done】按钮，弹出【Edit Section Assignment】对话框，选择【Section-1】截面，然后单击【OK】按钮，完成截面属性的赋予。

11.2.4 装配部件

机翼的模型（trapezoid 部件）是由 Part-1 部件和 Part-2 部件在 Assembly 模块中通过布尔运算得到的，因此 trapezoid 部件已存在于装配件中，这里就不需要再对其进行装配了，可直接进入下一模块。

11.2.5 创建分析步并设置结果输出

新建一个温度和位移耦合的分析步，在场变量输出中增加 MISES 和 TEMP 变量的输出，历史变量输出采用默认设置，下面将进行详细介绍。

1. 创建温度和位移耦合的分析步

进入【Step】模块，单击工具区中的 【Create Step】按钮，创建一个【Coupled temp-displacement】类型的分析步 Step-1，打开几何非线性（【Basic】选项卡【Nlgeom】中单击【On】按钮），将分析时间设置为 50s，将最大增量步数设置为 1×10^5，初始增量步设置为 0.1，每个增量步最大的许可温度改变量为 500℃，其他参数采用默认设置，具体操作如图 11-27 所示。

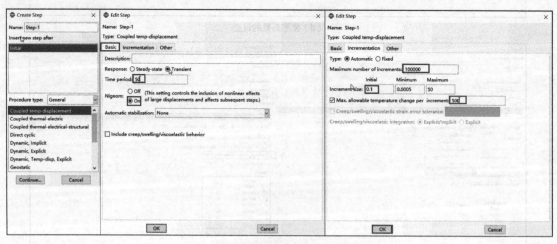

图 11-27　创建温度和位移耦合的分析步

2. 设置场变量输出

单击工具区中的场变量输出管理器 按钮，对输出变量进行编辑，在默认的场输出变量中新增 MISES 和 TEMP

变量，具体操作如图 11-28 所示。

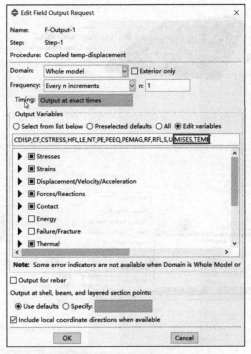

图 11-28　设置场变量输出

11.2.6　创建荷载、边界条件及预定义场

本案例中机翼的上、下表面都受到了同样大小的热流荷载的作用，方向分别垂直于机翼的上、下表面，热流的大小随时间的变化而变化，具体值见表 11-5。机翼的下表面还受到压强荷载的作用，方向也与下表面垂直，大小为 0.1MPa。机翼一端的 6 个自由度被完全约束，对整个模型施加 20℃的预定义温度场。下面将对荷载、边界条件以及预定义场的创建进行详细介绍。

表 11-5　热流的大小与时间的对应关系

时间 /s	热流 / (W·mm^{-2})
1	0.004
10	0.004 5
20	0.005 5
30	0.013
40	0.025
50	0.035

1. 施加热流荷载

进入【Load】模块，单击工具区中的 【Cerate Load】按钮，在【Step-1】分析步下创建一个名为 HEAT FLUX 的热流荷载，在【Category】中选择【Thermal】，其类型为【Surface heat flux】，然后选择机翼的上下表面施加热流荷载。由于热流是随时间变化的，因此需建立随时间变化的幅值表【Amp-1】，其值见表 11-5。然后将热流的大小设为 1 并创建的振幅【Amp-1】，完成热流荷载的施加，具体操作步骤如图 11-29 所示。

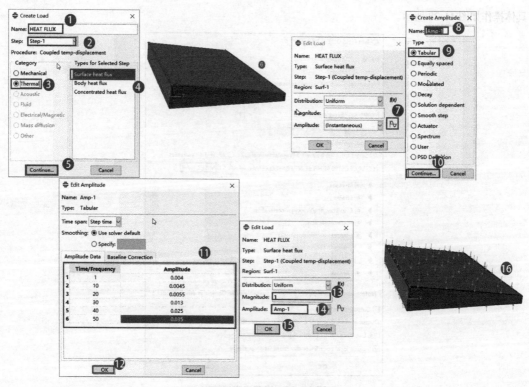

图 11-29　施加热流荷载

2. 施加压强荷载

单击工具区中的 【Create Load】按钮,在【Step-1】分析步下创建一个名为 pressure 的压强荷载,在【Category】中选择【Mechanical】,其类型为【Pressure】,然后选择机翼的下表面施加压强荷载,压强的大小设为 0.1,单击【OK】按钮,完成压强荷载的施加,具体操作步骤如图 11-30 所示。

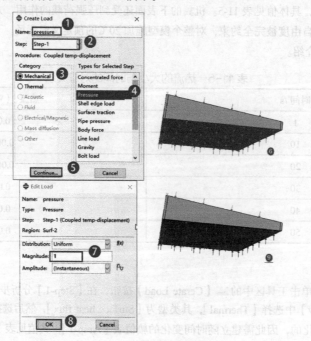

图 11-30　施加压强荷载

3. 定义机翼的边界条件

单击工具区中的 【Create Boundary Condition】按钮，在初始分析步下创建一个名为 fix 的端部固定边界条件，将机翼一端的 6 个自由度完全约束住，具体操作步骤如图 11-31 所示。

4. 定义机翼的预定义温度场

单击工具区中的 【Create Predefined Field】按钮，在初始分析步下创建一个名为 Predefined Field-1 的预定义场，在【Category】中选择【Other】，其类型为【Temperature】，然后选中整个机翼部件，单击鼠标中键，将机翼的温度设置为 20℃，具体操作步骤如图 11-32 所示。

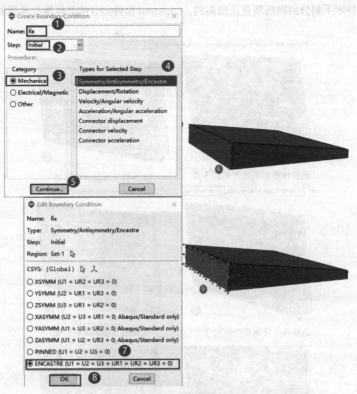

图 11-31 定义机翼的边界条件

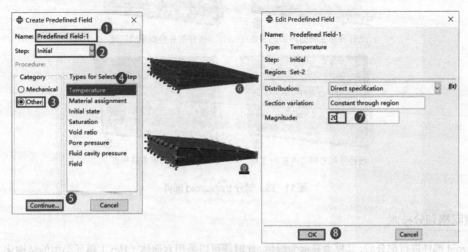

图 11-32 定义机翼的预定义温度场

11.2.7 网格划分

默认状态下，trapezoid 部件是不能划分六面体网格的，其部件显示为棕色，只有对其进行适当的剖分才能进行六面体单元的划分，或采用四面体单元进行划分，下面将详细介绍六面体网格的划分。

1. 剖分 trapezoid 部件

进入【Mesh】模块，在工具区中单击 按钮，在提示区中选择【3 Points】（3 点剖分）法，再选择 trapezoid 部件上的 3 个点进行剖分，剖分 4 次后便可得到较好的模型，此时模型显示为绿色，如图 11-33 所示，表示可以采用结构化网格划分技术，此技术下划分的网格质量是最高的。trapezoid 部件剖分的具体操作步骤如图 11-33 所示。

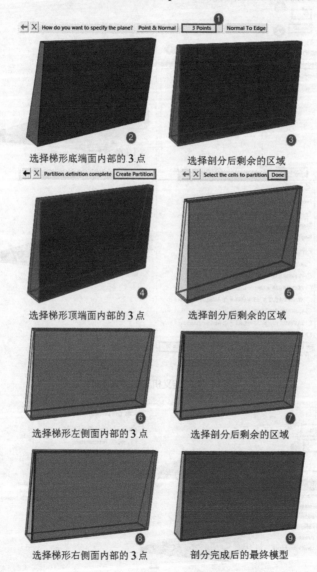

图 11-33 剖分 trapezoid 部件

2. 设置网格划分技术

对 trapezoid 部件进行剖分后，其模型显示为绿色，此时便可以采用六面体（Hex）单元类型的结构化（Structured）网格划分技术。单击工具区中的 按钮，在视图区选择模型，可以查看 trapezoid 部件的结构化网格划分技术。

3. 设置单元类型

由于本案例为温度和位移的耦合分析，应采用【Coupled Temperature-Displacement】单元族，因此本案例采用 C3D8T 单元类型来进行计算。单击工具区中的 【Assign Element Type】按钮，选择 trapezoid 部件对其进行单元类型设置，具体操作步骤如图 11-34 所示。

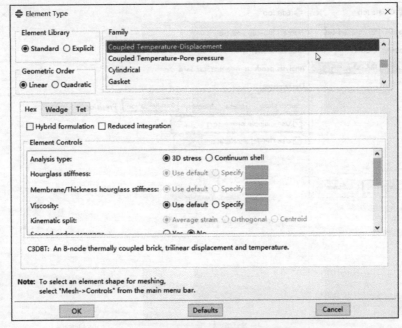

图 11-34　设置 trapezoid 部件的单元类型

4. 布置种子

由于本案例的部件比较规则，因此可以只设置模型的全局种子而不再定义局部种子。该算例将 trapezoid 部件的【Approximate global size】（全局种子尺寸）设置为 10mm，其他参数保持默认设置。

5. 划分网格

单击工具区中的 【Mesh Part】按钮，然后单击提示区中的【Yes】按钮，完成 trapezoid 部件的网格划分，如图 11-35 所示。

图 11-35　trapezoid 部件的网格模型

11.2.8 提交分析作业

进入【Job】模块,单击工具区中的【Create Job】按钮,创建一个名为 Job-coupled-t-d 的作业,其相关参数设置如图 11-36 所示。

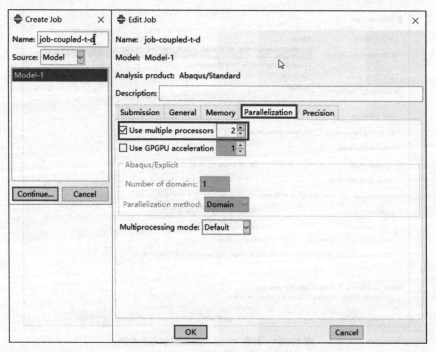

图 11-36 提交计算及其相关设置

11.2.9 结果后处理

下面将对机翼的应力、位移和温度等结果进行展示。

机翼的 von Mises 应力分布云图如图 11-37 所示。

机翼的最大主应力分布云图如图 11-38 所示。

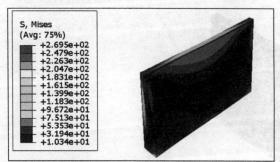

图 11-37 机翼的 von Mises 应力分布云图(单位:MPa)

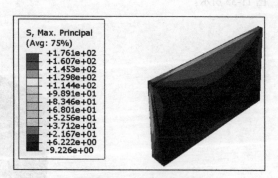

图 11-38 机翼的最大主应力分布云图(单位:MPa)

机翼的热流密度分布云图如图 11-39 所示。

机翼的位移分布云图如图 11-40 所示。

机翼的温度随时间变化的规律如图 11-41 所示。

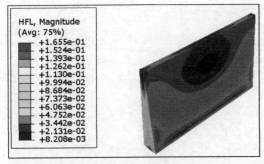 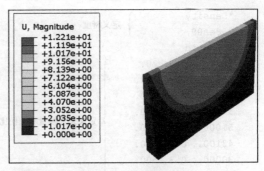

图 11-39 机翼的热流密度分布云图（单位：W/mm²）　　　　图 11-40 机翼的位移分布云图（单位：mm）

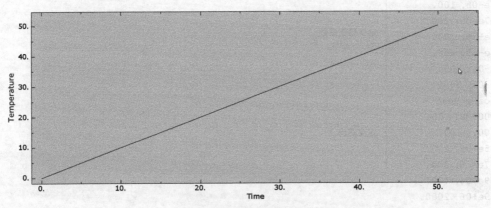

图 11-41 机翼的温度随时间变化的规律（单位：℃）

单击【Animate：Time History】按钮可以显示变形动画。执行【Animate】/【Save as】命令，弹出【Save Image Animation】对话框，可以将动画导出。

11.2.10 INP文件解读

由于其他章节有完整的 INP 文件解读，因此这里只给出了本案例重要部分的 INP 文件解读，下面将对其展开进行介绍。

```
*Amplitude, name=Amp-1——创建热流的幅值函数
    1., 0.004,   10., 0.0045,   20., 0.0055,   30., 0.013
   40., 0.025,   50., 0.035
**
** MATERIALS
**
*Material, name=Material-1
*Conductivity
119000., 20.
121000., 100.
126000., 200.   } 定义热导率
130000., 300.
138000., 400.
145000., 2000.
```

```
*Density
2.8e-09,                      } 定义密度
*Elastic
66700., 0.3, 20.
60800., 0.3, 100.
56800., 0.3, 150.
54400., 0.3, 200.
51000., 0.3, 250.             } 定义弹性模量和泊松比
43100., 0.3, 300.
30000., 0.3, 500.
1000., 0.3, 2000.
*Expansion
2.23e-05, 20.
2.28e-05, 100.
 2.47e-05, 200.
2.55e-05, 300.                } 定义膨胀系数
2.65e-05, 400.
2.7e-05, 500.
2.7e-05, 1000.
*Specific Heat
    900000., 20.
921000., 100.                 } 定义热容
1.005e+06, 200.
1.047e+06, 300.
1.089e+06, 400.
1.129e+06, 2000.
**
** BOUNDARY CONDITIONS
**
** Name: fix Type: Symmetry/Antisymmetry/Encastre    } 定义固定约束边界条件
*Boundary
_PickedSet49, ENCASTRE
**
** PREDEFINED FIELDS
**
** Name: Predefined Field-1    Type: Temperature
*Initial Conditions, type=TEMPERATURE                } 定义温度的预定义场
_PickedSet50, 20.
** ----------------------------------------------------------------
**
** STEP: Step-1
**
*Step, name=Step-1, nlgeom=YES, inc=10000000
*Coupled Temperature-displacement, creep=none, deltmx=500.    } 创建耦合的分析步
0.1, 50., 0.0005, 50.
**
** LOADS
**
** Name: heat flux    Type: Surface heat flux
*Dsflux, amplitude=Amp-1                             } 定义热流荷载
_PickedSurf47, S, 1.
** Name: pressure    Type: Pressure
*Dsload                                              } 定义压强荷载
```

```
_PickedSurf48, P, 0.1
**
** OUTPUT REQUESTS
**
*Restart, write, frequency=0
**
** FIELD OUTPUT: F-Output-1
**
*Output, field
*Node Output
CF, NT, RF, RFL, U
*Element Output, directions=YES
HFL, LE, MISES, PE, PEEQ, PEMAG, S, TEMP
*Contact Output
CDISP, CSTRESS
**
** HISTORY OUTPUT: H-Output-1
**
*Output, history, variable=PRESELECT
*End Step
```

定义输出变量

第12章 ABAQUS与ANSYS、MATLAB的联合使用

ABAQUS拥有众多的软件接口，可以与很多软件联合使用，如使用CATIA、HyperMesh、MIMICS等进行前处理，然后用ABAQUS进行有限元分析。ABAQUS还能和MSC/PATRAN、ANSYS等有限元软件进行数据交换。另外，可以使用Python、Fortran等对ABAQUS进行二次开发，还可以用各种高级语言、脚本语言对ABAQUS的功能进行延伸。本章引入实例介绍ABAQUS与ANSYS、MATLAB的联合使用。

12.1 ABAQUS与ANSYS的联合使用

ANSYS在国内推广时间较早，有着广泛的用户群体。如果ANSYS用户想要将模型导入ABAQUS中计算是很容易的，只需要导出CDB文件，再将CDB文件导入ABAQUS中，在ABAQUS中几乎不用做任何更改就可以创建Job并提交运算。下面介绍一下ABAQUS导入ANSYS模型并计算的例子。

12.1.1 导入模型

在ANSYS中，将膝关节模型（含股骨、胫骨和ACL）划分网格、设置材料属性、载荷和边界条件等操作后，执行cdwrite, all, knee, cdb命令，导出knee.cdb文件。

CDB文件是文本文件，可以用记事本等软件打开（……表示省略相同格式的很多数据，如单元、节点数据）。

```
! 首行为软件信息及文件生成时间，略过不提
/PREP7                  ! 加载前处理模块
/NOPR
/TITLE,
ANTYPE, 0                                    ! 声明为静力学分析
NLGEOM, 1
*IF, _CDRDOFF, EQ, 1, THEN    !if solid model was read in
_CDRDOFF=                !reset flag, numoffs already performed
*ELSE                !offset database for the following FE model
NUMOFF, NODE, 154339                    ! 节点数目
NUMOFF, ELEM, 108865                    ! 单元数目
NUMOFF, MAT, 4                          ! 创建材料号
NUMOFF, REAL, 3                         ! 创建实常数号
NUMOFF, TYPE, 3                         ! 创建单元类型号
*ENDIF
*SET, _BUTTON, 1.000000000000
*SET, _CHKMSH, 0.000000000000
*SET, _ET_NEXT, 2.000000000000
*SET, _GUI_CLR_BG, ' systemButtonFace            '
```

```
*SET, _GUI_CLR_FG, ' systemButtonText           '
*SET, _GUI_CLR_INFOBG, ' systemInfoBackground   '
*SET, _GUI_CLR_SEL, ' systemHighlight           '
*SET, _GUI_CLR_SELBG, ' systemHighlight         '
*SET, _GUI_CLR_SELFG, ' systemHighlightText     '
*SET, _GUI_CLR_WIN, ' systemWindow              '
*SET, _GUI_FNT_FMLY, '                          '
*SET, _GUI_FNT_PXLS, 16.00000000000
*SET, _GUI_FNT_SLNT, 'r                         '
*SET, _GUI_FNT_WEGT, 'medium                    '
*DIM, _L3, ARRAY, 1636, 1, 1,
*SET, _L3 (1, 1, 1), 1.000000000000
……
*DIM, _L6, ARRAY, 1636, 1, 1,
*SET, _RETURN, 0.000000000000
*SET, _STATUS, 0.000000000000
*SET, _UIQR, 1.000000000000
*SET, _Z1, 'POWER
*SET, _Z9, 'Export_2
*DIM, _ZC, CHAR, 10, 3, 2,
*SET, _ZC(1, 1, 1), 'ANSYS/  '
*SET, _ZC(1, 2, 1), 'ED      '
*SET, _ZX, '
DOF, DELETE
ET, 1, 92
ET, 2, 170
ET, 3, 174
KEYOP, 3, 9, 1
KEYOP, 3, 10, 1
RLBLOCK, 1, 3, 24, 7
(2i8, 6g16.9)
(7g16.9)
       3       24   0.00000000      0.00000000      1.20000000      0.300000000     0.00000000      0.00000000
  0.00000000     0.00000000     0.100000000E+21  0.00000000      1.00000000      0.00000000      0.00000000
  0.00000000     1.00000000     0.00000000      1.00000000      0.500000000     0.00000000      1.00000000
  1.00000000     0.00000000     0.00000000      1.00000000
TYPE, 3
REAL, 3
NBLOCK, 6, SOLID
(3i8, 6e16.9)
       1    5121       0   101.488061     -104.331302      90.9498698
……
N, R5.3, LOC, -1,
N, R5.1, LOC, -1,
EBLOCK, 19, SOLID, 108865
(19i8)
       1       1       1       1       0       0     104       0      10       0       1   12299   12300
   12301   12302   18506   18507   18508   18509
   18510   18511
……
EN, R5.5, ATTR, -1,
MPTEMP, R5.0, 1, 1, 0.00000000,
MPDATA, R5.0, 1, EX, 1, 1, 15000.0000, ! 材料1的弹性模量
```

```
MPTEMP, R5.0, 1, 1, 0.00000000,
MPDATA, R5.0, 1, NUXY, 1, 1, 0.370000000, ！材料1的次泊松比
MPTEMP, R5.0, 1, 1, 0.00000000,
MPDATA, R5.0, 1, MU, 1, 1, 2.500000000E-03,
MPTEMP, R5.0, 1, 1, 0.00000000,
MPDATA, R5.0, 1, EMIS, 1, 1, 7.888609052E-31,
MPTEMP, R5.0, 1, 1, 0.00000000,
MPDATA, R5.0, 1, PRXY, 1, 1, 0.370000000, ！材料1的主泊松比
MPTEMP, R5.0, 1, 1, 0.00000000,
MPDATA, R5.0, 1, EX, 2, 1, 12.0000000,    ！材料2的弹性模量
MPTEMP, R5.0, 1, 1, 0.00000000,
MPDATA, R5.0, 1, NUXY, 2, 1, 0.450000000, ！材料2的次泊松比
MPTEMP, R5.0, 1, 1, 0.00000000,
MPDATA, R5.0, 1, PRXY, 2, 1, 0.450000000, ！材料2的主泊松比
MPTEMP, R5.0, 1, 1, 0.00000000,
MPDATA, R5.0, 1, EX, 3, 1, 10.0000000,    ！材料3的弹性模量
MPTEMP, R5.0, 1, 1, 0.00000000,
MPDATA, R5.0, 1, NUXY, 3, 1, 0.450000000, ！材料3的次泊松比
MPTEMP, R5.0, 1, 1, 0.00000000,
MPDATA, R5.0, 1, PRXY, 3, 1, 0.450000000, ！材料3的主泊松比
MPTEMP, R5.0, 1, 1, 0.00000000,
MPDATA, R5.0, 1, EX, 4, 1, 850.000000,    ！材料4的弹性模量
MPTEMP, R5.0, 1, 1, 0.00000000,
MPDATA, R5.0, 1, NUXY, 4, 1, 0.400000000, ！材料4的次泊松比
MPTEMP, R5.0, 1, 1, 0.00000000,
MPDATA, R5.0, 1, PRXY, 4, 1, 0.400000000, ！材料4的主泊松比
TB, MELA, 4, 1, 11
TBTEM, 0.00000000, 1
TBPT, , 5.000000000E-03, 0.300000000
TBPT, , 1.000000000E-02, 1.00000000
TBPT, , 2.000000000E-02, 2.00000000
TBPT, , 3.000000000E-02, 7.00000000
TBPT, , 4.000000000E-02, 13.0000000
TBPT, , 5.000000000E-02, 20.0000000
TBPT, , 6.000000000E-02, 26.5000000
TBPT, , 7.000000000E-02, 34.0000000
TBPT, , 8.000000000E-02, 40.0000000
TBPT, , 9.000000000E-02, 45.0000000
TBPT, , 0.100000000, 50.0000000
EXTOPT, ATTR, 0, 0, 0
EXTOPT, ESIZE, 0, 0.0000
EXTOPT, ACLEAR, 0
BFUNIF, TEMP, _TINY
KUSE, 0
TIME, 0.00000000
TREF, 0.00000000
ALPHAD, 0.00000000
BETAD, 0.00000000
DMPRAT, 0.00000000
CRPLIM, 0.100000000, 0
CRPLIM, 0.00000000, 1
NCNV, 1, 0.00000000, 0, 0.00000000, 0.00000000
```

```
NEQIT, 0
ERESX, DEFA
ACEL, 0.00000000, 0.00000000, 0.00000000
OMEGA, 0.00000000, 0.00000000, 0.00000000, 0
DOMEGA, 0.00000000, 0.00000000, 0.00000000
CGLOC, 0.00000000, 0.00000000, 0.00000000
CGOMEGA, 0.00000000, 0.00000000, 0.00000000
DCGOMG, 0.00000000, 0.00000000, 0.00000000
IRLF, 0
D, 151, UX, 0.00000000, 0.00000000       !约束151号节点X方向的自由度
……
D, 126253, UY, 0.00000000, 0.00000000    !约束126253节点Y方向自由度
F, 67742, FZ, -134.000000, 0.00000000    !在67742号节点施加Z方向的-134N的力
/GO
FINISH
```

启动 ABAQUS/CAE，执行【File】/【Import】/【Model】操作，在【File Filter】的下拉菜单中可以看到【Ansys Input File (*.cdb)】选项，这说明 ABAQUS 有专门的 ANSYS 接口，选中这一选项，然后选择从 ANSYS 中导出的 CDB 文件，如图 12-1 所示，单击【OK】按钮完成膝关节模型的导入。

由于导入的是 Model（模型），因此可以看到左侧的模型树下出现了两个模型，分别是默认的 Model-1 和导入的 knee，如图 12-2 所示。为了方便管理，并且避免可能出现的操作混乱，用鼠标右键单击 Model-1，然后在弹出的菜单中选择【Delete】命令，如图 12-3 所示，将默认的模型 Model-1 删除，仅保留 knee，然后将文件保存为 knee.cae。

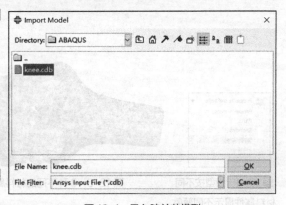

图 12-1 导入膝关节模型

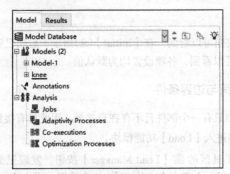

图 12-2 模型树

图 12-3 删除"Model-1"

12.1.2 查看模型

单击工具栏上的 ⓘ【Query Information】按钮，可以查看模型的很多信息，如通过【Point/Node】查看模型某节点的节点编号以及坐标值，通过【Distance】查看模型任意两个节点之间的距离。单击【Part Attributes】后可以看到部件为【Orphan Mesh】（孤立网格）。一般情况下，直接导入 INP 文件、ODB 文件或导入其他有限元软件导出的文件将产生孤立网格。孤立网格仅包含部件的节点、单元等信息，不包含几何特征。

在 ANSYS 软件中已经定义好了模型的工况，导入 CDB 模型时这些工况也一并导入了。现在一一查看。

1. 材料属性

从【Module】列表中选择【Property】,进入特性功能模块。

单击工具区的 【Material Manager】按钮,可以看到模型定义了 4 种材料属性。由于在前处理软件中,膝关节模型的尺寸单位为 mm,因此材料的弹性模量单位为 MPa。

在工具栏的【Color Code Dialog】下拉列表中选择【Materials】,如图 12-4 所示,视图区的模型颜色改变,不同的材料属性显示不同的颜色。事实上,模型只显示了 3 种颜色,如图 12-5 所示,也就是说,定义的 4 种材料属性只用了 3 种。单击 【Color Code Dialog】按钮,弹出【Color Code】对话框,如图 12-6 所示。

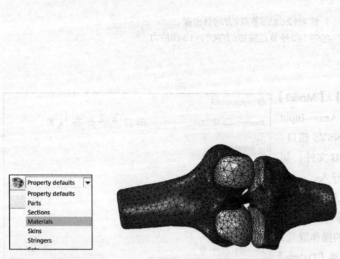

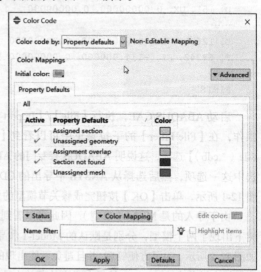

图 12-4 模型按不同材料属性显示不同颜色　　图 12-5 3 种不同的材料属性　　图 12-6 【Color Code】对话框

2. 分析步

进入【Step】模块后,单击工具区的 【Step Manager】按钮可以看到,在【Initial】(初始步)后面已经创建了一个名为 STEP-1 的【Static,General】分析步,点开此分析步可以看到,各项设置均为默认值。

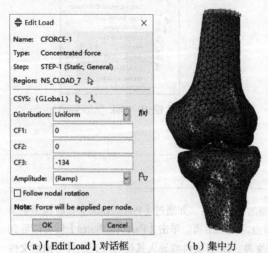

(a)【Edit Load】对话框　　(b)集中力

图 12-7 模型的受力情况

3. 载荷与边界条件

此模型只有一个部件且不存在自接触,因此没有接触属性的设置,直接进入【Load】功能模块。

单击工具区的 【Load Manager】按钮,发现里面已经在胫骨上创建了一个集中力,单击【Edit】按钮,弹出【Edit Load】对话框,集中力大小为 134N,方向指向 Z 轴负方向,如图 12-7 所示。

单击工具区的 【Boundary Condition Manager】按钮,可以看到管理器中存在 5 个边界条件,如图 12-8 所示。因为模型是通过 CDB 文件导入而非通过图形用户界面创建,所以每个边界条件只约束了一个自由度,股骨截面的节点仅允许转动,胫骨截面的节点允许转动和 Z 轴方向的平动。

4. 网格

进入【Mesh】模块,在环境栏将【Object】的种类选为【Part】后,单击工具区的 【Seed Part】按钮,弹出警告:孤立网格仅能使用编辑网格工具修改,如图 12-9 所示。执行【Mesh】/【Edit...】命令,弹出【Edit Mesh】对话框,如图 12-10 所示。通过此对话框,可以对模型的节点、单元、网格等进行编辑。此模型不用修改。

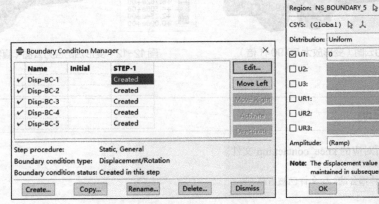

图 12-8 边界条件

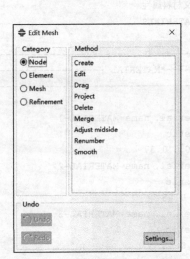

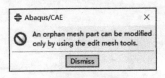

图 12-9 警告　　　　　　　　　　图 12-10 【Edit Mesh】对话框

12.1.3 提交作业

进入【Job】功能模块,创建名为 knee 的作业,保存模型并提交计算。

12.1.4 后处理

计算完成后,单击【Job Manager】对话框中的【Results】按钮进入【Visualization】功能模块。

单击 显示变形后的 Mises 应力云图,如图 12-11 所示。可以看到,变形相当大,完全不符合实际情况,这是因为变形被放大了 50.9041 倍。单击工具区的 【Common Options】按钮,弹出【Common Plot Options】对话框,选择【Deformation Scale Factor】/【Uniform】,其值设为 1,使之显示真实变形,选择【Visible Edges】/【No edges】,使模型不显示网格的边,单击【OK】按钮,如图 12-12 所示。

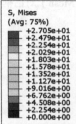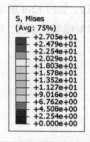

图 12-11 变形后的应力云图（变形放大 50.9041 倍）   图 12-12 变形后的应力云图（真实变形）

12.1.5 INP文件说明

下面解释一下本案例所对应的 knee_contact.inp 文件。

```
** 节点、单元以及装配体部分的INP文件已被省略
**
**定义材料属性
** MATERIALS
**
** ----------------------------------------------------
** ----*MATERIAL ------------------------------------
** ----------------------------------------------------
**
*Material, name=MATERIAL-1
*Elastic
15000., 0.37
*Material, name=MATERIAL-2
*Elastic
12., 0.45
*Material, name=MATERIAL-3
*Elastic
10., 0.45
*Material, name=MATERIAL-4
*Elastic
850., 0.4
** ----------------------------------------------------------------
**
** STEP: STEP-1
** 不考虑几何非线性
*Step, name=STEP-1, nlgeom=NO
*Static
1., 1., 1e-05, 1.
**
** BOUNDARY CONDITIONS
**
**限制集合"NS_BOUNDARY_5"在X轴、Y轴和Z轴方向上的平动，限制集合"NS_BOUNDARY_6"在X轴、Y轴上的平动
** Name: Disp-BC-1 Type: Displacement/Rotation
*Boundary
NS_BOUNDARY_5, 1, 1
** Name: Disp-BC-2 Type: Displacement/Rotation
```

```
*Boundary
NS_BOUNDARY_5, 2, 2
** Name: Disp-BC-3 Type: Displacement/Rotation
*Boundary
NS_BOUNDARY_5, 3, 3
** Name: Disp-BC-4 Type: Displacement/Rotation
*Boundary
NS_BOUNDARY_6, 1, 1
** Name: Disp-BC-5 Type: Displacement/Rotation
*Boundary
NS_BOUNDARY_6, 2, 2
**
** LOADS
** 集合"NS_CLOAD_7"上施加134N指向Z轴负方向的集中力
** Name: CFORCE-1   Type: Concentrated force
*Cload
NS_CLOAD_7, 3, -134.
**
** OUTPUT REQUESTS
**
*Restart, write, frequency=0
**
** FIELD OUTPUT: F-Output-1
**
*Output, field, variable=PRESELECT
**
** HISTORY OUTPUT: H-Output-1
**
*Output, history, variable=PRESELECT
*End Step
```

12.2 ABAQUS和MATLAB的联合使用

随着有限元分析的不断精细与深入，用户对模型的仿真度要求也越来越高，ABAQUS/CAE 提供的建模功能已不能满足一些用户的需求，因此 ABAQUS 的二次开发成为解决该类问题的关键。下面将以基于 MATLAB 的 ABAQUS 二次开发为例介绍 MATLAB 用户自定义程序对 ABAQUS 模型和分析步的编辑方法。

12.2.1 网格节点的自动映射

本节介绍将一个空心的三维曲面柱体在 ABAQUS 软件中填实并进行网格划分的方法，并使填实部分的柱体符合之前的曲面变化规律，如图 12-13 所示。该问题的主要操作步骤为先在 ABAQUS 软件中将空心的三维曲面柱体填实、划分网格并导出模型的节点信息，然后编写 MATLAB 程序将填实部分的上、下表面网格节点映射到对应的曲面上，并将中间节点的坐标进行插值移动，保证网格质量，最终在 ABAQUS 软件中生成优化后的三维曲面柱体网格模型。

图 12-13　空心的三维曲面柱体网格模型

1. ABAQUS/CAE建模

（1）导入空心三维曲面柱体网格模型

启动 ABAQUS/CAE，创建一个【With Standard/Explicit Model】类型的模型数据库，执行【File】/【Import】/【Model】命令，选择 Job-1.inp 文件，导入图 12-13 所示的模型。

（2）编辑填实部分的几何模型

步骤1 进入【Part】模块，执行【Tool】/【Geometry Edit...】命令，弹出【Geometry Edit】对话框，在【Category】栏中选中【Face】，然后在【Method】栏中选择【From element faces】选项，在提示区中将选择单元面的方式设为【by angle】，并将其角度设为 2，再在视图区中选择模型的一列单元面，ABAQUS 会自动将其生成为几何面，如图 12-14 所示。

> **注意**
> 可以采用其他方式选择单元面，但生成的一个几何面最好是一列或多列的单元面，且每个几何面的弯曲角度应尽可能小，以保证后续能顺利进行网格划分。

步骤2 采用相同的方法生成其他的几何面（角度的大小可以进行适当的修改），最终得到空心三维曲面柱体的所有内壁网格面生成为几何面的模型，如图 12-15 所示。

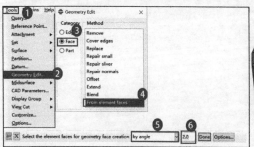
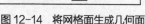
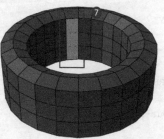
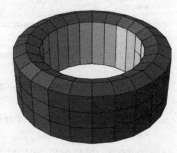

图 12-14　将网格面生成几何面　　　　　　　图 12-15　将空心三维曲面柱体的所有内壁网格面生成为几何面

步骤3 将内壁的几何面的所有上沿线围成空心部分的上表面，所有下沿线围成空心部分的下表面。具体操作步骤为在【Geometry Edit】对话框的【Category】栏中选中【Face】，然后在【Method】栏中选择【Cover edges】选项，在提示区中将选择边线的方式设为【by edge angle】，并将其角度设为 90，然后选择视图区中模型空心部分的所有底部边，单击鼠标中键生成模型空心部分的下表面，再选择模型空心部分的所有顶部边，单击鼠标中键生成模型空心部分的上表面，如图 12-16 所示。

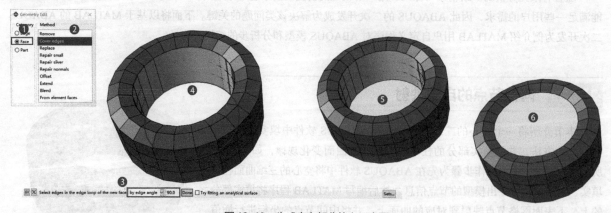

图 12-16　生成空心部分的上下表面

步骤4 将模型的空心部分由壳体转化为实体，其操作步骤如为执行【Shape】/【Solid】/【From Shell】命令，在提示区中将选择壳面的方式设为【by face angle】,并将其角度设置为90,然后选择视图区中模型空心部分的所有壳面,单击提示区中的【Done】按钮,完成空心部分由壳向实体的转化,如图12-17所示。

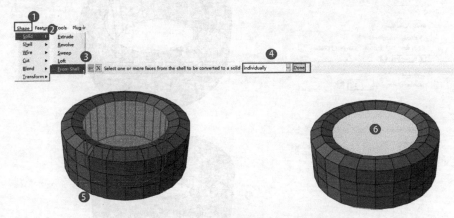

图12-17 将模型空心部分由壳转化成实体

(3) 对模型填实部分进行网格划分

① 选择网格划分技术

进入【Mesh】模块,单击工具区中的 ▦ 【Assign Mesh Controls】按钮,选择模型中心被填实的部分,其网格划分技术默认选择为【Hex】、【Sweep】(六面体扫掠网格划分技术),视图区中模型中心被填实的部分显示为黄色,此处无需做任何改动,全部采用默认设置,单击【OK】按钮,完成网格划分技术的设置。

② 设置单元类型

单击工具区中的 ▦ 【Assign Element Type】按钮,选择模型中心被填实的部分,其默认的单元类型为C3D8R,此处也不做任何修改,全部采用默认设置,单击【OK】按钮,完成单元类型的设置。

③ 布置种子

|步骤1| 先对模型中心被填实的部分设置全局种子尺寸,其操作方法为单击工具区中的 ▦ 【Seed Part】按钮,弹出【Global Seeds】对话框,将全局种子尺寸设置为0.33,其他参数采用默认设置,单击【OK】按钮,完成模型中心被填实部分的全局种子设置。

设置完全局种子之后,在视图区可以看见模型中心被填实部分边界的种子点数量与原网格模型内壁边界的种子点数量并不相等,且它们的种子点位置也相差很远。为了保证被填实部分的网格与原网格模型在交界面处的网格数量相等且过渡平滑,应对其进行局部种子设置并使填实部分在交界面处的种子点与原网格模型的种子点尽可能靠近。

|步骤2| 单击工具区中的 ▦ 【Seed Edges】按钮,选择被填实部分壁面上的任意一条竖直线(先隐藏填实部分的上下表面),单击鼠标中键,弹出【Local Seeds】对话框,在【Basic】选项卡的【Method】栏中选中【By number】选项,将所选线段上的局部单元数量设置为3,其他参数保持默认设置,单击【OK】按钮,完成填实部分壁面竖直线的局部种子设置,如图12-18所示。采用相同的方法对填实部分壁面上其他所有的竖直线进行局部种子设置,其局部单元数量都设置为3。

|步骤3| 再对填实部分上下表面边界的种子进行局部设置。单击工具区中的 ▦ 【Seed Edges】按钮,在视图区中选择填实部分上表面的任意一条边界线段,将其局部单元数量设置为与对应的原网格模型在此线段长度上的单元数量相等。图12-19中所选线段对应原网格模型中1个单元,因此在【Loacl Seeds】对话框中将局部单元数量设置为1。采用类似的方法完成填实部分上下表面边界所有线段的局部种子设置。

> **注意**
> 设置完所有局部种子后,一定要检查填实部分与原模型在交界面处的种子点是否数量相等且它们之间的距离足够小。若所选线段的局部种子数量与对应的原模型边界种子点的数量相等但位置相距较远,则可以先对所选线段进行剖分,然后再设置其局部种子数量。

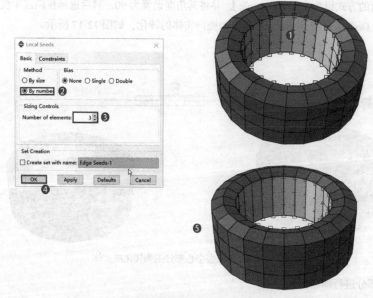

图 12-18　设置填实部分壁面竖直线的局部种子数量

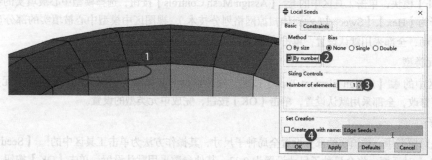

图 12-19　设置填实部分上下表面边界处的局部种子数量

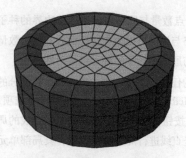

图 12-20　填实部分的网格模型

④ 划分网格

单击工具区中的 【Mesh Part】按钮，对填实区域进行网格划分，然后单击提示区中的【Yes】按钮，完成填实区域的网格划分，其网格模型如图 12-20 所示。此时发现填实部分边界的网格数量与原模型边界的网格数量相等且它们种子点的位置也相距很近。此时，该部件总的节点数量为 688，总的单元数量为 146。

（4）网格交界面处的节点融合

将填实部分的网格和原模型的网格在它们的交界面处进行节点融合，保留较小的节点编号。单击工具区中的 【Edit Mesh】按钮，弹出【Edit Mesh】对话框，选择节点融合选项，再选择该部件的所有网格节点，设置节点融合的上限为 1e-6，即两节点之间的距离小于 1e-6 时（该部件的全局种子尺寸为 0.33），这两个节点就融合为一个节点。此时视图区中高亮显示出即将被融合到一起的节点，确认无误后单击提示区中的【Yes】按钮，完成该部件原网格区域和填实区域在交界面处网格节点的融合，如图 12-21 所示。节点融合后该部件总的节点数量为 592，总的单元数量为 146，即节点融合前后单元数量并没有改变。

（5）导出节点融合后的网格模型 model.inp 文件

进入【Job】模块，单击工具区中的 【Create Job】，创建一个名为 model 的作业，其他参数均采用默认设置，如图 12-22 所示。再单击工具区中的 【Job Manager】按钮，弹出【Job Manager】对话框，再单击其右侧的【Write

【Input】按钮,输出 model.inp 文件,如图 12-23 所示。

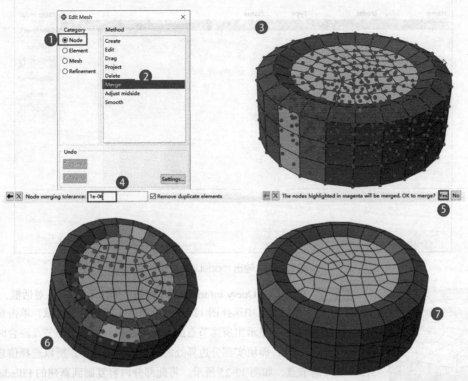

图 12-21 网格节点融合操作步骤

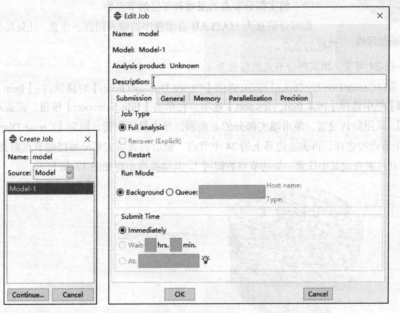

图 12-22 创建作业

(6)导出模型中间填实部分的节点文件(Fillednodes.txt)

导出的模型中间填实部分的节点文件 Fillednodes.txt,主要是为后续 MATLAB 程序做准备,且该文件中填实部分的节点不包括其边界上的 4 圈节点。主要的操作步骤如下。

|步骤 1| 单击【Replace Selected】按钮,在提示区中选择【Cells】方式进行实体的选择,然后单击视图区中模型中心的填实部分区域,这样视图区就只显示出填实部分的模型,如图 12-24 所示。

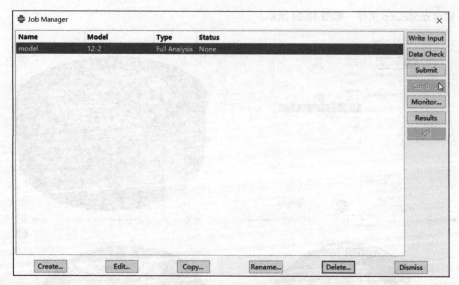

图 12-23 输出 model.inp 文件

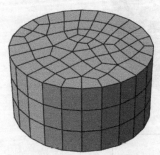

图 12-24 填实部分的网格

步骤 2 单击【Query information】按钮，弹出【Query】对话框，选择【Point/Node】选项，在视图区中选择图 12-24 所示的填实部分模型区域，单击鼠标中键，在下方的信息区中将会显示出所选节点的编号和坐标。由于之前节点融合时保留的是节点编号较小的编号，即填实部分边界处的节点编号值较小，所以选择信息区中编号从 313～516 的节点，如图 12-25 所示。将此部分内容复制到新建的 Fillednodes.txt 文件中即可。

（7）填实部分节点的层数和每层的节点数

此部分信息为 MATLAB 自编程序的输入信息。注意：此处每层的节点数也除去边界处的节点。

步骤 1 从图 12-24 可见，填实部分节点的层数为 4。

步骤 2 单击 [Create Display Group] 按钮，弹出【Create Display Group】对话框，在【Item】栏中选择【Nodes】选项，在【Method】栏中选择【Pick from viewport】选项，再单击【Edit Selection】按钮，将提示区中选择节点的方式设为【by angle】，采用默认设置，单击填实部分的上表面，单击鼠标中键，回到【Create Display Group】对话框，此时可发现共 76 个节点被选择，再去除边界上的 24 个节点，最后得到填实部分每层的节点数为 52 个（每层的节点数都是相等的，因此只需查询其中任意一层的节点数即可）。具体操作步骤如图 12-26 所示。

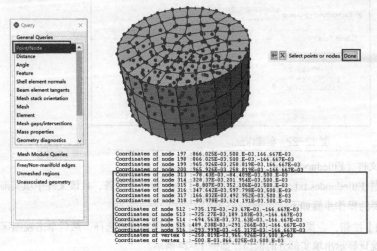

图 12-25 导出填实部分除边界的所有节点的编号和坐标

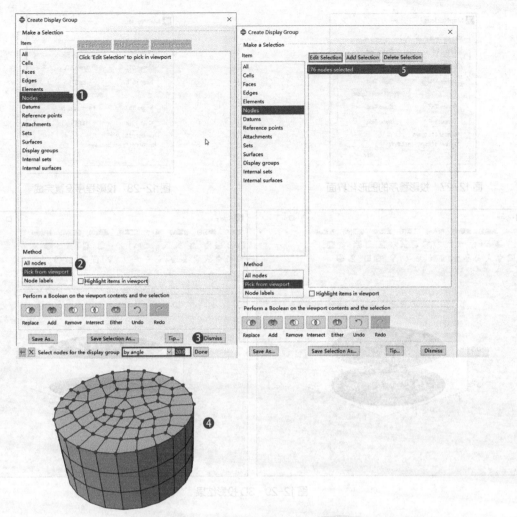

图 12-26 计算填实部分每层节点数量的方法

2. MATLAB用户自定义程序

由于在 ABAQUS 中生成的上下表面与实际曲面存在偏差，因此采用 MATLAB 自编程序实现填实部分的上下表面网格节点映射到对应的曲面上，并将中间节点的位置进行插值移动，自动对有限元模型的节点位置进行调整，从而实现对复杂模型精确快速的编辑。

（1）操作介绍

随附算例包含的文件有：主程序 MapNucleus，输入 model.inp，两个曲面网格文件 Up.stl，Down.stl，节点文件 Fillednodes.txt。运行该程序首先需启动 MATLAB，将路径切换至程序所在文件夹，在命令行输入 MapNucleus 以开启主程序，即可见图形化界面，如图 12-27 所示。

左侧 5 个按钮依次用来设置输入 INP 文件名、模型的下表面 STL 文档、模型的上表面 STL 文档、节点文件和输出的 INP 文件名。右下角两个文本框可用来设置节点的层数与每层的节点数。在 ABAQUS 中划分网格是从上表面或下表面开始，如发现生成的模型不正确，可使用【Switch Lower Upper】按钮来切换上下表面，得到正确的模型。设置完成后的界面如图 12-28 所示。

设置完成后，单击 Run 按钮，即可获得 TEST.inp 文件。同时可查看结果，图 12-29 中蓝色节点经过程序处理已被投影至曲面上形成红色节点。输出 INP 文档中，模型的上、下表面的节点已被投影至两个 STL 曲面上，中间其他层的节点也已随之调整位置，如图 12-30 所示。

图 12-27　投影程序的图形化界面

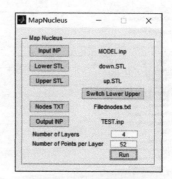

图 12-28　投影程序设置完成

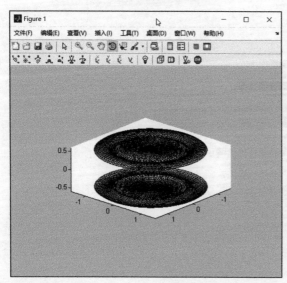
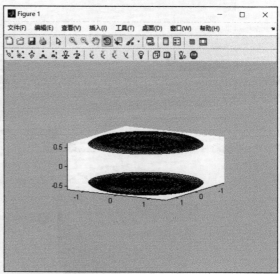

图 12-29　3D 投影结果

（a）投影前的模型　　　　　　（b）投影后的模型

图 12-30　程序运行前后的模型

① model.inp（投影前的模型）文件中的部分节点信息，第一列为节点编号，后面三列分别对应其 X、Y、Z 三个方向的坐标值。

```
……            ……              ……           ……
318, -0.0809784308, 0.624190688, 0.5
319, 0.20313789, 0.599104762, 0.5——填实部分上表面中的一个节点
320, 0.648668885, 0.212210238, 0.5
321, 0.604361355, 0.42452082, 0.5
……            ……              ……           ……
544, 0.347642392, 0.597797692, -0.5
545, 0.166832015, 0.492952019, -0.5——填实部分下表面中的一个节点
546, -0.0809784308, 0.624190688, -0.5
547, 0.20313789, 0.599104762, -0.5
```

```
… …          … …           … …            … …
395,  0.20313789,  0.599104762,  0.166666672
396,  0.648668885, 0.212210238,  0.166666672——填实部分中间面上的点
397,  0.604361355, 0.42452082,   0.166666672
398,  0.366877526, 0.420826495,  0.166666672
… …          … …           … …            … …
```

② TEST.inp（投影后的模型）文件中的部分节点信息。

```
… …          … …           … …            … …
318,  -0.0809780, 0.6241910,  0.5390004
319,   0.2031380, 0.5991050,  0.5426328——填实部分上表面中的一个节点
320,   0.6486690, 0.2122100,  0.5412802
321,   0.6043610, 0.4245210,  0.5461208
… …          … …           … …            … …
554,  -0.5028850, 0.4283640, -0.5421154
555,  -0.1822400, 0.3365810, -0.5370267——填实部分下表面中的一个节点
556,  -0.3101020, 0.5654620, -0.5441607
557,  -0.3097000, 0.1274050, -0.5340333
… …          … …           … …            … …
395,   0.2031380, 0.5991050,  0.1808776
396,   0.6486690, 0.2122100,  0.1804267——填实部分中间面上的点
397,   0.6043610, 0.4245210,  0.1820403
398,   0.3668780, 0.4208260,  0.1806621
… …          … …           … …            … …
```

（2）MATLAB 程序内容的简要说明

```matlab
% 设置输入与输出文档的名称
INPfilename = 'Subject5-L5S1.inp';
NP_TXT = '5-L5S1_NP.TXT';
DN_STL = '5-L5S1_DN.stl';
UP_STL = '5-L5S1_UP.stl';
Num_Layer = 9;
Num_PTS_lay = 175;
OUTPUTfile = 'exp3.inp';
% 读取 NP_TXT 文件
[PTS_NP NodeNum_NP] = readFEMnode(NP_TXT); % 读取模型节点资料
PTS_1 = reshape(PTS_NP, Num_PTS_lay, Num_Layer, 3);
PTS_1 = permute(PTS_1, [1 3 2]);
Centers = squeeze(mean(PTS_1, 1))';
% 提取出顶层与底层的节点
PTS1 = PTS_NP(1: Num_PTS_lay, :);
PTS2 = PTS_NP(Num_PTS_lay+1: Num_PTS_lay*2, :);
% 将顶层与底层节点个别投影到对应的STL三角网格曲面上
PTS1_new = ProjectPTSonSTL(PTS1, DN_STL, 1);
PTS2_new = ProjectPTSonSTL(PTS2, UP_STL, 1);
% 根据顶层与底层节点做内插，补齐顶层与底层之间其余层面。
yi = interp1([1 Num_Layer], [PTS1_new(:)'; PTS2_new(:)'], [1 Num_Layer 2: Num_Layer-1]);
YI = reshape(yi', Num_PTS_lay, 3, []);
YI = permute(YI, [1 3 2]);
YI = reshape(YI, Num_PTS_lay*Num_Layer, 3);
% 读取原始输入.inp文件
filedata = textread(INPfilename, '%s', 'delimiter', '\n', 'whitespace', '');
sline = find(strcmp('*Node', filedata));
```

```
eline = find(strcmp('*Element, type=C3D8', filedata));
AAA = str2num(strvcat(filedata(sline+1: eline-1)));
ALLNode = AAA(:, 1);
ALLPTS = AAA(:, 2: 4);
% 将投影处理过的节点更新到.inp文档中
[tf, index] = ismember(NodeNum_NP, ALLNode);
for i = 1: size(YI, 1)
ALLPTS(index(i), :) = YI(i, :);
end
str = sprintf('%d, %7.7f, %7.7f, %7.7f\n', [ALLNode ALLPTS]');
fid = fopen(OUTPUTfile, 'wt');
for i = [1: sline sline+1 eline: size(filedata, 1)]
if  i > sline & i < eline
fprintf(fid, '%s\n', str);
else
fprintf(fid, '%s\n', filedata{i});
end
end
fclose(fid);
end
```

12.2.2 分析步和载荷工况的自动分割

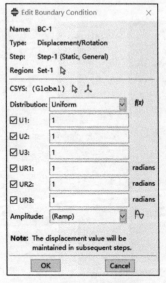

图 12-31 指定位移设置

1. ABAQUS软件中分析步的创建

（1）创建分析步

任意选用一个模型，进入【Step】模块，单击工具区的【Create Step】按钮，采用默认设置创建一个分析步。

（2）创建指定位移

进入【Load】模块，单击工具区的【Create Boundary Condition】按钮，弹出【Create Boundary Condition】对话框，【Step】栏选择【Step-1】，边界条件类型选择【Displacement/Rotation】，单击【Continue...】按钮，选择模型上表面的所有节点，单击鼠标中键，在【Edit Boundary Condition】对话框中进行设置，如图 12-31 所示，单击【OK】按钮。

（3）导出创建分析步和指定位移后的 inp 文件

进入【Job】模块，单击工具区中的【Create Job】按钮，创建一个名为 step 的作业，其他参数均采用默认设置。再单击工具区中的【Job Manager】按钮，弹出作业管理器，选择【step】作业，再单击其右侧的【Write Input】按钮，输出 step.inp 文件。

下面是 step.inp 文件中分析步部分的解读。

```
** STEP: Step-1
**
*Step, name=Step-1, nlgeom=YES, inc=10000    ⎫
*Static                                       ⎬ 分析步参数设置
0.1, 1., 1e-10, 0.5                           ⎭
**
** BOUNDARY CONDITIONS
```

```
**
** Name: Disp-BC-2 Type: Displacement/Rotation
*Boundary
LOAD, 1, 1, 1
** Name: Disp-BC-3 Type: Displacement/Rotation
*Boundary
LOAD, 2, 2, 1
** Name: Disp-BC-4 Type: Displacement/Rotation
*Boundary
LOAD, 3, 3, 1
** Name: Disp-BC-5 Type: Displacement/Rotation
*Boundary
LOAD, 4, 4, 1
** Name: Disp-BC-6 Type: Displacement/Rotation
*Boundary
LOAD, 5, 5, 1
** Name: Disp-BC-7 Type: Displacement/Rotation
*Boundary
LOAD, 6, 6, 1
**
** OUTPUT REQUESTS
**
*Restart, write, frequency=0
**
** FIELD OUTPUT: F-Output-2
**
*Output, field
*Element Output, directions=YES
ALPHA, ALPHAN, BF, CENTMAG, CENTRIFMAG, CORIOMAG, CS11,
CTSHR, E, EE, ELEDEN, ELEN, ENER, ER, ESF1, ESOL
EVOL, GRAV, HP, IE, IVOL, LE, MISES, MISESMAX, MISESONLY, NE,
NFORC, NFORCSO, P, PE, PEEQ, PEEQMAX
PEEQT, PEMAG, PEQC, PRESSONLY, PS, ROTAMAG, S, SALPHA, SE,
SEE, SEP, SEPE, SF, SPE, SSAVG, STH
SVOL, THE, TRIAX, TRNOR, TRSHR, TSHR, VE, VEEQ, VS
**
** FIELD OUTPUT: F-Output-1
**
*Node Output
CF, COORD, RF, RM, RT, TF, U, UR
UT, V, VF, VR, VT
**
** HISTORY OUTPUT: H-Output-1
**
*Output, history, variable=PRESELECT
*End Step
```

指定位移设置

该分析步下的场变量输出

该分析步下的历史变量输出

2. 分析步和载荷的自动分割程序

在 ABAQUS/CAE 中,设置分析步与载荷时,需大量手动输入分析步与载荷的相关参数,且此操作过程须反覆操作,耗费大量工时。在本案例中,使用 MATLAB 自编程序可大幅缩短手动操作时间,事半功倍。

(1) 操作介绍

随附算例包含主程式 INPAnalysisStep,以及一输入 model.inp 与参数设置 parameters.txt 文件。运行范例前首

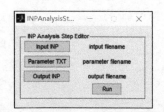

图 12-32　创建分析步的图形化使用者界面

先需启动 MATLAB，将路径切换至程序所在的资料夹，在命令列输入 INPAnalysisStep 以开启主程序，即可见图形化界面，如图 12-32 所示。

左侧 3 个按钮依序用来选择输入的 INP 文件、参数文档和输出 INP 文件名。设置完成后，单击 Run 按钮，即可获得输出的 TEST.inp 文件。

（2）参数文档（parameter.txt）设置

此程序的核心文件为参数文档，在此例中名为 parameter.txt，为纯文本文件（ASCII Code，txt file format）。参数文档内容如下所示。

```
STAGE1
2.0, -2.0, 0.8, 0.8, -10.0, 5.0
0, 0.4, 0.6, 0.8, 1
5, 0.1, 1, 1e-10, 0.5, 1000
4, 0.2, 1, 2e-10, 0.6, 1200
3, 0.4, 1, 2e-10, 0.7, 1100
5, 0.3, 1, 2e-10, 0.5, 900
STAGE2
2.0, -2.0, 0.8, 0.8, -10.0, 5.0
0, 0.4, 0.6, 1
5, 0.1, 1, 1e-10, 0.5, 1000
4, 0.2, 1, 2e-10, 0.6, 1200
5, 0.3, 1, 2e-10, 0.5, 900
```

参数文档中，包含可自行定义分析步的参数。其中，以 STAGE 区块为基本单位，由 STAGE1，STAGE2，至 STAGEn。STAGE 区块可自行设定至所需数量为止。每个 STAGE 区块，包含数行自定参数，行数长短可自行定义，可根据欲使用的分割片段数量自行调动。

第一行，本例采用指定位移的方式施加载荷，列出的 6 个数字为 6 个自由度。

第二行，列出分配边界条件的分段点，此行为严格递增的由 0 起始到 1 结束的数列，数字代表欲分配移动量的比例。此行可设定切割比例与分割段数，用作后续线性内插使用。

第三行到第 n 行，各行依序对应到第二行中设定的每一个分割区间，可用来定义每个分割区间的线性内插点数。此段每行的第一个数字定义由第二行分配的移动量由几点内插。第 2～6 个参数分别为初始增量步、总时间、允许的最小增量步、允许的最大增量步、允许的最大增量步数量，每个分析步的内插点数与分析步参数皆可独立定义。

例如，STAGE1 中 6 个自由度分别为 2.0，-2.0，0.8，0.8，-10.0，5.0。将这个分析步切割为三段，第 1 段为 0-0.4，划分为 5 个分析步，每个分析步的初始增量步为 0.1、总时间为 1、允许的最小增量步为 1e-10、允许的最大增量步为 0.5、允许的最大增量步数量为 1000；第 2 段为 0.4-0.6，划分为 4 个分析步，每个分析步的初始增量步为 0.2、总时间为 1、允许的最小增量步为 2e-10、允许的最大增量步为 0.6、允许的最大增量步数量为 1200；第 3 段为 0.6-1，划分为 5 个分析步，每个分析步的初始增量步为 0.3、总时间为 1、允许的最小增量步为 2e-10、允许的最大增量步为 0.5、允许的最大增量步数量为 900。6 个自由度按比例添加到这 14 个分析步中。

TEST.inp 文件中 Step 部分如下。

```
** STEP: Step-1
**
*Step, name=STAGE1-Step-1, nlgeom=YES, inc=1000
*Static
0.1, 1.0, 1e-10, 0.5
**
** BOUNDARY CONDITIONS
**
** Name: Disp-BC-2 Type: Displacement/Rotation
```

```
*Boundary
LOAD, 1, 1, 0.16                        ! 2*0.4/5=0.16
** Name: Disp-BC-3 Type: Displacement/Rotation
*Boundary
LOAD, 2, 2, -0.16
** Name: Disp-BC-4 Type: Displacement/Rotation
*Boundary
LOAD, 3, 3, 0.064
** Name: Disp-BC-5 Type: Displacement/Rotation
*Boundary
LOAD, 4, 4, 0.064
** Name: Disp-BC-6 Type: Displacement/Rotation
*Boundary
LOAD, 5, 5, -0.8
** Name: Disp-BC-7 Type: Displacement/Rotation
*Boundary
LOAD, 6, 6, 0.4
**
** OUTPUT REQUESTS
**
*Restart, write, frequency=0
**
** FIELD OUTPUT: F-Output-2
**
*Output, field
*Element Output, directions=YES
ALPHA, ALPHAN, BF, CENTMAG, CENTRIFMAG, CORIOMAG, CS11, CTSHR, E, EE, ELEDEN, ELEN, ENER, ER, ESF1, ESOL
EVOL, GRAV, HP, IE, IVOL, LE, MISES, MISESMAX, MISESONLY, NE, NFORC, NFORCSO, P, PE, PEEQ, PEEQMAX
PEEQT, PEMAG, PEQC, PRESSONLY, PS, ROTAMAG, S, SALPHA, SE, SEE, SEP, SEPE, SF, SPE, SSAVG, STH
SVOL, THE, TRIAX, TRNOR, TRSHR, TSHR, VE, VEEQ, VS
**
** FIELD OUTPUT: F-Output-1
**
*Node Output
CF, COORD, RF, RM, RT, TF, U, UR
UT, V, VF, VR, VT
**
** HISTORY OUTPUT: H-Output-1
**
*Output, history, variable=PRESELECT
*End Step
** ----------------------------------------------------------------
······
** STEP: Step-6
**
*Step, name=STAGE1-Step-6, nlgeom=YES, inc=1200
*Static
0.2, 1.0, 2e-10, 0.6
**
** BOUNDARY CONDITIONS
**
** Name: Disp-BC-2 Type: Displacement/Rotation
*Boundary
```

```
LOAD, 1, 1, 0.9
** Name: Disp-BC-3 Type: Displacement/Rotation
*Boundary
LOAD, 2, 2, -0.9
** Name: Disp-BC-4 Type: Displacement/Rotation
*Boundary
LOAD, 3, 3, 0.36                         ! 0.8*[0.4+(0.6-0.4)/4]=0.36
** Name: Disp-BC-5 Type: Displacement/Rotation
*Boundary
LOAD, 4, 4, 0.36
** Name: Disp-BC-6 Type: Displacement/Rotation
*Boundary
LOAD, 5, 5, -4.5
** Name: Disp-BC-7 Type: Displacement/Rotation
*Boundary
LOAD, 6, 6, 2.25
**
** OUTPUT REQUESTS
**
*Restart, write, frequency=0
**
** FIELD OUTPUT: F-Output-2
**
*Output, field
*Element Output, directions=YES
ALPHA, ALPHAN, BF, CENTMAG, CENTRIFMAG, CORIOMAG, CS11, CTSHR, E, EE, ELEDEN, ELEN, ENER, ER, ESF1, ESOL
EVOL, GRAV, HP, IE, IVOL, LE, MISES, MISESMAX, MISESONLY, NE, NFORC, NFORCSO, P, PE, PEEQ, PEEQMAX
PEEQT, PEMAG, PEQC, PRESSONLY, PS, ROTAMAG, S, SALPHA, SE, SEE, SEP, SEPE, SF, SPE, SSAVG, STH
SVOL, THE, TRIAX, TRNOR, TRSHR, TSHR, VE, VEEQ, VS
**
** FIELD OUTPUT: F-Output-1
**
*Node Output
CF, COORD, RF, RM, RT, TF, U, UR
UT, V, VF, VR, VT
**
** HISTORY OUTPUT: H-Output-1
**
*Output, history, variable=PRESELECT
*End Step
** ----------------------------------------------------------------
……
** STEP: Step-31                          ! 5+4+3+5+5+4+5=31
**
*Step, name=STAGE2-Step-14, nlgeom=YES, inc=900
*Static
0.3, 1.0, 2e-10, 0.5
**
** BOUNDARY CONDITIONS
**
** Name: Disp-BC-2 Type: Displacement/Rotation
*Boundary
LOAD, 1, 1, 2
```

```
** Name: Disp-BC-3 Type: Displacement/Rotation
*Boundary
LOAD, 2, 2, -2
** Name: Disp-BC-4 Type: Displacement/Rotation
*Boundary
LOAD, 3, 3, 0.8
** Name: Disp-BC-5 Type: Displacement/Rotation
*Boundary
LOAD, 4, 4, 0.8
** Name: Disp-BC-6 Type: Displacement/Rotation
*Boundary
LOAD, 5, 5, -10
** Name: Disp-BC-7 Type: Displacement/Rotation
*Boundary
LOAD, 6, 6, 5
**
** OUTPUT REQUESTS
**
*Restart, write, frequency=0
**
** FIELD OUTPUT: F-Output-2
**
*Output, field
*Element Output, directions=YES
ALPHA, ALPHAN, BF, CENTMAG, CENTRIFMAG, CORIOMAG, CS11, CTSHR, E, EE, ELEDEN, ELEN, ENER, ER, ESF1, ESOL
EVOL, GRAV, HP, IE, IVOL, LE, MISES, MISESMAX, MISESONLY, NE, NFORC, NFORCSO, P, PE, PEEQ, PEEQMAX
PEEQT, PEMAG, PEQC, PRESSONLY, PS, ROTAMAG, S, SALPHA, SE, SEE, SEP, SEPE, SF, SPE, SSAVG, STH
SVOL, THE, TRIAX, TRNOR, TRSHR, TSHR, VE, VEEQ, VS
**
** FIELD OUTPUT: F-Output-1
**
*Node Output
CF, COORD, RF, RM, RT, TF, U, UR
UT, V, VF, VR, VT
**
** HISTORY OUTPUT: H-Output-1
**
*Output, history, variable=PRESELECT
*End Step
```

（3）Matlab 程序内容简要说明

```
% 设置输入与输出文件名称
INUPUTfile = 'SUBJECT8-L34.inp';
OUTPUTfile = 'TEST.inp';
filedata = textread(INUPUTfile, '%s', 'delimiter', '\n', 'whitespace', ''); % 读取输入
文件，并寻找'** STEP: Step-1'字串。
allstr = strvcat(filedata);
[m, n] = size(allstr);
allstr1 = allstr';
ref = findstr(allstr1(:)', '** STEP: Step-1');
file_endpos = floor(ref/n)-2; % 计算输入.inp文件中至step前的行数
% 提取step部分，作为模板供后续修改使用
TEMPLATE = allstr(file_endpos+1: end, : );
```

```matlab
% 读取参数文档内的设定
All_input = textread('parameters.txt', '%s', 'delimiter', '\n', 'whitespace', '');
Stage_LineNum = [];
for i = 1: size(All_input, 1)
    if strfind(All_input{i}, 'STAGE')
        Stage_LineNum = [Stage_LineNum; i];
    end
end
% 根据参数文档内的设定,产生step ASCII code。
ALL_Step = []; k = 0;
for j = 1: length(Stage_LineNum)
    parameter_input = All_input(Stage_LineNum(j)+1: Stage_LineNum(j)+5);
    increment = str2num(parameter_input{1});
    split = str2num(parameter_input{2});
    opt_arg = str2num(strvcat(parameter_input(3: end)));
    opt_arg(:, 1) = opt_arg(:, 1)+1;
    
    INCVEC = [];
    PARMAT = [];
    for i = 1: size(opt_arg, 1)
        temp = linspace(split(i), split(i+1), opt_arg(i, 1));
        temp(1) = [];
        INCVEC = [INCVEC temp];
        temp = repmat(opt_arg(i, 2: end), opt_arg(i, 1), 1);
        temp(1, :) = [];
        PARMAT = [PARMAT; temp];
    end
    INCMAT = INCVEC'*increment;
    
    Step_pos1 = findstr(TEMPLATE(3, :), 'Step-1');
    Step_pos2 = findstr(TEMPLATE(5, :), 'Step-1');
    Inc_pos = findstr(TEMPLATE(5, :), 'inc=')+4;
    for i = 1: size(INCMAT, 1)
        k = k+1;
        Step_Temp = cellstr(TEMPLATE);
        Step_Temp{3} = [Step_Temp{3}(1: Step_pos1-1), 'Step-', num2str(k)];
        Step_Temp{5} = [Step_Temp{5}(1: Step_pos2-1), All_input{Stage_LineNum(j)}, '-Step-', ...
            num2str(i), Step_Temp{5}(Step_pos2+6: Inc_pos-1), num2str(PARMAT(i, end))];
        Step_Temp{7} = sprintf('%5.1f, %5.1f, %5.0d, %5.1f', PARMAT(i, 1: 4));
        Step_Temp{13} = [Step_Temp{13}(1: 12), num2str(INCMAT(i, 1))];
        Step_Temp{16} = [Step_Temp{16}(1: 12), num2str(INCMAT(i, 2))];
        Step_Temp{19} = [Step_Temp{19}(1: 12), num2str(INCMAT(i, 3))];
        Step_Temp{22} = [Step_Temp{22}(1: 12), num2str(INCMAT(i, 4))];
        Step_Temp{25} = [Step_Temp{25}(1: 12), num2str(INCMAT(i, 5))];
        Step_Temp{28} = [Step_Temp{28}(1: 12), num2str(INCMAT(i, 6))];
        ALL_Step = [ALL_Step; strvcat(Step_Temp)];
    end
end
% 将产生的step ASCII code与输入.inp文件前段内容结合并输出
RAW = filedata(1: file_endpos);
ALL_Step = cellstr(ALL_Step);
ALL = {RAW{: } ALL_Step{: }}';
fid = fopen(OUTPUTfile, 'wt');
```

```
for i = 1: size(ALL, 1)
    fprintf(fid, '%s\n', ALL{i});
end
fclose(fid);
```

参 考 文 献

刘展，2008．ABAQUS 6.6 基础教程与实例详解 [M]．北京：中国水利水电出版社．
李慧，孙银茹，2010.6．基于 Python 语言的 ABAQUS 后处理开发 [J]．中小企业管理与科技．
连昌伟，王兆远，杜传军，等，2006（4）．ABAQUS 后处理二次开发在塑性成形模拟中的应用 [J]．锻压技术．
石亦平，周玉蓉，2006．ABAQUS 有限元分析实例详解 [M]．北京：机械工业出版社．
刘展，2015．ABAQUS 有限元分析从入门到精通 [M]．北京：人民邮电出版社，2015．
马晓峰，2013．ABAQUS 6.11 中文版有限元分析从入门到精通 [M]．北京：清华大学出版社．
王震鸣．复合材料力学和复合材料结构力学 [M]．北京：机械工业出版社，1990．
Davila C G, Camanho P P, 2003: Analysis of the Effects of Residual Strains and Defects on Skin/Stiffener Debonding using Decohesion Elements [C]//SDM Conference，Norfolk, VA, April 7-10.